汽车检修技能提高教程丛书

汽车使用、维护与保养技术 第2版

王盛良　主编

机 械 工 业 出 版 社

本书重点介绍了汽车技术状况、汽车运行材料的合理使用、汽车在特殊条件下的使用、汽车维护与保养、汽车保养灯的操作技术、汽车故障诊断座的位置与故障码的读取操作技术以及车辆技术管理。本书第2版删除了一些老车型的相关内容，并补充了很多新车型的相关内容。

本书章节编排合理，内容连贯，图文并茂，实际操作内容多，具有较强的实用性。可作为中、高职类汽车专业教材，也可供汽车从业人员、汽车驾驶人员以及汽车运行管理人员学习参考。

图书在版编目（CIP）数据

汽车使用、维护与保养技术/王盛良主编．—2版．—北京：机械工业出版社，2013.2（2014.7重印）

（汽车检修技能提高教程丛书）

ISBN 978-7-111-41152-9

Ⅰ.①汽… Ⅱ.①王… Ⅲ.①汽车—使用②汽车—车辆修理③汽车—车辆保养 Ⅳ.①U472

中国版本图书馆CIP数据核字（2013）第008905号

机械工业出版社（北京市百万庄大街22号 邮政编码100037）

策划编辑：连景岩 责任编辑：连景岩

版式设计：霍永明 责任校对：张 力

封面设计：鞠 杨 责任印制：乔 宇

保定市中画美凯印刷有限公司印刷

2014年7月第2版第2次印刷

184mm×260mm·15.25印张·376千字

3001—4500册

标准书号：ISBN 978-7-111-41152-9

定价：39.80元

凡购本书，如有缺页、倒页、脱页，由本社发行部调换

电话服务	网络服务
社服务中心：（010）88361066	教材网：http://www.cmpedu.com
销售一部：（010）68326294	机工官网：http://www.cmpbook.com
销售二部：（010）88379649	机工官博：http://weibo.com/cmp1952
读者购书热线：（010）88379203	**封面无防伪标均为盗版**

第 2 版前言

现代汽车工业的发展突飞猛进，新工艺、新材料、新技术、新装备不断涌现与应用，而汽车售后服务技术还远远跟不上汽车技术的发展。近年来因工作关系我深入不少品牌的汽车 4S 店和一、二类汽车维修企业进行技术交流，尽管都有相关的技术培训，但使用新装备、新技术的汽车在维修时大都采用替换法或总成更换的办法，也就是说现在的“汽车医院”、“汽车医师”不管“大病小病”无一例外都采用手术治疗一刀切——“拆”!、“换”!，极少“对症下药”，造成许多不必要的浪费和麻烦。为了让汽车技师或汽车维修入门者形成系统的思维模式，本书第 2 版综合了出版社反馈过来的读者建议和与汽车售后一线技术人员交流的心得，加强和规范了“积木化”的应用，把三个问题四条线更贴近生产实际操作，另外，补充了一些汽车新技术的内容，希望能提高广大读者对汽车的认识、分析及检修技能。因为近两年各汽车制造企业都有新技术的应用，限于编者的收集能力及相关企业技术的公布程度，肯定存在不全或疏漏，但会有一个完整的检测、分析、诊断的流程、方法与模式，力争以安全、可靠、经济和舒适为前提“对症下药”，做到能吃药治疗的不打针、能打针治疗的不做手术、必须做手术才做手术的理念编写，以起到抛砖引玉、触类旁通的作用。

本书由王盛良任主编，谢伟钢、冯建源任副主编，参加编写的还有田艳。尽管编者在编写时一直力争严谨、科学、合理，但也难免有错误之处，敬请广大读者给予批评指正!

本书第 2 版的编写得到不少读者、汽车维修企业的支持和指导，在此一并致谢!

王盛良

第1版前言

本教程根据现代汽车的发展历程及整体结构特征，采用“积木法”进行编写，着重于理论和实践相结合，力争把复杂问题简单化、抽象问题形象化，希望能帮助汽车维修人员找到学习的捷径和信心，起到抛砖引玉的作用。

许多人把汽车专业知识的学习想象得过难，其实不然，只要充满信心，并采用正确的学习方法，坚持不懈，就会触类旁通。但现代汽车毕竟是高新技术的结晶，是多门学科的综合运用，因而学习要循序渐进。

“积木法”简单地说，就是化整为零和以零凑整。化整为零是研究“积木”本身的结构和特征；以零凑整研究的是“积木”运用的技巧和过程。有形“积木”无形“线”，用“积木法”来学习汽车专业知识只需把握三个问题与四条线，学习起来问题就会迎刃而解。

化整为零要从三个问题入手，第一个问题是“是什么的问题（即认识问题）”，要求了解和熟悉汽车相关系统及零部件的种类、形状、结构、作用及安装位置，特别是初学者要做到看到就能认识，提到就能想到，想到就能找到；第二个问题是“为什么的问题（即分析问题）”，要求对相关系统的工作原理、工作流程、工作特征进行全面的、连贯的、系统的掌握，能突破现象看本质，对提高者来说这是一个飞跃，是从“汽车护士”到“汽车医师”的飞跃；第三个问题是“做什么的问题（即解决问题）”，要求能正确使用相关工具、量具、设备，严格按照操作规程和技术要求对汽车各系统及零部件进行检测诊断、拆卸装配和运行调试。

以零凑整要以四条线为基础把汽车各相关系统的零部件（积木）有机结合起来形成一台完整的现代汽车，也就是说把一块块积木按一定的规律放到该放的位置形成一个整体。第一条线是：力的传递路线，把从动力源到各运动主体之间的所有零部件（积木）按传递关系合理组合起来；第二条线是：电的流动路线，电学部分是当前从事汽车维护和修理人员最薄弱的环节，其实只要从电源开始顺着电的流动路线把回路上所有的零部件按先后关系连起来，其他问题就迎刃而解；第三条线是：气的流动路线，发动机的进、排气系统关系到动力性能、经济性能、环保性能、可靠性能等，另外，气的流动路线还牵涉到气力（气压、真空）的传递，容易被人忽视，造成隐患；第四条线是：液体流动路线，在现代汽车上使用的液体主要有：清洗液、冷却液、润滑油、制冷剂、制动液（刹车油）、变速器油（自动变速器油）、燃油、动力转向传动液和减振器液压油等，流动的方式有液力和液压两种，不管是哪种液体流动，只要按其流动路线把所牵涉的零部件按先后顺序排列成一整体来研究，就

不难掌握。如果把这四条线有机地整合在一起，就是一台完好的车。

本教程在编写时注重实效，以点带面，考虑到读者层次和要求的不同，在每一章节前针对各层次读者提出了相应的建议和要求，供大家参考。

参与本书编写的还有三马汽车技术服务公司的田艳老师，由于编写水平所限，本书难免有所纰漏甚至错误之处，敬请广大读者给予批评指正！

编 者

目　　录

第1章 汽车技术状况

基本思路:

汽车技术状况就是汽车的运行性能，是指汽车能适应各种使用条件而发挥最大工作效率的能力。但对不同类型的汽车，不同的使用条件其指标是不同的，对本章的学习将有利于对各类汽车的选用和管理，充分地、更好地利用汽车资源。

1.1 车辆利用和管理评价定额及指标

1.1.1 车辆利用评价指标

评价汽车综合性能的指标主要包含两大方面：运输统计指标和车辆利用单项指标。

1. 运输统计指标

（1）运量

1）**客运量**：统计期内运输车辆实际运送的乘客人数。计算单位：人。统计原则：在计算客运量时，不管乘客行程的长短或客票票价多少，每位乘客均按一人计算；不足购票年龄免购客票的儿童不计算客运量。

2）**货运量**：统计期内运输车辆实际运送的货物重量。计算单位：t。

（2）周转量

1）**乘客周转量**：指报告期内运输车辆实际运送的每位乘客与其相应运送距离的乘积之和。计算单位：人·km。计算公式：

$$乘客周转量（人\cdot km）=\sum（运送的每位乘客\times该乘客运送距离）$$

2）**货物周转量**：指报告期内运输车辆实际运送的每批货物重量与其相应运送距离的乘积之和。计算单位：t·km。计算公式：

货物周转量（t·km）=∑（每批货物重量×该批货物的运送距离）

3）换算周转量：是车辆完成的货物周转量和乘客周转量综合产量指标。计算单位：t·km。计算方法：以运输车辆所完成的周转量，按一定的比例换算成同一计算单位后求得。公路乘客周转量与货物周转量的换算关系为10人·km=1t·km。

（3）运输量　汽车运输的运输量是指汽车运输完成的运量和周转量，也称产量。用运量和周转量两种指标评价。

例如：两客运站A、B相距500km，每月运送旅客达到10000人，身高不足1m的有1000人，不足1.4m的有1000人（不足1m，免票；1~1.4m，半票）。A、B站中间有一个中途站点，有3000人在此转车。

两物流站A、B相距500km，某天运输的货物总质量达200t，A、B站之间有一个中途站，有100t货物在此卸货。

根据上述材料分析，得到下面所有评价指标：

统计期是1个月。客运量：9000人（不足1m的免票，不计算在运量中）。

统计期是1天。货运量：200t。

乘客周转量：（10000－1000－1000－3000）×500＋500×500＋3000×250＝2500000＋250000＋750000＝3500000人·km

货物周转量：7500t·km(100×250＋100×500)

运输量＝{运量，周转量}

计算第一个例子的运输量，即客运量9000人，乘客周转量3.25×10^7人·km

货物运输量，即货运量200t，货物周转量7500t·km。

2. 车辆利用单项指标

车辆利用单项指标包含的项目如图1-1所示。

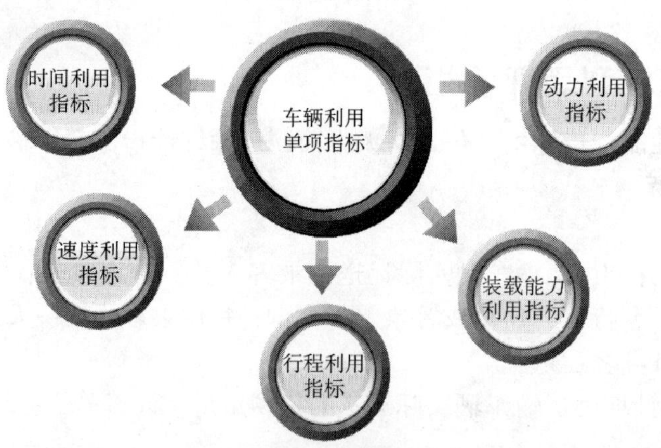

图1-1　车辆利用单项指标包含的项目

（1）车辆时间利用指标

1）完好率：指报告期内完好车日占总车日中所占的比例。车辆完好率表明在报告期内，技术状况良好，可随时出车进行运输工作的车辆情况，是反映车辆的技术状况、车辆管理、运用和修理、保养工作质量的指标。计算单位：%。计算公式：

完好率（%）=完好车日÷总车日×100%=（总车日－非完好车日）÷总车日×100%
=（工作车日+停驶车日）÷总车日×100%

2）**工作率**：指报告期内工作车日在完好车日中所占的比重，用以反映车辆的利用程度。计算单位：%。计算公式：

工作率（%）=工作车日÷完好车日×100%=（完好车日－停驶车日）÷完好车日×100%

车辆工作车日与车辆停驶车日之和为车辆完好车日。可见，要提高工作率必须提高完好率和减少停驶车日。

如某混凝土搅拌公司具有72台混凝土搅拌车，2月份营运20天，在此期间，有部分车辆需要进行季检、年检、维修和养护工作，以及部分车辆停驶，如表1-1所示。

表1-1 某混凝土搅拌公司2月份车辆运行统计表

车 号	停运天数	停运原因
1、2、3、5、6、7、8	2	季检
9、10、11、12、15、16、17、18	1/8	常规养护
25	3	离合器维修
49	7	发动机大修
60~72	15	车辆完好，暂停使用

由此，可以得出，

车辆完好率=[72×20－(7×2+8×1/8+1×3+1×7)]÷(72×20)×100%≈98.3%

车辆工作率=[72×20－(7×2+8×1/8+1×3+1×7)－12×15]÷(72×20)×100%≈85.8%

（2）速度利用指标

1）**技术速度**：车辆在运行时间内平均每小时行驶的里程。计算单位：km/h。计算公式：

技术速度（km/h）=总行程÷运行小时数

技术速度实际上是车辆的行驶速度。汽车动力性能、道路条件（如路面、宽度、坡度、弯道、视线等）、所运货物的特征、行车密度、车辆载重量等客观因素以及车辆保修质量和驾驶人的熟练程度等都对技术速度有影响。为了提高运输效率，必须在许可的条件下提高技术速度。

2）**营运速度**：车辆在出车时间内，平均每小时行驶的里程。计算单位：km/h。计算公式：

营运速度（km/h）=总行程÷出车时间

营运速度的大小不仅受技术速度的影响，还取决于运输组织工作好坏、运输距离大小和装卸停歇时间长短等因素的影响。在一定的技术速度下，营运速度与出车时间利用系数成正比。其相互之间的关系为：营运速度=技术速度×出车时间利用系数。

3）**平均车日行程**：指报告期内平均每一个工作车日车辆所行驶的里程，是车辆速度性能利用与出车时间利用的综合性指标。计算单位：车·km。

计算公式：

平均车日行程（车·km）=总行程÷工作车日=营运速度×平均每日出车时间

=技术速度×出车时间利用系数×平均每日出车时间

(3) 行程利用指标

1) **行程利用率**：指报告期内载运行程在总行程中所占的比重。计算单位：%。计算公式：

行程利用率(%)=载运行程÷总行程×100%

提高行程利用率是提高车辆运用效率，降低运输成本的重要途径之一。影响行程利用率的因素很多，例如，货源、客源的充足程度及其在空间和时间的分布情况，运输组织工作质量，车库与货场的空间布局等都对行程利用率有明显的影响。

2) **空驶率**：指报告期内空驶行程在总行程中所占的比重。计算单位：%。计算公式：

空驶率(%)=空驶行程÷总行程×100%

(4) 装载能力利用指标

1) **装载质量利用率**：指报告期内载货车实际完成周转量与其载运行程载货量的比值，用以反映载运行程载货量利用程度。计算单位：%。计算公式：

装载质量利用率(%)=实际完成周转量÷(载运行程×载货量)×100%

2) **载客量利用率**：指报告期内载客汽车实际完成周转量与其载运行程载客量的比值，用以反映载运行程载客量利用程度。计算单位：%。计算公式：

载客量利用率(%)=实际完成周转量÷(载运行程×载客量)×100%

在计算载货车的载客量利用率时，附载乘客所完成的乘客周转量人·km应换算为t·km。在计算客车的载客量利用率时，附载货物所完成的货物周转量t·km应换算成人·km。

3) **实载率**：统计期内车辆实际完成周转量占其总行程额定周转量的比重，用以反映总行程载货(客)量的有效利用程度。计算单位：%。计算公式：

实载率(%)=实际完成周转量÷总行程额定周转量×100%
=里程利用率×载货(客)量利用率(吨位相同的车辆)

(5) 动力利用指标　动力利用指标主要是拖运率。拖运率是指报告期内挂车完成的周转量与主车、挂车合计完成的周转量之比，用以评价车辆动力的利用程度。计算单位：%。计算公式：

拖运率(%)=挂车完成的周转量÷(主车完成周转量+挂车完成周转量)×100%

3. 车辆利用综合指标

(1) 车辆运用效率　车辆运用效率评定指标：单车产量、车吨(客)位产量、车公里产量。

1) **单车产量**：是指在报告期内平均每辆车所完成的换算周转量。计算单位：t·km。在计算单车产量时，不仅要对主车、挂车分别进行计算，还应对主车、挂车进行综合计算。

计算公式：

汽(挂)车单车产量(t·km)=汽(挂)车完成的换算周转量÷汽(挂)车平均车数

主、挂车综合计算时，采用下式：

单车产量(t·km)=汽车和挂车完成的换算周转量÷汽车平均车数

在一定的条件下，单车产量的高低与运输企业完成的换算周转量多少有关。换算周转量完成的多少与企业车辆在时间、速度、行程、载货(客)量以及货物(乘客)运送的平均距离有关。所以，单车产量集中地反映了车辆在时间、速度、行程、载货(客)量等方面

的综合利用效率。

2）**车吨（客）位产量**：是指在报告期内平均每吨（客）位所完成的换算周转量。车吨（客）位产量，可按主车、挂车分别进行计算，也可以按主车、挂车综合计算。

计算公式：

汽（挂）车车吨（客）位产量（t·km）= 汽（挂）车完成的换算周转量 ÷ 汽（挂）车平均总吨（客）位（分别计算）

车吨（客）位产量（t·km）= 汽车和挂车完成的换算周转量 ÷ 汽车平均总吨（客）位（综合计算）

以上各项指标构成了车辆运用情况的指标体系。

3）**车公里产量**：在统计期内平均每辆车每行驶1km所完成的换算周转量。计算单位：t。计算公式：

车公里产量（t）= 换算周转量 ÷ 车辆总行程

（2）**汽车的运输成本**　单位运输产品产量所支付的费用。计算公式：

$$汽车运输成本 = \frac{运输企业所支出的全部费用}{所完成的运输产品产量}$$

1）**变动成本（车辆运行费用）**：与车辆行驶有关的费用支出，包括运行材料费用、车辆折旧费用、车辆维修费、养路费。变动成本占运输成本的40%左右。在变动成本中，运行材料费用占25%~30%，车辆折旧费用占10%~15%。

2）**固定成本**：与车辆行驶无关的费用支出，包括职工工资、行政办公费用、房屋维修费、职工培训费。固定成本占运输成本的60%，这也是国有运输企业普遍亏损的原因之一。

1.1.2 车辆管理评价定额和指标

车辆管理评价定额和指标是坚持预防为主和技术与经济相结合的车辆技术管理原则的量化，包括主要经济定额和主要技术经济指标两个方面。

1. 主要经济定额

（1）**行车燃料消耗定额**　汽车百公里或完成百吨公里周转量所消耗燃料的限额。可依据车型、使用条件、载货（客）量和燃料种类分别制订。

（2）**轮胎行驶里程定额**　新轮胎开始使用，经翻新到报废所行驶里程的限额。

（3）**车辆维护和小修费用定额**　车辆每行驶一定里程，维护和小修耗用的工时和物料费用的限额。

（4）**车辆大修间隔里程定额**　新车到大修，或大修到大修之间所行驶里程的限额。

（5）**发动机大修间隔里程定额**　新发动机到大修，或大修到大修之间所行驶里程的限额。

（6）**车辆大修费用定额**　车辆大修费用定额是指车辆大修所耗工时和物料费用的限额。

2. 主要技术经济指标

（1）**完好率**　见1.1.1节标题“2. 车辆利用单项指标”中的内容。

（2）**车辆平均技术等级**　车辆平均技术等级评定就是对长期运行的车辆在一定时期的技术状况按统一的评定指标加以评估和划分。车辆平均技术等级是指所有运输车辆技术状况的平均等级。

(3) **车辆二级维护实施率** 计算公式:

$$车辆二级维护实施率=\frac{完成的二级维护车辆数}{计划完成的二级维护车辆数-计划变更的二级维护车辆数}\times 100\%$$

(4) **维护返工率** 车辆维护出厂后，返工车辆次数占维护竣工总车辆次数的百分比。计算公式:

$$维护返工率=\frac{维护返工车辆次数}{维护竣工总车辆次数}\times 100\%$$

(5) **车辆新度系数** 车辆新度系数是综合评价运输单位车辆新旧程度的指标。计算公式:

$$车辆新度系数=\frac{年末单位全部运输车辆固定资产原值-累计折旧费}{年末单位全部运输车辆固定资产原值}$$

(6) **小修频率** 小修频率是指车辆每行驶1000km发生小修的次数（不包括各级维护作业中的小修）。

(7) **轮胎翻新率** 在统计期内经过翻新的报废轮胎占全部报废轮胎的百分比。

1.2 汽车综合性能的评价

1.2.1 汽车类型

汽车可按用途、动力装置、行驶的道路条件及行驶机构的特征分类。按用途不同，汽车可分为轿车、客车、载货车、特种用途汽车和农用汽车等。按使用的燃料不同，可分为汽油汽车、柴油汽车、代用燃料（煤油、乙醇、乙炔、石油气）汽车和蓄电池（电瓶）车等。按行驶道路条件不同，可分为公路行驶汽车和越野车。此外，因汽车结构不同，又可分为单车、半挂车、全挂车。按国际惯例将汽车分为乘用车和商用车两类。

1. 乘用车

(1) **普通乘用车** 车身：封闭式，侧窗中柱可有可无。车顶（顶盖）：固定式，车顶为硬顶。有的顶盖一部分可以开启。座位：4个或4个以上座位，至少两排。后座椅可折叠或移动，以形成装载空间。车门：2个或4个侧门，可有一个后开启门。

(2) **活顶乘用车** 车身：具有固定侧围框架的可开启式车身。车顶（顶盖）：车顶为硬顶或软顶，至少有2个位置可封闭、开启或拆除。可开启式车身通过使用一个或数个硬顶部件或合拢软顶将开启的车身关闭。座位：4个或4个以上座位，至少两排。车门：2个或4个侧门。车窗：4个或4个以上侧窗。

(3) **高级乘用车** 车身：封闭式，前后座之间可以设有隔板。车顶（顶盖）：固定式，车顶为硬顶。有的顶盖可以部分开启。座位：4个或4个以上座位，至少两排。后座椅可安装折叠式座椅。车门：4个或6个侧门，也可有一个后开启门。车窗：6个或6个以上侧窗。

(4) **小型乘用车** 车身：封闭式，通常后部空间较小。车顶（顶盖）：固定式，车顶为硬顶。有的顶盖一部分可以开启。座位：2个或2个以上座位，至少一排。车门：2个侧门，也可有一个后开启门。车窗：2个或2个以上侧窗。

(5) **敞篷车**　车身：可开启式。车顶（顶盖）：车顶可为软顶或硬顶，至少有两个位置，第一个位置遮覆车身；第二个位置车顶卷收或可拆除。座位：2 个或 2 个以上座位，至少一排。车门：2 个或 4 个侧门。车窗：2 个或 2 个以上侧窗。

(6) **舱背乘用车**　车身：封闭式，侧窗中柱可有可无。车顶（顶盖）：固定式，车顶为硬顶。有的顶盖可以部分开启。座位：4 个或 4 个以上座位，至少两排。后座椅可折叠或可移动，以形成一个装载空间。车门：2 个或 4 个侧门，车身后部有一舱门。

(7) **旅行车**　车身：封闭式。车尾外形可提供较大的内部空间。车顶（顶盖）：固定式，车顶为硬顶。有的顶盖可以部分开启。座位：4 个或 4 个以上座位，至少两排。座椅的一排或多排可拆除，或装有向前翻倒的座椅靠背，以提供装载平台。车门：2 个或 4 个侧门，并有一个后开启门。车窗：4 个或 4 个以上侧窗。

(8) **多用途乘用车**　只有单一车室载运乘客及其行李或货物的乘用车。

(9) **短头乘用车**　一种乘用车，它一半以上的发动机长度位于车辆前风窗玻璃最前点以后，并且转向盘的中心位于车辆总长的前四分之一部分内。

(10) **越野乘用车**　在其设计上所有车轮同时驱动（包括一个驱动轴可以脱开的车辆），或其几何特性（接近角、离去角、纵向通过角、最小离地间隙）、技术特性（驱动轴数、差速锁止机构或其他形式机构）和它的性能（爬坡度）允许在非道路上行驶的一种乘用车。

(11) **专用乘用车**　运载乘客或货物并完成特定功能的乘用车，它具备完成特定功能所需的特殊车身或装备。如旅居车、防弹车、救护车、殡仪车等。

1) **旅居车**　旅居车是一种至少具有下列生活设施结构的乘用车：座椅和桌子、睡具，可由座椅转换而来、炊事设施及储藏设施。

2) **防弹车**：用于保护所运送的乘客或货物并符合装甲防弹要求的乘用车。

3) **救护车**：用于运送病人或伤员并为此目的配有专用设备的乘用车。

4) **殡仪车**：用于运送死者并为此目的而配有专用设备的乘用车。

注：以上定义中的车窗指一个玻璃窗口，它可由一块或几块玻璃组成（例如通风窗为车窗的一个组成部分）。

2. 商用车

在设计和技术特性上用于运送乘客和货物的汽车，并且可以牵引挂车。

(1) **客车**　在设计和技术特性上用于载运乘客及其随身行李的商用车，包括驾驶人座位在内座位数超过 9 座。客车有单层的或双层的，也可牵引一挂车。

1) **小型客车**：用于载运乘客，除驾驶人座位外，座位数不超过 16 座的客车。

2) **城市客车**：一种为城市内运输而设计和装备的客车。这种车辆设有座椅及站立乘客的位置，并有足够的空间供频繁停站时乘客上下车走动用。

3) **长途客车**：一种为城市间运输而设计和装备的客车。这种车辆没有专供乘客站立的位置，但在其通道内可载运短途站立的乘客。

4) **旅游客车**：一种为旅游而设计和装备的客车。这种车辆的布置要确保乘客的舒适性，不载运站立的乘客。

5) **铰接客车**：一种由两节刚性车厢铰接组成的客车。在这种车辆上，两节车厢是相通的，乘客可通过铰接部分在两节车厢之间自由走动。两节刚性车厢永久连接，只有在工厂车间使用专用的设施才能将其拆开。

6）**无轨电车**：一种经架线由电力驱动的客车。

7）**越野客车**：在其设计上所有车轮同时驱动（包括一个驱动轴可以脱开的车辆）或其几何特性（接近角、离去角、纵向通过角、最小离地间隙）、技术特性（驱动轴数、差速锁止机构或其他形式机构）和它的性能（爬坡度）允许在非道路上行驶的一种车辆。

8）**专用客车**：在其设计和技术特性上只适用于需经特殊布置安排后才能载运乘客的车辆。

（2）挂车

1）**牵引杆挂车**：具有一轴可转向；通过角向移动的牵引杆与牵引车连接；牵引杆可垂直移动，连接到底盘上，因此不能承受任何垂直力；具有隐藏支地架的半挂车也作为牵引杆挂车。

① 客车挂车：在其设计和技术特性上用于载运乘客及其随身行李的牵引挂车。

② 牵引载货车挂车：在其设计和技术特性上用于载运货物的牵引挂车。

③ 通用牵引挂车：一种在敞开（平板式）或封闭（厢式）载货空间内载运货物的牵引挂车。

④ 专用牵引挂车：一种牵引挂车，按其设计和技术特性用于需经特殊布置后才能载运乘客或货物，只执行某种规定的运输任务。

2）**半挂车**：车轴置于车辆重心（当车辆均匀受载时）后面，并且装有可将水平或垂直力传递到牵引挂车的连接装置上。

① 客车半挂车：在其设计和技术特性上用于载运乘客及其随身行李的半挂车。

② 通用载货车半挂车：一种在敞开（平板式）或封闭（厢式）载货空间内载运货物的半挂车。

③ 专用半挂车：一种半挂车，按其设计和技术特性用于需经特殊布置后才能载运乘客和（或）货物，只执行某种规定的运输任务。

④ 旅居半挂车：能够提供活动睡具的半挂车。

3）**中置轴挂车**：牵引装置不能垂直移动（相对于挂车），车轴位于紧靠挂车的重心（当均匀载荷时）的挂车，这种车辆只有较小的垂直静载荷作用于牵引车，不超过相当于挂车最大质量的10%或1000N的载荷（两者取较小者）。其中一轴或多轴可由牵引车来驱动。旅居挂车就是能够提供活动睡具的中置轴挂车。

（3）**载货车**　一种主要为载运货物而设计和装备的商用车，它能牵引一个挂车。

1）**普通载货车**：一种在敞开（平板式）或封闭（厢式）载货空间内载运货物的载货车。

2）**多用途载货车**：在其设计和结构上主要用于载运货物，将在驾驶人座椅后带有固定或折叠式座椅，可载运3个以上乘客的载货车。

3）**全挂牵引车**：一种牵引挂车的载货车，它本身可在附属的载运平台上载运货物。

4）**越野载货车**：在其设计上所有车轮同时驱动（包括一个驱动轴可以脱开的车辆）或其几何特性（接近角、离去角、纵向通过角、最小离地间隙）、技术特性（驱动轴数、差速锁止机构或其他形式的机构）和它的性能（爬坡度）允许在坏路上行驶的一种车辆。

5）**专用作业车**：在其设计和技术特性上用于特殊工作的载货车，如消防车、救险车、垃圾车、应急车、街道清洗车、扫雪车、清洁车等。

6）**专用载货车**：在其设计和技术特性上用于运输特殊货物的载货车，如罐式车、乘用车运输车、集装箱运输车等。

（4）汽车列车

1）**乘用车列车**：乘用车和中置轴挂车的组合。

2）**客车列车**：一辆客车与一辆或多辆挂车的组合，各节乘客车厢不相通，有时可设服务走廊。

3）**载货车列车**：一辆载货车与一辆或多辆挂车的组合。

4）**牵引杆挂车列车**：一辆全挂牵引车与一辆或多辆挂车的组合。

5）**铰接列车**：一辆半挂牵引车与具有角向移动连接的半挂车的组合。

6）**双挂列车**：一辆铰接列车与一辆牵引杆挂车的组合。

7）**双半挂列车**：一辆铰接列车与一辆半挂车的组合。两辆车的连接是通过第二个半挂车的连接装置来实现的。

8）**平板列车**：一辆载货车和一辆牵引载货车挂车的组合；在可角向移动的货物承载平板的整个长度上，载荷都是不可分地置于牵引载货车挂车和载货车上。为了支撑这个载荷可以使用辅助装置。这个载荷和它的支撑装置构成了这两个车辆的连接装置，因此不允许载货车再有转向连接。

1.2.2 汽车综合使用性能及其评价指标

汽车综合使用性能是指汽车在一定的使用条件下，以最高效率工作的能力。汽车常用的综合使用性能有动力性、燃料经济性、制动性、操作稳定性、废气排放、行驶平顺性和通过性等。汽车技术状况：就是汽车的综合使用性能，是指汽车能适应各种使用条件而发挥最大工作效率的能力。它主要有下面几项：

1. 汽车的动力性

这是汽车首要的综合使用性能。汽车必须有足够的牵引力才能克服各种行驶阻力正常行驶，这取决于动力性的好坏。汽车动力性可从下面3方面指标进行评价。

（1）**汽车的最高车速**　指汽车满载在良好水平路面上能达到的最高行驶速度。

（2）**汽车的加速能力**　指汽车在各种使用条件下迅速增加汽车行驶速度的能力。加速过程中加速用的时间越短、加速度越大和加速距离越短的汽车，加速性能就越好。

（3）**汽车的上坡能力**　上坡能力用汽车满载时以最低档位在坚硬路面上等速行驶所能克服的最大坡度来表示，称为最大爬坡度。它表示汽车最大牵引力的大小。

不同类型的汽车对上述3项指标的要求各有不同。轿车与客车偏重于最高车速和加速能力，载重汽车和越野汽车对最大爬坡度要求较严。但不论何种汽车，为在公路上能正常行驶，必须具备一定的平均速度和加速能力。

2. 汽车的燃料经济性

为降低汽车运输成本，要求汽车以最少的燃料消耗，完成尽量多的运输量。汽车以最少的燃料消耗量完成单位运输工作量的能力，称为燃料经济性，评价指标为每行驶100km消耗掉的燃料（L）。

3. 汽车的制动性

具有良好的制动性是汽车安全行驶的保证，也是汽车动力性能得以很好发挥的前提。汽车制动性有下述3方面的内容。

（1）**制动效能**　汽车迅速减速直至停车的能力。常用制动过程中的制动时间、制动减速度和制动距离来评价。汽车的制动效能除和汽车技术状况有关外，还与汽车制动时的速度以及轮胎和路面的情况有关。

（2）**制动效能的恒定性**　在短时间内连续制动后，制动器温度升高导致制动效能下降，称为制动器的热衰退，连续制动后制动效能的稳定程度为制动效能的恒定性。

（3）**制动时方向的稳定性**　是指汽车在制动过程中不发生跑偏、侧滑和失去转向的能力。当左右侧制动力不一样时，容易发生跑偏；当车轮“抱死”时，易发生侧滑或者失去转向能力。为防止上述现象发生，现代汽车设有电子防抱死装置，防止紧急制动时车轮抱死而发生危险。

4. 汽车的操纵性和稳定性

汽车的操纵性是指汽车对驾驶人转向指令的响应能力，直接影响到行车安全。轮胎的气压和弹性、悬架装置的刚度以及汽车重心的位置都对该性能有重要影响。

汽车的稳定性是指汽车在受到外界扰动后恢复原来运动状态的能力，以及抵御发生倾覆和侧滑的能力。对于汽车来说，侧向稳定性尤为重要。当汽车在横向坡道上行驶、转弯以及受到其他侧向力时，容易发生侧滑或者侧翻。汽车重心的高度越低，稳定性越好。合适的前轮定位角度使汽车转向具有自动回正和保持直线行驶的能力，可以提高汽车直线行驶的稳定性。如果装载超高、超载、转弯时车速过快、横向坡道角过大以及偏载等，容易造成汽车侧滑及侧翻。

5. 汽车的行驶平顺性

汽车在行驶过程中由于路面不平的冲击，会造成汽车的振动，使乘客感到疲劳和不舒适，货物损坏。为防止上述现象的发生，不得不降低车速。同时振动还会影响汽车的使用寿命。汽车在行驶中对路面不平的减振程度，称为汽车的行驶平顺性。

汽车行驶平顺性的物理量评价指标，客车和轿车采用“舒适降低界限”车速特性。当汽车速度超过此界限时，就会降低乘坐舒适性，使乘客感到疲劳不舒服。该界限值越高，说明平顺性越好。载货车采用“疲劳-降低工效界限”车速特性。汽车车身的固有频率也可作为平顺性的评价指标。从舒适性出发，车身的固有频率在600～850Hz的范围内较好。

高速汽车尤其是轿车要求具有优良的行驶平顺性。轮胎的弹性、性能优越的悬架装置、座椅的减振性能以及尽量小的非悬架质量，都可以提高汽车的行驶平顺性。

6. 汽车的通过性

汽车在一定的装载质量下能以较高的平均速度通过各种坏路及无路地带和克服各种障碍物的能力，称为汽车的通过性。各种汽车的通过能力是不一样的，轿车和客车由于经常在市内行驶，通过能力就差，而越野汽车、军用车辆、自卸汽车和载货车，就必须有较强的通过能力。

采用宽断面胎、多胎可以减小滚动阻力；较深的轮胎花纹可以增加附着系数而不容易打滑；全轮驱动的方式可使汽车的动力性得以充分的发挥；结构参数的合理选择，可以使汽车

具有优良的克服障碍的能力，如较大的最小离地间隙、接近角、离去角、车轮半径和较小的转弯半径、横向和纵向通过半径等，都可提高汽车的通过能力。

7. 其他使用性能

（1）**操纵轻便性**　驾驶汽车时需要根据操作的次数、操作时所需要的力、操作时的方便情况以及视野、照明、信号等来评价。汽车具有良好的操纵轻便性，不但可以减轻驾驶人劳动强度和紧张程度，也是安全行驶的保证。采用动力转向、制动助力装置、自动变速器以及膜片离合器等，使操纵轻便性得以明显改善。

（2）**机动性**　市区内行驶的汽车，经常行驶于狭窄多弯的道路，机动性显得尤为重要。机动性主要用最小转弯半径来评价。转弯半径越小，机动性越好。

（3）**装卸方便性**　与车厢的高度、可翻倒的栏板数目以及车门的数目和尺寸有关。

8. 汽车的容载量

汽车容载量就是汽车能够装载货物的数量或乘客的人数。汽车容载量与汽车的装载质量、车厢尺寸、货物密度、座位数和站立乘客的地板面积等有关。

汽车的容载量决定了某车型装载何种货物能够装满车厢，或充分地利用汽车的全部装载能力。普通载货车装载密度低的货物时，就不能充分利用汽车的装载质量。

1.2.3　整车尺寸和利用的评价

每个国家对公路运输车辆的外廓尺寸均有法规限制。这是为了使汽车的外廓尺寸适合本国的公路桥梁、涵洞和铁路运输的标准及保证行驶的安全性。我国对公路车辆的外廓尺寸规定如下：汽车总高≤4m；总宽（不含后视镜）≤2.5m；总长：载货车（含越野车）≤12m；一般客车≤12m；铰接大客车≤18m；半挂牵引车（含挂车）≤16m；汽车拖挂后总长≤20m。

（1）**汽车的外廓尺寸（总长、总宽、总高）**　汽车的外廓尺寸是根据汽车的用途、道路条件、吨位（或载客数）、外形设计、公路限制和结构布置等因素来确定的。在总体设计时要力求减少汽车的外廓尺寸，以减轻汽车的自重，提高汽车的动力性、经济性和机动性。如图 1-2 所示。

（2）**轴距（*A*）**　是描述汽车轴与轴之间距离的参数，通常可通过汽车前后车轮中心来测量。轴距的长短直接影响到汽车的长度、重量和许多使用性能。轴距短一些，汽车长度就短一些，自重就轻，最小转弯直径和纵向通过角就小。但若轴距过短，则会带来一系列缺点，如车厢长度不足或后悬过长，汽车行驶时纵摆和横摆较大，在制动时或上坡时重量转移较大，使汽车的操纵性和稳定性变坏。

（3）**轮距（*E* 和 *F*）**　指同一轴上车轮接地点中心之间的距离，对双胎汽车，则是指两双胎接地点连线中点之间的距离。轮距对汽车的总宽、总重、横向稳定性和机动性影响较大。轮距越大，则横向稳定性越好，对增加轿车车厢内宽也有利。但轮距宽了，汽车的总宽和总重一般也加大，而且容易产生向车身侧面甩泥的缺点。此外，轮距过宽也会影响汽车的安全性，因此，轮距应与车身宽度相适应。

（4）**前悬（*C*）**　是指汽车最前端（除灯罩、后视镜等非刚性固定部分外）至前轴中心之间的水平距离。前悬的长度应足以固定和安装驾驶室前支点、发动机、散热器、转向机、弹簧前托架和保险杠等零件和部件。前悬不宜过长，否则汽车的接近角过小。

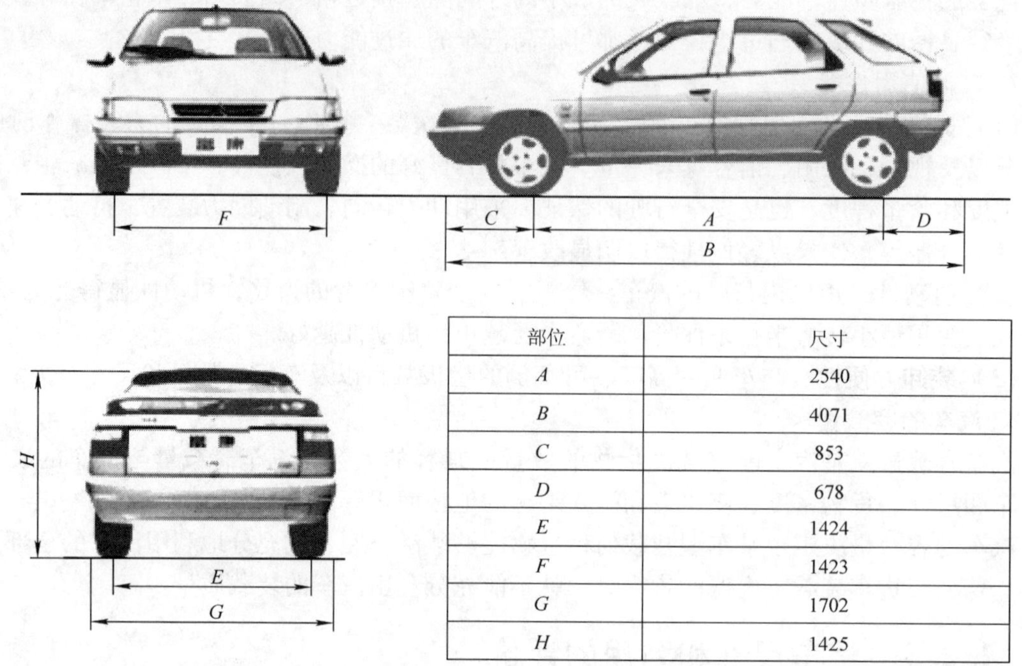

部位	尺寸
A	2540
B	4071
C	853
D	678
E	1424
F	1423
G	1702
H	1425

图1-2 汽车的基本尺寸

A—轴距 B—总长 C—前悬 D—后悬 E—后轮距 F—前轮距 G—总宽 H—总高

（5）**后悬（D）** 是指汽车最后端（除灯罩等非刚性固定部分外）至后轴中心之间的水平距离，后悬的长度主要决定于货厢长度、轴距和轴荷分配情况，同时要保证适当的离去角。

（6）**最小离地间隙** 汽车满载静止时，支承平面（地面）与汽车上的中间区域最低点的距离。最小离地间隙反映的是汽车无碰撞通过有障碍物或凹凸不平的地面的能力。

（7）**最小转弯直径** 当转向盘转到极限位置，汽车以最低稳定车速转向行驶时，外侧转向轮的中心平面在支承平面上滚过的轨迹圆直径。它在很大程度上表征了汽车能够通过狭窄弯曲地带或绕过不可越过的障碍物的能力。最小转弯直径越小，汽车的机动性能越好。

（8）**主减速比** 对汽车的动力性能和燃料经济性有较大的影响。一般来说，主减速比越大，加速性能和爬坡能力越强，而燃料经济性越差。如果过大，则不能发挥发动机的全部功率而达到应有的车速。主减速比越小，最高车速越高，燃料经济性越好，但加速性和爬坡能力越差。

（9）**整车装备质量** 汽车完全装备好的质量，包括润滑油、燃料、随车工具、备胎等所有装置的质量。

（10）**接近角** 汽车满载静止时，汽车前端突出点向前轮所引切线与地面的夹角。

（11）**通过角** 汽车的通过性是描述汽车通过能力的性能指标，也称越野性能。通过性的几个主要参数：最小离地间隙、接近角、离去角、纵向通过角和横向通过半径等。通过角是汽车满载静止时，通过障碍物的能力。

（12）**离去角** 汽车满载静止时，汽车后端突出点向后轮所引切线与地面的夹角。

1.2.4　汽车容载量的评价

1. 比装载质量

比装载质量等于汽车装载质量与车厢容积的比值。

2. 装载质量利用系数

装载质量利用系数就是货物单位容积质量与车厢容积的积除以额定装载质量。

3. 汽车的质量利用系数

汽车的质量利用系数描述了汽车整备质量与装载质量的关系，通常利用整备质量利用系数评价汽车质量利用系数的优劣。整备质量利用系数的提高，是现代载货车制造技术进步的重要标志之一。汽车的质量利用系数等于汽车的装载质量与汽车整备质量的比值。汽车整备质量利用系数随装载质量的增加而提高。轻型载货车约1.1，中型载货车约1.35，重型载货车约1.3～1.7。

4. 汽车的整备质量

汽车的整备质量即以前惯称的“空车重量”。所谓汽车的整备质量是指汽车按出厂技术条件装备完整（如备胎、工具等安装齐备），各种油、水添满后的质量，这是汽车的一个重要设计指标。该指标既要先进又要切实可行，它与汽车的设计水平、制造水平以及工业化水平密切相关。同等车型条件下，谁的设计方法优化，生产水平优越，工业化水平高，则整备质量就会下降。

5. 汽车的装载质量（载客量）

这是汽车的基本使用参数之一。它关系到汽车的运输效率、运输成本、使用方便性、产品系列化和生产装备等诸多方面。确定汽车的装载质量应考虑下面几个因素：

1）必须与汽车的用途和使用条件相适应。

2）各种车型的装载质量要合理分级，以利于产品的系列化、通用化和标准化。

3）要考虑到对现有生产设备和生产线变动的大小和可利用程度。

6. 汽车总质量

汽车总质量是指汽车装备齐全，并按规定载乘客（包括驾驶人）、货物时的质量。

1）对于轿车，汽车总质量＝整备质量＋驾驶人及乘客质量＋行李质量。

2）对于客车，汽车总质量＝整备质量＋驾驶人及乘客质量＋行李质量＋附件质量。

3）对于载货车，汽车总质量＝整备质量＋驾驶人及助手质量＋货物质量。

7. 汽车自重利用系数

这是一个重要的评价指标（对货车而言）。它是指汽车装载质量与汽车净重之比。所谓汽车干重就是指汽车无冷却液、燃油、机油、备胎、工具和附件时的汽车装备质量。显然，在装载质量相同的情况下，净重越小，则汽车的质量利用系数也越高，其运输效率也越高。EQ1092F的质量利用系数为1.22左右。随着汽车材料技术和制造、设计技术的发展，汽车质量利用系数有不断提高的趋势。

8. 汽车轴荷分配

汽车轴荷分配指汽车的质量在前轴、后轴上所占的比例。轴荷分配的原则是依据轮胎均匀磨损和汽车主要性能的需要以及汽车的布置形式来确定的。为了使轮胎均匀磨损，一般希望满载时每个轮胎的轴荷大致相等。例如，对后轴为单胎的4×2汽车，则希望前、后轴的轴荷各为50%，而后轴为双胎的汽车，则希望前、后轴的轴荷按1/3和2/3比例来分配。实际上，这些只能近似满足要求，例如，一般载货车，其前轴轴荷分配在28%~30%左右。

1.3　汽车技术状况及其变化

汽车技术状况：表征某一时刻，汽车外观、性能及能测定的参数值总和；汽车工作能力：汽车按标准文件规定的使用性能指标工作的能力。

汽车外观和性能的参数值将随着汽车的运用过程而不断变化，其变化的情况与汽车本身结构和外部使用环境有关。汽车是一种机动、快速的陆路无轨道交通运输工具，通常用于载客或载货运输，它是一个集机、电、液为一体的复杂系统，其基本的组成单元是零件。现代汽车种类繁多，零件各异，特别是近年来电子技术在汽车上得到广泛的应用，诸如安全气囊控制系统、电子控制燃油喷射系统（EFI）、卫星定位系统（GPS）和制动防抱死系统（ABS）等车载电脑的应用，使得汽车零件和系统更为复杂。据统计，目前汽车按品牌分类有1.5万~1.8万种；汽车零件有7000~9000种。这些零件在使用过程中，有3000~4000种会逐渐失去原有的性能，引起汽车工作质量下降，从而影响汽车技术状况发生变化。零件的技术状况对汽车来说至关重要，它们是决定汽车技术状况的关键性因素。

汽车在运用过程中，要与外界环境（阳光、空气、风沙和雨雪等）相接触，汽车内部的零件也要在气体或液体的氛围中相互接触、摩擦，其结果会引起零件发热、磨损和腐蚀等一系列变化。这些变化既有物理方面的（如变形、磨损等），也有化学方面的（如氧化、腐蚀等）。其变化过程的参数有：零件几何形状与尺寸的改变、零件相互装配位置的变化和配合间隙的改变等。例如：发动机的气缸活塞组件的尺寸，曲柄连杆机构的尺寸，离合器主、从动盘及摩擦衬片的尺寸，制动蹄与制动鼓的间隙等。它们在汽车使用过程中都在发生变化，汽车技术状况的变化，将取决于这些组成零件特性变化的总和。

由于汽车的大部分机构或总成，都不便于局部或全部拆开进行零件尺寸和几何形状的直接测量，因此，对于汽车的技术状况，可以通过一些与直接测量参数有关的间接诊断参数来确定。诊断参数是指表征汽车、总成及机构技术状况的参数。例如，对发动机来说可以通过功率改变情况、机油消耗量、气缸压缩压力或机油中所含杂质的成分等来评价发动机的技术状况。

确定汽车或总成性能的参数有：静态参数（如装载质量、轴距、车轮外倾角等）、动态参数（如发动机转速、功率、汽车制动距离等）、过程参数（如温度、振动、噪声、机油内所含杂质等）、几何（结构）参数、位置参数（如行程和间隙）等。

汽车工作能力是指汽车按技术文件规定的使用性能指标，执行规定功能的能力。汽车工作能力的大小可以按汽车使用时间（如使用年限）或行驶里程来计算。汽车工作能力也可以认为是汽车工作到技术状况参数达到了最大极限状态时的行驶里程。汽车行驶里程超过最大极限后，如果继续使用，则汽车是在有故障区域工作，这是需要引起特别注意的，因为此时已超过了汽车的工作能力所能达到的要求，在汽车行驶过程中随时可能会发生故障。汽车有故障后，必然影响它的工作能力，并导致运输能力下降和使用安全性降低。当汽车技术状况偏离了规定标准时，那它就是一辆应该修理的汽车了。

汽车的主要运用性能是由设计与制造工艺所确定下来的，这些性能有：装载质量、容积、动力性、燃料经济性、舒适性、安全性和可靠性等。每个性能都有表明其特征的参数（一个或几个）或物理量，这些参数可以作为衡量汽车工作能力的指标。例如：表示载货车生产率的指标参数是货运量和货物周转量。货运量的单位是每年（或每月、或每工作班）所完成的货物运输总量，吨（t）；而货物周转量的单位是每年（或每月、或每工作班）所完成的货物运输总量与运输距离的乘积，吨·公里（t·km）。

大多数性能指标，主要取决于原车产品质量，如动力性、燃料经济性、安全性、生产率和舒适性等。当然，在汽车工作过程中，这些性能也在改变。

一辆技术状况完好的载货车，投入运输生产使用一段时间后，其运用性能将逐渐下降，表现为运输生产率的降低和维修工作量的增加。假设技术状况完好的某种型号的新车，第一年的生产率为100%，维修工作量为100%，其后逐年变化的情况见表 1-2。

表 1-2　汽车运用性能的变化

汽车工作年限	生产率（%）	维修工作量（%）
第 1 年	100	100
第 4 年	75～80	160～170
第 8 年	55～60	200～215
第 12 年	45～50	280～300

公共汽车投入使用后，其技术状况的指标也在发生变化，例如，俄罗斯 JIHA3-667 型公共汽车，噪声水平变化情况为：新车时驾驶人坐席处测得的噪声水平为87dB；而汽车行驶 40 万 km 之后，则噪声水平上升为96dB，增加了 10.3%。

当然，在汽车运用过程的范围内，不但要注意汽车开始使用时的各项性能指标，而且更要注意和研究在整个运用过程中它们的动态变化过程。汽车各种运用性能的变化情况，一般可按使用时间或行驶里程表示为

$$A_k(t)=A_{k1}\exp[-k(t-1)]$$

式中　$A_k(t)$——在用车的性能；

A_{k1}——新车初始性能；

t——汽车连续工作时间，年；

k——根据汽车工作强度改变的系数。

汽车使用时间（或行驶里程）越长，运用性能降低越多。因此，在评价汽车运用性能时，一定要考虑汽车使用时间（或行驶里程）。在用车的实际性能，是由汽车总的使用时间或总的行驶里程所确定的平均质量指标。实际性能可定义为

$$A_k(t)=\frac{A_{k1}\exp k}{t}\sum_{t=1}^{t}\exp(-kt)$$

如图 1-3 所示，汽车实际运用性能 3 是从汽车初始性能 1 开始，它是随着使用时间 t 的长短（使用强度的大小）而变化的。汽车的初始性能在生产制造时就确定下来了，而生产制造的依据是根据运用要求所决定的。汽车的工作期限，取决于它本身的结构、制造工艺、运用条件以及运输工作情况等多方面的因素。汽车的运用性能也因运输生产的情况和运用条件而变化。在汽车制造方面，可以通过改进汽车结构设计和完善制造工艺来影响汽车的运用

性能，如提高零件的坚固性、增加零件的耐磨性和改善材料的质量等。在汽车运用方面，可以通过合理运用车辆来提高汽车的运用性能，具体如图1-3中曲线4所示，由于合理运用的结果，可使汽车实际运用性能（3）提高到图中曲线5所示的高度。这需要依靠有一定技术专长的人员，对汽车技术状况的管理采取有效的技术手段，来保证汽车的工作能力。汽车技术状况管理工作的基础，是在汽车运用过程中，根据使用时间（或行驶里程）经常测量、记录汽车运用性能的变化情况，根据汽车技术状况的变化，及时采取必要的技术措施。

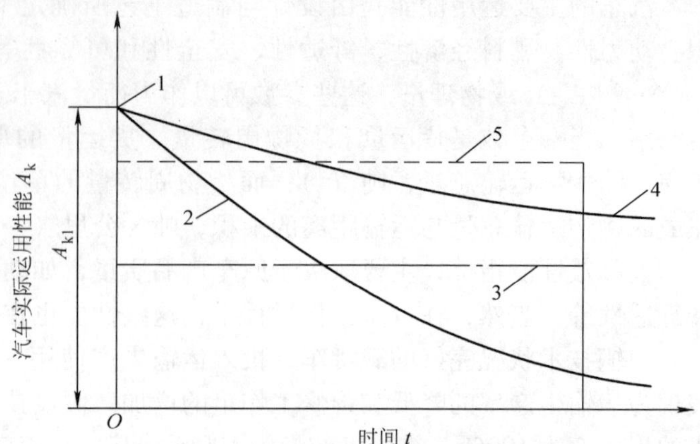

图1-3　汽车实际运用性能的动态变化过程

1—汽车初始性能　2—汽车实际运用性能的动态曲线

3—汽车实际运用性能　4—汽车合理运用对运用性能影响的曲线

5—汽车合理运用能提高汽车的运用性能

此外，还有汽车可靠性问题。可靠性这项性能指标适合于对任何产品的评价。对于汽车来说，它是指在用汽车在运用期限内，其运用性能达到规定指标范围的情况。汽车可靠的运用范围指标可根据相应文件（标准、规则、技术条件等）和结合实际经验来制订。汽车可靠性一般是在规定的运用条件下，根据汽车运用性能变化的程度来进行定性和定量评价。因此，汽车的可靠性不仅与设计制造有关，而且还和汽车运用有关，合理地运用车辆（如正确驾驶、合理装载等），对保证汽车的可靠性具有良好的作用。

1.3.1　汽车技术状况变化的影响因素

1. 汽车技术状况变化的基本原因

汽车在运用过程中，影响汽车技术状况变化的因素，有汽车本身工作方面的影响，也有偶然因素或外界运用条件的影响。偶然因素是指某个零件制造时有隐蔽缺陷，或汽车运用过程中有超载、超速、意外事故等情况。在这些影响因素中，汽车零件、机构或总成技术状态的改变，往往是引起汽车技术状况变化的基本原因，如自然损坏、塑性变形、疲劳损坏、腐蚀以及零件或材料方面的其他变化等，都直接影响汽车技术状况的改变。汽车零件主要损坏的形式可分为：

（1）**磨损**　磨损是相互接触的物体在相对运动中表层材料不断磨耗的过程，它是伴随摩擦而产生的必然结果。影响汽车技术状况变化的零件磨损形式主要有磨料磨损、黏附磨损和腐蚀磨损等形式。

磨料磨损是相互摩擦表面之间有坚硬、锐利的微粒，对摩擦表面产生破坏作用的结果（如制动蹄摩擦衬片与制动鼓的磨损等）。

黏附磨损（也称分子机械磨损），是在相互摩擦的零件表面靠得太近和承受压力极大并且缺少润滑油的情况下，由于摩擦表面分子相互吸引作用而黏接在一起造成的一种损坏形式（如曲轴与轴瓦的黏附等）。

腐蚀磨损发生在摩擦表面有氧化物、酸、碱等有害物质腐蚀的情况下，零件表面既受腐蚀作用又有机械磨损（如气缸与活塞或活塞环、气门和气门座等的磨损），其磨损速度比单纯磨损要快得多。

（2）**塑性变形或损坏**　零件所受载荷超过材料的弹性变形极限，就要发生塑性变形或损坏，通常都是由于零件原设计计算的错误或违反运用规定所造成的（如汽车超载引起的车轴、车架变形、断裂等）。

（3）**疲劳损坏**　这种损坏是由于零件在交变载荷作用下，承受超过材料的耐疲劳极限的循环应力而产生的损坏（如齿轮齿面的疲劳点蚀、钢板弹簧折断等）。

（4）**腐蚀**　零件在有腐蚀性的环境里工作，会产生腐蚀损坏。例如：氧化作用可以使材料坚固性下降，并能导致零件外观形状变坏；酸、碱腐蚀作用会使零件表面产生疏松、剥落（如车身锈蚀、蓄电池导线接头腐蚀等）。

（5）**老化**　老化是零件材料受到物理、化学、温度和光照等条件变化的影响，而引起缓慢损坏的一种形式。汽车上的一些橡胶制品（如轮胎、油封、膜片等）和电器元件（如电容器、晶体管等），长期受环境气氛和温度的影响，原有性能会逐渐衰退而老化。如温度的冷、热作用、油类及液体的化学作用、太阳光的辐射作用等，都会使橡胶制品失去弹性并出现表面龟裂。老化的特点是它随时间的延长而逐渐发生，新的零件无论使用与否，它都会逐渐老化。例如：橡胶制品的零件即使不用，长期放置也会失去弹性或出现龟裂；塑料制品的零件，长期闲置经过冬夏冷暖季节的交替变化，也会变硬、发脆或断裂。

汽车在使用过程中，润滑油等液体的性能也将逐渐变坏。由于润滑性能的降低，因而会引起被润滑零件的损坏。为此，在润滑油中要加入抗油品老化变质的添加剂。汽车的零件与运行材料性能的改变，不仅在汽车使用过程中发生，在长期储存和运输过程中也同样在发生变化，例如：橡胶制品会失去弹性和坚固性；燃料、润滑油、制动液等液体会发生氧化、变质、沉淀；金属零件会产生氧化、锈蚀等。

掌握零件损坏的原因，目的是改进汽车设计，改善使用条件，以便在汽车运用过程中，减少零件的损坏，防止故障的发生，保证汽车技术状况的完好。

2. 运用条件对汽车技术状况变化的影响

汽车在运用过程中，其技术状况变化速度的快慢，在很大程度上要受到运用条件的影响。

汽车的运用条件包括有：道路条件、运行条件、运输条件以及自然气候条件，即通常所说的道路、车速、载荷和气候 4 项条件。

（1）**道路条件**　它是汽车工作条件的主要部分。道路条件的技术性能指标是：道路等级、路面覆盖层的状况与路面等级、路面附着系数、道路的构成情况（如道路宽度、路线的曲率半径、路面的纵向与横向最大坡度等）。其中，路面覆盖层的状况不佳会引起汽车在行驶中产生颠簸、振动，直接关系到汽车行驶的稳定性，对汽车各总成、零件的工作都有很大的影响。路面覆盖层的状况对汽车性能的影响见表 1-3。

从表 1-3 中可以看出，路面覆盖层情况影响汽车的工作状态（如发动机转速、离合器使用次数、变速器换档频次以及振动等），从而影响汽车零件、总成的使用寿命，引起汽车技术状况的改变。

路面覆盖层共分为 5 个等级，具体如下：

表 1-3 路面覆盖层的状况对汽车性能的影响

指标	混凝土与沥青路面	沥青矿渣混合路面	碎石路面	卵石路面	天然路面
滚动阻力系数	0.014	0.020	0.032	0.040	0.080
汽车平均技术速度/(km/h)	66	56	36	27	20
每公里行程发动机曲轴平均转速/(r/min)	2228	2561	2628	3185	4822
转向轮转角均方差(市区行驶)	8	9.5	12	15	18
每千米行程离合器使用次数	0.35	0.37	0.49	0.64	1.52
每千米行程制动器使用次数	0.24	0.25	0.34	0.42	0.90
每千米行程变速器使用次数	0.52	0.62	1.24	2.10	3.20
每百千米行程内垂直振幅大于30mm的振动次数	68	128	214	352	625

1级——混凝土路面(连续路面或块状路面)、沥青路面、由条石或石块铺成的路面。

2级——由沥青矿渣和碎石铺成的坚固路面。

3级——由碎石和沥青紧密结合铺成的路面。

4级——由碎石或卵石铺成的路面。

5级——天然路面,由夯实的土或就地取材铺成的路面。

按道路地形来分,又可分为:平原道路 P_1、小丘道路 P_2、丘陵道路 P_3、山地道路 P_4 和高山道路 P_5 5类。道路条件好,汽车的运用条件就好;反之,道路条件差,汽车的运用条件也随之变差。按道路条件来划分的汽车运用条件可分为1~5级,具体参见表1-4。

表 1-4 汽车运用条件的类别

运用条件	地形	道路等级 1级	2级	3级	4级	5级
郊区行驶	P_1	Ⅰ类	Ⅱ类	Ⅱ类	Ⅱ类	Ⅳ类
	P_2	Ⅰ类	Ⅱ类	Ⅱ类	Ⅱ类	Ⅳ类
	P_3	Ⅰ类	Ⅱ类	Ⅱ类	Ⅲ类	Ⅳ类
	P_4	Ⅱ类	Ⅱ类	Ⅲ类	Ⅲ类	Ⅳ类
	P_5	Ⅲ类	Ⅲ类	Ⅲ类	Ⅲ类	Ⅳ类
小城市(10万人口以下)市区行驶	P_1	Ⅱ类	Ⅱ类	Ⅲ类	Ⅲ类	Ⅳ类
	P_2	Ⅱ类	Ⅲ类	Ⅲ类	Ⅲ类	Ⅳ类
	P_3	Ⅱ类	Ⅲ类	Ⅲ类	Ⅲ类	Ⅴ类
	P_4	Ⅱ类	Ⅲ类	Ⅲ类	Ⅲ类	Ⅴ类
	P_5	Ⅲ类	Ⅲ类	Ⅲ类	Ⅲ类	Ⅴ类
大城市(10万人口以上)市区行驶	P_1	Ⅲ类	Ⅲ类	Ⅲ类	Ⅲ类	Ⅴ类
	P_2	Ⅲ类	Ⅲ类	Ⅲ类	Ⅳ类	Ⅴ类
	P_3	Ⅲ类	Ⅲ类	Ⅲ类	Ⅳ类	Ⅴ类
	P_4	Ⅲ类	Ⅲ类	Ⅳ类	Ⅳ类	Ⅴ类
	P_5	Ⅲ类	Ⅳ类	Ⅳ类	Ⅳ类	Ⅴ类

从表 1-4 中可以看出，在划分汽车运用条件的类别时，除考虑道路等级和道路地形条件外，还考虑了运行条件（影响行驶车速的条件）的影响。

（2）运行条件　运行条件是影响汽车及总成使用情况的一个因素。例如：装载质量相同的汽车，在繁华的市区与郊区（路面覆盖层相同）的道路上行驶时，其情况对比如下：市区行驶车速要比郊区行驶车速降低 50%～52%；发动机曲轴转速增加 30%～36%；变速器、制动器使用频率增加；转弯行驶频次也增多。

（3）运输条件　在汽车运输条件中，除运行车速外，还包括装载运输行程的长度 L（运距）、行程利用系数 β、装载质量利用系数 γ、挂车利用系数 k 和运输货物的种类等各项条件。

（4）自然气候条件　自然气候条件包括环境温度、湿度、风力、风向和太阳光辐射强度等参数。自然气候条件可以影响汽车总成工作温度状态，改变它们的技术性能和工作的可靠性。

环境温度对汽车及总成故障的影响。有一个可以使汽车及总成磨损少、故障率低的温度区域，该温度区域是汽车最佳工作温度的范围。汽车上的每一个总成都有一定的适合于它们工作温度的范围，例如：为使发动机工作时磨损最小的工作温度，对于水冷式发动机，其冷却液温度范围为 70～90℃（图 1-4）；柴油机比汽油机冷却液温度范围略低；风冷发动机比水冷式发动机工作温度范围要高。近年来随着新型抗磨材料的使用和冷却系统的改进，以及封闭加压式散热器的应用，使得水冷式发动机的工作温度范围也超过了 90℃以上。发动机工作温度直接影响零件的磨损。工作温度过低，润滑油黏稠，流动性差，润滑油不能及时填充到零件的摩擦表面之间，润滑条件变差会增加零件的磨损；反之，工作温度过高，润滑油黏度变稀，不容易黏附于零件表面形成油膜，也会使零件磨损速度加快。

（5）季节条件　它是影响汽车技术状况变化的附加条件。季节的交替会引起环境温度的改变和道路情况的变化，如夏季炎热、干燥、灰尘多；秋季多雨；冬季降雪，气候湿冷，道路泥泞、路面滑溜。因此，不同季节汽车零件的磨损强度也不相同。

除上述条件外，影响汽车技术状况变化的因素还有汽车运行材料的质量和人的因素等。汽车运行材料包括有：燃料、润滑油、各种液体和配件等，其中，若燃料内含有灰尘，会在活塞与气缸之间形成磨料，对发动机磨损的影响极大，如图 1-5 所示。汽车所用润滑油、各种液体（制动液、冷却液等）以及零配件等运行材料的品质也严重地影响汽车技术状况的变化。

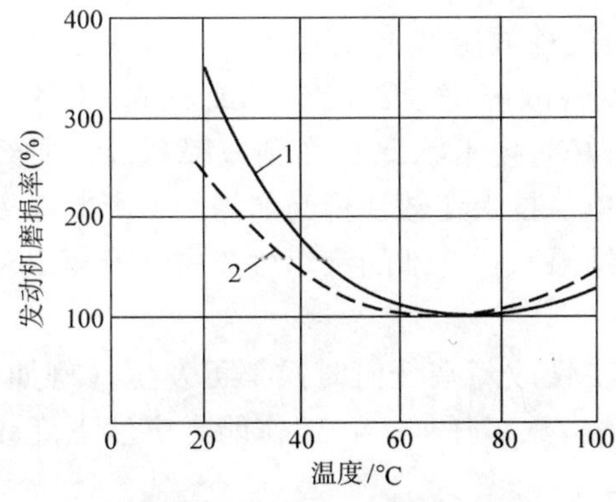

图 1-4　温度对汽车发动机磨损的影响

1—汽油发动机　2—柴油发动机

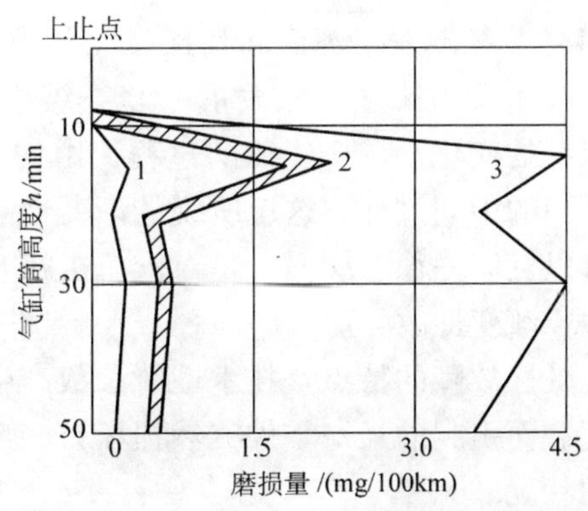

图 1-5　汽油中的杂质对汽车发动机磨损的影响

1—每吨含石英粉 0g　2—每吨含石英粉 14g　3—每吨含石英粉 40g

表1-5　人的因素对汽车技术状况的影响

驾驶人技术水平	行驶车速/(km/h)	每千米行程曲轴转数/(r/km)	每千米行程制动器使用次数/(次/km)	制动行程占总行程的比例(%)	因故障停歇总次数比例(%)	总成使用寿命比例(%)
A组（好）	35.3	1780	1.7	2.1	100	100
B组（差）	33.6	2220	2.6	3.8	140	47~70

人的因素对汽车技术状况的影响主要与驾驶人有关。在同样的运用条件下，驾驶技术高的驾驶人（见表1-5中A组驾驶人），不但可以提高汽车的车速，为乘客提供良好的运输条件，而且还能保护汽车的总成及零件少受损失。

清楚了运用条件对汽车技术状况的影响后，可以设法改进汽车的运用条件，合理地运用车辆，以便减少汽车运用中的故障停歇时间和延长汽车、总成及零件的使用寿命。

3. 汽车故障的分类

汽车故障是指汽车部分或完全丧失工作能力的现象。汽车在运用过程中，由于技术状况的变坏，将会出现各种故障。汽车的故障一般可按下列方法进行分类。

（1）按故障对汽车工作能力的影响程度分类　可分为一般故障和关键故障。所谓一般故障是指汽车运行中能及时排除的故障，或不能排除的局部故障。例如：车厢内照明灯泡灯丝烧断，虽然不能照明，但汽车仍可工作，故属于一般故障；而汽车制动系统或转向系统一旦发生故障，汽车行驶安全性就失去了保障，汽车无法继续行驶工作，因而属于关键故障。

（2）按故障产生原因分类　可分为设计原因引起的故障和运行原因引起的故障。设计原因包括结构设计欠合理、加工工艺不完善等；运行原因主要是违反行车的规定，如汽车超载、使用不符合标准的燃料和润滑油以及没有按规定进行汽车维护等。

（3）按故障对其他零件引起的后果分类　可分为独立性故障和牵连性故障。独立性故障影响面小，发生后不会引起其他零件的损坏；牵连性故障影响面大，发生后会引起其他零件的损坏。例如：发动机连杆大头螺栓断裂后，可能会引起连杆、气缸、曲轴和轴瓦的损坏，这就是一种牵连性故障；而发电机传动带断裂故障，只会造成发电机停转不发电，一般不会引起其他零件的损坏，因而属于独立性故障。

（4）按故障发生规律和其预报性分类　可分为渐变性故障和突变性故障。渐变性故障从单一技术参数来看，它发展平稳、缓慢。对于渐变性故障来说，汽车（或总成、零件）技术状况的变化是一个连续的过程，由初始状况（完好的技术状况）变到故障状况，要经过一系列的中间过程。这里所说的渐变性故障，是以单一技术参数评价为前提的，渐变性故障之所以发展平稳、缓慢，是对汽车进行及时维护的结果，在全部的汽车故障中，有40%~70%属于渐变性故障。

突变性故障的特点是技术性能参数产生跃变，突变性故障在任何时候都可发生（例如，汽车超载而引起的某一零件突然损坏）。突变性故障是指汽车任何一种工作能力突然下降或消失的状况。

（5）按故障出现的周期分类　可分为短周期故障（汽车行驶里程 $x<3000\sim4000$km 发生一次）；中等周期故障（$3000\sim4000\text{km}\leqslant x<12000\sim16000$km）；长周期故障（$x>12000\sim16000$km）。

(6) **按排除故障所需工作量大小分类**　可分为简单故障、中等故障和复杂故障。对于现代汽车，排除一个简单故障约需 1.2 ~ 2 人工时；排除中等故障约需 2 ~ 4 人工时；排除一个复杂故障所用工时与劳动量都要更多。调查表明，汽车一般出现的故障为简单故障和中等故障，复杂故障发生的较少。

(7) **按故障对汽车工作时间影响的分类**　可分为影响汽车工作时间的故障和不影响汽车工作时间的故障。对于不影响汽车工作时间的故障，可暂不排除，待进行汽车维护作业时一并排除或在汽车非工作时间进行排除，从而不占用汽车工作时间；对影响汽车工作时间的故障，则必须占用汽车工作时间来排除。

1.3.2　汽车技术状况等级评定

1. 汽车技术状况的等级划分与标准

在汽车运用的过程中，其技术状况将随着行驶里程（或行驶时间）、运行条件、使用强度和维修质量等因素而改变。如能掌握不同运用阶段的汽车技术状况，即可根据车辆技术状况组织相应的运输生产，从而会有利于合理使用车辆和科学的安排汽车维修计划。

我国汽车技术状况的分级，是根据国家交通部第 13 号令《汽车运输业车辆技术管理规定》的第 17 条，将汽车按技术状况分为一级车、二级车、三级车和四级车 4 类，对各级车的标准规定如下：

(1) **一级车——完好车**　新车行驶到第一次额定大修间隔里程的三分之二，或第二次额定大修间隔里程的三分之二以前（如第一次大修间隔里程为 18 万 km，第二次大修间隔里程为 12 万 km，即处于第一次大修间隔里程 12 万 km 以内，或第二次大修间隔里程 8 万 km 以内才属于一级车）；汽车各主要总成的基础件和主要零部件坚固可靠，技术性能良好；发动机运转稳定，动力性能好，无异常声响；燃料与润滑油消耗不超过额定指标；废气排放与噪声符合国家标准；各项装备齐全、完好，在运行中无任何保留条件，可随时出车参加运输工作的车辆。

综上所述，一级车必须满足的标准有如下 3 条：

1）车辆技术性能良好，各项主要技术指标满足额定要求。

2）车辆行驶里程必须在相应额定大修间隔里程的三分之二以内。

3）汽车技术状况完好，能随时投入运输工作。

由此可见，一级车不仅要满足技术状况和性能指标的要求，同时还要满足行驶里程（车辆新旧程度）的要求。由于汽车的技术状况是随着行驶里程和大修次数的增加而逐步下降的，因此第二次大修的间隔里程要比第一次大修的间隔里程短。而对于经过两次大修后的汽车，无论技术状况如何都不能核定为一级车。因为行驶里程过长，车辆老旧，其基础件和主要零部件的可靠性均已下降，车辆技术性能难以全面恢复到较高的标准。

(2) **二级车——基本完好车**　技术状况处于基本完好状态的汽车。二级车为车辆主要使用性能和技术状况都低于一级车的要求，行驶里程超过第一次额定大修间隔里程的三分之二或超过第二次额定大修间隔里程的三分之二（如第一次大修间隔里程为 18 万 km，第二次大修间隔里程为 12 万 km，即处于第一次大修间隔里程 12 万 km 以上；或第二次大修间隔里程 8 万 km 以上，就属于二级车），但车辆尚符合 GB 7258—2012《机动车运行安全技术条件》的规定，能随时参加运输工作。因此，二级车被称为基本完好车。

（3）三级车——需修车　技术状况处于需要修理状态的汽车。三级车为需送大修之前，经过最后一次二级维护后正在使用的汽车，以及正在大修或待更新尚在行驶的车辆。因此，三级车实际上都是那些处于需要修理状态的汽车。

（4）四级车——停驶车　汽车技术状况不良属于需要停驶的车辆。四级车的技术状况最差，预计在短时期内无法修复，或修复费时、费力，代价昂贵，经济上不合理，属于无修复价值的车辆，即是待报废的车辆。因此，四级车被称为停驶车。

2. 汽车技术状况等级的评定

汽车技术状况等级的评定是按 JT/T 198—2004《汽车技术等级评定标准》进行。在该标准中规定了汽车技术等级的评定内容、评定规则、检测项目和技术要求，它适用于公路及城市道路上行驶的总质量26t以下（含26t）的汽车和总质量45t以下（含45t）的汽车列车。

主要评定内容为：汽车的动力性、燃料经济性、制动性、转向操纵性、前照灯、喇叭声响、废气排放、防雨密封性、整车外观、汽车使用年限（按新车投入运行之日起核定）。

对上述内容进行评定时，按评定项目的重要程度分为一般项和关键项两类。用汽车使用年限、关键项和一般项的项次合格率来衡量，将在用车分为：一级车、二级车和三级车3个等级，四级车属于停驶车，不用该标准评定。项次合格率用下式计算：

$$B = \frac{N}{M} \times 100\%$$

式中　B——项次合格率；

N——检测合格的项次之和；

M——总检测的项次数之和。

汽车技术状况等级划分如下：

1）一级车使用年限在7年以内，关键项分级的项目达到一级，关键项不分级的项目为合格，项次合格率大于或等于90%，在运行中无任何保留条件。

2）二级车使用年限超过7年，关键项分级的项目达到二级以上，关键项不分级的项目为合格，项次合格率大于或等于80%，在运行中无任何保留条件。

3）凡是达不到二级车技术等级标准的汽车即为三级车。

3. 汽车平均技术等级

汽车平均技术等级是指企业或单位所有运输车辆技术状况的平均技术等级。汽车平均技术等级是综合体现汽车运输企业的技术管理水平、技术装备质量和企业发展潜力的主要技术经济指标之一，它标志着汽车运输企业所有车辆的平均技术状况。按照《汽车运输业车辆技术管理规定》中的折算方法，对于一个企业或单位所拥有的各种等级车辆的平均技术等级的评定，首先对每部汽车进行技术状况等级的核定，然后统计出一、二、三和四级车的数量，最后再用下式计算企业或单位所拥有的全部车辆的平均技术等级：

$$\text{车辆平均技术等级} = \frac{(1 \times A) + (2 \times B) + (3 \times C) + (4 \times D)}{\text{各级车辆数的总和}}$$

式中　A——一级车辆数；

B——二级车辆数；

C——三级车辆数；

D——四级车辆数。

1.3.3　车辆养护与其技术状况的关系

车辆技术状况是对车辆技术状况的一个综合评估，它对车辆的外观、车辆内饰，甚至是车辆的工作能力都有全面的评估。车辆在使用过程中必然会发生技术状况的下降，而车辆养护可以使其外观、内饰、操作系统、动力系统和电子系统保持较为持久常新。

技术状况的变化，也是一个由量变引起质变的过程，如发动机的正常磨损、弹性部件的疲劳损坏过程、塑性变形直至损坏的过程、零部件老化和受到腐蚀的过程等，都是一个渐变的过程。因此，在引起质变之前进行车辆保养，可以使车辆较久保持其最佳的工作性能。

两者的关系是：根据技术状况变化规律执行合理养护，而合理养护有助于恢复、提高技术状况。

我们常说的车辆养护，通常分为日常维护、定期养护和合理维修。日常维护主要是清洁、安检、补充三大工作。归纳起来就是清、紧、查、补。该类工作需要认真执行，稍有疏忽，不仅会对车辆造成额外的损失，而且还会危及行车安全；反之，不仅仅能够使车辆的动力强劲、性能完好、行车舒适安全，还能掌握车辆的实际技术状况，避免各种事故。

定期养护主要内容是清洁、紧固和润滑。车辆经过及时清洁、安检、补给、润滑、紧固、调整等，提高了驾驶舒适度、安全性，避免了车辆运行过程中产生异响，减少了机件磨损，提高了操控性，也就是提高了车辆技术状况。

合理维修主要内容是调整、修复和更换。车辆通过维修能够及时消除故障隐患，防止过早磨损过度，以及影响行车安全等；同时，科学的维修不仅能够消除车辆存在的故障，也能消除车辆潜在的故障。

近年来，通过对车辆的研究，车辆的技术状况变化规律已经被认知：随着汽车行驶时间、里程的增加，车辆的技术状况会不断发生变化，故障增多，可靠性下降。例如：车辆配合副的自然磨损规律如图 1-6 所示，车辆故障变化规律如图 1-7 所示，合理使用和保养车辆的磨损规律如图 1-8 所示。根据这些规律，不难看出，采取适当的养护措施，可以降低零部件的磨损，并且可以把握零部件更换和修复的时机，保证汽车技术状况的持续良好，延长车辆的使用寿命。

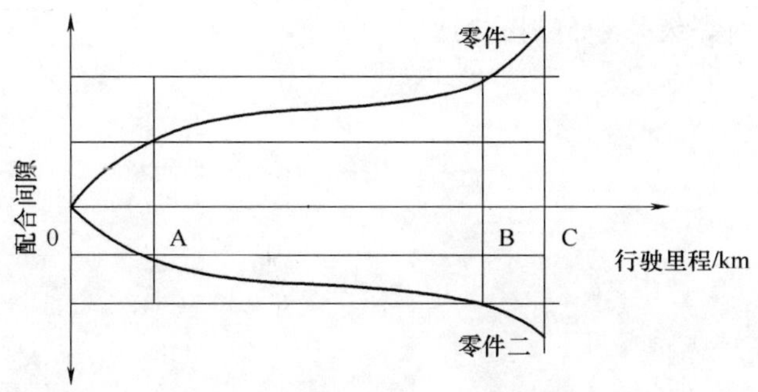

图 1-6　车辆配合副的自然磨损规律

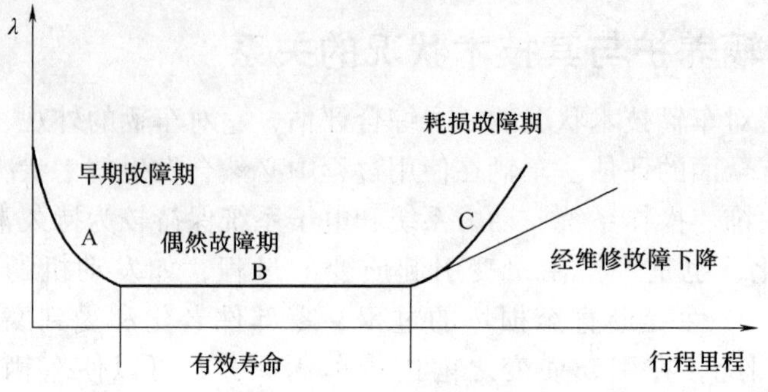

图1-7　车辆故障变化规律

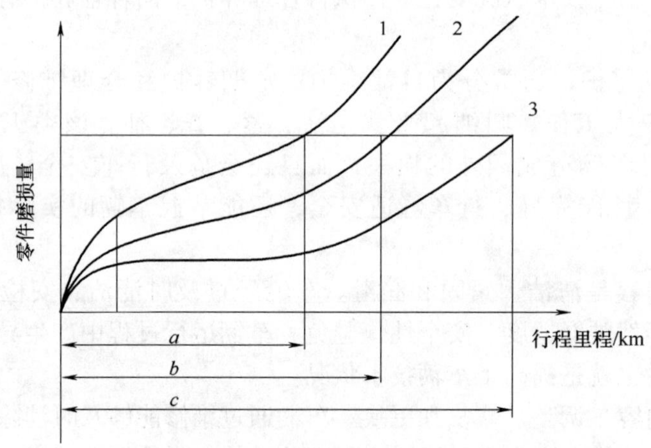

图1-8　合理使用与保养车辆的磨损规律

1—使用维护不当的磨损曲线　2—正常使用自然磨损曲线

3—科学维护和使用磨损曲线

练习与思考题

1. 评价汽车综合性能的指标有哪些？
2. 汽车使用性能包含哪些内容？
3. 汽车技术状况与哪些因素有关？
4. 汽车技术状况的等级是如何划分的？

第2章 汽车运行材料的合理使用

基本思路:

本章研究的是汽车的“吃的”、“喝的”和“用的”，也就是汽车的运行材料，其品质不同当然对汽车的使用寿命和使用质量影响不同。对本章的学习和研究，关键要把握汽车的使用场合和条件及各种运行材料的使用特性。这样可使汽车的经济性能、安全性能、环保性能和动力性能得到充分的发挥。

2.1 汽车燃料的合理使用

为加强汽车的节能管理，我国制定 GB 22757—2008《轻型汽车燃料消耗量标识》国家标准，并要求汽车生产企业和进口汽车经销商，要保证其汽车产品在销售时都粘贴有《汽车燃料消耗量标识》。对汽车燃料的合理使用不仅是国家的要求，也牵涉汽车的使用寿命和成本。要对汽车燃料进行合理使用就必须对汽车燃料有全面的了解和认识。汽车燃料主要有汽油、柴油和车用燃气等。

2.1.1 车用汽油

1. 评价汽油品质的四大要素

现代社会要求汽油发动机都应该具备动力性、舒适性、经济性、环保性等特点。相应地，对车用汽油的蒸发性、抗爆性、氧化安定性、无腐蚀性、清洁性和环保性都有相当高的要求。

(1) 抗爆性 抗爆性用辛烷值来表示。辛烷值是用来衡量汽油自身抗自燃的能力。汽油自燃将引起发动机爆燃。爆燃的危害很大，不仅会造成发动机动力下降，而且会造成发动机机件损坏、排放超标等。因此，发动机需选用具有适当辛烷值的汽油。

（2）**汽油的氧化安定性**　氧化安定性用碘值、硫含量、酸度和实际胶质诱导期来表征。碘值表示汽油中不饱和烃的含量。汽油的碘值大，表明不饱和烃的含量多，其安定性差；硫容易造成油品氧化变质，腐蚀机械；氧化安定性影响油品品质，影响供油系统的清洁度，也会影响动力性。

（3）**蒸发性**　汽油由液态转化成气态的特性，就是汽油的蒸发性。

汽油在一般状态下都呈现液态形式，但是在发动机燃烧的过程中却呈气态形式，因此，在燃烧前肯定存在一个液汽的转换，也就是蒸发。

蒸发性表征汽油汽化的难易程度，影响着混合气的质量和燃烧质量，也就影响着冷起动特性、加速性能和经济性。例如：若汽油的蒸发性偏小，冷起动时难以形成足够浓度的混合气，从而使得冷起动困难，并且工况切换不迅速，动力损失大；若汽油蒸发性偏大，也会带来一系列问题，如汽油蒸发损失大、燃油供给系统产生气阻，炭罐过载失效等，影响车辆动力性，并增加燃油消耗。

（4）**清洁性和环保性**　是汽车本身要求汽油的清洁性，不会对燃油系统造成污染，也不会对环境造成伤害。

2. 汽油的标号

我国常用的车用汽油有90号、93号、97号等标号（北京根据欧Ⅴ标准制定了京Ⅴ标准的汽油标准，牌号变更为89号、92号和95号），它们是按研究法的辛烷值大小来划分的。辛烷值是汽油的重要组分，汽油的标号越高其辛烷值就越高，汽油的抗爆性就越强。

所谓的97号汽油，就是97%的异辛烷，3%的正庚烷。发动机压缩比高者应采用高辛烷值汽油，若压缩比高而用低辛烷值汽油，就会引起不正常燃烧，造成爆燃、耗油及行驶无力等现象。

实际胶质是评定汽油安定性、判断汽油在发动机中生成胶质的倾向、判断汽油能否使用和能否继续储存的重要指标。国家标准规定，每100mL汽油的实际胶质不得大于5mg。当加入的汽油实际胶质过高时，会在燃烧过程中产生胶质、积炭，从而损坏发动机，严重时冷热车发动机均发生异响，怠速抖动，动力严重不足，发动机甚至无法起动。

目前有些地区在推广使用清洁汽油，清洁汽油是一种新配方汽油，它既能够为汽车提供有效的动力，又能减少有害气体的排放。使用清洁汽油的好处很多，对汽油机车辆，尤其是电喷发动机的汽车具有以下几点好处：

1）**减少污染**：使用清洁汽油的汽车，尾气排放中的碳氢化合物（HC）、一氧化碳（CO）、氮氧化物（NO_x）将大大减少。

2）**清洁汽车部件**：使用清洁汽油的汽车能够保持发动机供油系统（如化油器或喷油器，进排气门、火花塞、燃烧室、活塞等）清洁，不会产生积炭，减少机械磨损，延长汽车的使用寿命。

3）**省油**：供油系统清洁，油品的雾化程度提高，混合气完全燃烧，功率达到最大化。

4）**改善行驶性能**：发动机容易起动，转速平稳，加速性能好。

5）**提高汽车乘坐的舒适性。**

3. 汽油的选用

选用汽油总的原则是不要使发动机产生爆燃。为此，应依据以下几点要求选用汽油：

1）依据汽车生产厂家的规定选用汽油。在随车提供的汽车使用说明书中一般都有明确的规定和说明，所以依据汽车使用说明书的规定选用汽油是最常用的方法。汽车使用说明书是汽车生产厂家为保证汽车正常、可靠地行驶，充分发挥和保持良好的技术性能，延长汽车使用寿命而提供的用户手册，是汽车使用技术（包括燃、滑料及冷却液等的选用）的主要依据。

2）依据发动机压缩比的高低选用汽油。压缩比越高发动机越易产生爆燃，因此，高压缩比的发动机不能选用低标号的汽油，否则易产生爆燃。低压缩比的发动机可选用高标号的汽油，但不经济。汽油标号选择的一般原则是：压缩比为 7.0～8.0 的汽油机应选用 90 号汽油；压缩比在 8.5～9.5 的中档轿车一般应选用 93 号汽油；压缩比大于 9.5 的轿车应选用 97 号汽油。目前国产轿车的压缩比一般都在 9 以上，最好选用 93 号或 97 号汽油。高压缩比的发动机如果选用低标号汽油，会使气缸温度骤升，汽油燃烧不完全，机器强烈振动，从而使输出功率下降，机件受损。低压缩比的发动机使用高标号汽油，就会出现“滞燃”现象，一样会出现燃烧不完全现象，使发动机的动力性、经济性和环保性能下降。

3）依据汽车的使用条件选用汽油。经常处于大负荷、大转矩、低转速状况下使用的汽油车，容易产生爆燃，应选用较高标号的汽油（指与在正常使用条件下的汽车相比）；高原地区由于气压低，空气稀薄，气缸充气性差，汽油机工作时爆燃燃烧的倾向减小，可适当降低汽油的标号。

4. 汽油的使用注意事项

1）根据使用汽油的标号不同对发动机有关系统进行适当调整。当汽油机使用辛烷值低于规定标号的汽油时，应调小点火提前角，以免发生爆燃。

如果在平地或稳速行驶中仍能听到持续的爆燃声，应检查发动机调整的效果、汽油的品质和发动机的压缩比等内容。

如果在加速或在爬坡行驶中，在较短的时间内，听到一些轻微的爆燃声，但过后能消失，仍属正常现象。

2）根据海拔调整有关参数。根据汽车行驶地区的海拔，及时调整点火提前角大小，汽车从平原（或高原）行驶到高原（或平原）后，应及时将点火角度适当提前（或推迟）一些。

3）预防供油系统产生“气阻”。汽车在炎热夏季或高原、高山地区行驶时，应选用隔热物将汽油泵和输油管隔开，尽量减少输油管道的弯角，并加强发动机室内的通风，以防产生气阻。如已产生气阻，则应选择通风处停车，并在汽油泵、输油管和进气管等处敷湿毛巾或使其自然降温。

4）应及时清除积炭、漆膜等物。在维修发动机时，维修人员要彻底清除进气管、进排气门、燃烧室等处的积炭和漆膜等，以防这些物质的隔热作用而导致发动机产生“早燃”或“爆燃”现象。

5）防止油箱、输油管路等处胶质的产生。油箱内要经常装满汽油，尽量减少油箱中的空气量，保持蒸气空气阀的开闭自如，以免产生胶质而堵塞油道和喷油器等。

6）在维修车辆时，应严禁使用汽油清洗汽车零部件，以免发生火灾。

7）汽油是易燃易爆物品，其油蒸气与空气混合达到一定的比例后，一遇火星就会着火，甚至爆炸。在运输、维修企业内暂时储存装卸汽油时，要严格防火、防爆。

5. 我国汽油油品现状及其影响

我国汽油主要存在以下一些不利于发动机的因素：

1）辛烷值稍低。《世界燃油规范》规定汽油牌号分别为91号、95号、99号。相比之下，我国高辛烷值汽油比例较低，我国的汽油牌号分别为90号、93号、97号、98号，而98号汽油也极为少见。

2）我国的汽油硫含量（质量分数）普遍偏高。《世界燃油规范》规定符合欧Ⅲ标准的汽油硫含量应不大于0.003%。2005年加拿大规定汽油硫含量为0.003%（30×10^{-6}）。欧盟规定汽油硫含量最高为0.005%（50×10^{-6}），而在2003年德国的汽油硫含量降低到0.001%（10×10^{-6}），在2005年美国的汽油硫含量也降到了0.003%（30×10^{-6}）。我国现行汽油硫含量标准是不大于0.05%（500×10^{-6}）。因为硫在高温燃烧后会生成硫酸盐，这些硫酸盐会依附在三元催化转化器的贵金属（触媒）的表面，会造成三元催化转化器有效作用面积减少，从而大大降低三元催化转化器的效果，加大汽车碳氢化合物和氮氧化物的排放。

3）蒸发性相对偏高。

4）烯烃含量高，安定性差。《世界燃油规范》规定，符合欧Ⅲ标准的汽油烯烃含量不大于10%，发达国家的汽油烯烃含量小于20%，而我国汽油标准规定烯烃不大于35%，这个主要受到我国的汽油生产工艺制约——以催化裂化为主。烯烃的含量过高，容易在喷嘴和进气阀处产生积炭和结焦，影响发动机性能；在燃烧室中得不到充分燃烧，使得排放恶化，污染环境。

我国汽油与《世界燃料规范》以及欧盟国家的要求对比，见表2-1。

表2-1 我国汽油与《世界燃料规范》以及欧盟的对比

项目	世界燃料规范				欧盟国家				国内	
	Ⅰ类	Ⅱ类	Ⅲ类	Ⅳ类	Ⅰ类	Ⅱ类	Ⅲ类	Ⅳ类	2006 Ⅱ	2006 Ⅲ
硫质量分数不大于（$\times10^{-6}$）	1000	200	30	10	1000	500	150	50	500	150
苯体积分数不大于（%）	5	2.5	1	1	5	5	1	1	2.5	1
芳烃体积分数不大于（%）	50	40	35	35	—	—	42	35	40	40
烯烃体积分数不大于（%）	—	20	10	10	—	—	18	18	30	30
氧质量分数不大于（%）	—	—	—	—	2.5	2.5	2.7	2.3	2.7	2.7

2.1.2 车用轻柴油

柴油是轻质石油产品，复杂烃类（碳原子数约10～22）混合物。它主要由原油蒸馏、催化裂化、热裂化、加氢裂化、石油焦化等过程生产的柴油馏分调配而成，分为轻柴油（沸点范围约180～370℃）和重柴油（沸点范围约350～410℃）两大类。

（1）柴油的标号 柴油标号是根据柴油的凝固点来划分的。目前国内汽车用轻柴油按凝固点分为6个标号：10号柴油、0号柴油、－10号柴油、－20号柴油、－35号柴油和－50号柴油。

（2）柴油的几个指标和标准

1）**着火性**：高速柴油机要求柴油喷入燃烧室后迅速与空气形成均匀的混合气，并立即

自动着火燃烧，因此要求燃料易于自燃。从燃料开始喷入气缸到开始着火的间隔时间称为滞燃期或着火落后期。燃料的自燃点低，则滞燃期短，即着火性能好。

2）**十六烷值**：十六烷值是指与柴油自燃性相当的标准燃料中所含正十六烷的体积分数。标准燃料是用正十六烷与2-甲基萘按不同体积分数配成的混合物。十六烷值的测定是在实验室标准的单缸柴油机上按规定条件进行的。十六烷值高，则容易起动，燃烧均匀，输出功率大；十六烷值低，则着火慢，工作不稳定，容易发生爆燃。一般用于高速柴油机的轻柴油，其十六烷值以40～55为宜；中、低速柴油机用的重柴油的十六烷值可低到35以下。柴油十六烷值的高低与其化学组成有关，正构烷烃的十六烷值最高，芳烃的十六烷值最低，异构烷烃和环烷烃居中。当十六烷值高于50时，再继续提高对缩短柴油的滞燃期作用已不大；相反，当十六烷值高于65时，则会由于滞燃期太短，燃料未与空气均匀混合即着火自燃，以致燃烧不完全，部分烃类热分解而产生游离碳，随废气排出，造成发动机冒黑烟及油耗增大，功率下降。加添加剂可提高柴油的十六烷值，常用的添加剂有硝酸戊酯或己酯。

3）**流动性**：凝点是评定柴油流动性的重要指标，它表示燃料不经加热而能输送的最低温度。柴油的凝点是指油品在规定条件下冷却至丧失流动性时的最高温度。柴油中正构烷烃含量多且沸点高时，凝点也高。一般选用柴油的凝点低于环境温度3～5℃，因此，随季节和地区的变化，需选用不同的牌号，即不同凝点的商品柴油。在实际使用中，柴油在低温下会析出结晶体，晶体长大到一定程度就会堵塞滤网，这时的温度称为冷滤点。与凝点相比，它更能反映实际使用性能。对同一油品，一般冷滤点比凝点高1～3℃。采用脱蜡的方法，可降低凝点，得到低凝点柴油。

（3）柴油的选用　选用柴油标号的总的原则是在任何气温下，都要保证柴油能流动供给。根据车辆使用地区和季节的不同，选用适应季节气温的柴油，是选用柴油的基本依据。一般选用柴油的凝点应比最低气温低5℃左右，以保证柴油在最低气温时不致凝固而影响使用。各种柴油的适用范围如下：

1）10号轻柴油适合于有供油系加热设备的高速柴油机及热带地区盛夏季节使用。

2）0号轻柴油适合于最低气温在4℃以上的地区使用，供全国夏季及华南地区全年使用。

3）－10号轻柴油适合于最低气温在－5℃以上的较冷地区使用，如我国华中、华东地区冬季使用。

4）－20号轻柴油适合于最低气温在－14～－5℃的寒冷地区使用，如我国华北部分地区冬季使用。

5）－35号柴油适合于最低气温在－29℃以上的严寒地区使用，如我国东北、西北地区冬季使用。

6）－50号柴油适合于最低气温在－44℃以上的高寒地区使用，如内蒙古、黑龙江北部边疆地区。

（4）柴油的使用注意事项

1）保持柴油的清洁，以免损伤喷油泵、喷油器中的精密偶件。柴油在使用之前，要经过长时间的沉淀和过滤，以防机械杂质的混入。在加注时，应保持储油容器和加油工具的清洁。

2）可以混用不同标号的柴油。根据不同季节气温适当调配不同标号的柴油掺兑使用，可降低柴油的凝点，从而提高流动性。但要注意掺兑后的凝点不是两种标号柴油的平均值，要比两者平均值稍高一些。例如，-10号和-20号各一半对掺，掺兑后所得柴油凝点不是-15℃，而是高于-15℃，约为-15～-14℃。掺兑时应注意搅拌均匀。

在冬季缺乏低凝点柴油时，也可在0号柴油里掺入40%的裂化煤油（航空煤油），可获得-10号柴油。

3）柴油和汽油不能掺兑使用。因为，汽油的燃点较高，柴油中若掺入汽油，燃烧性能将显著变差，导致起动困难，甚至不能起动。汽油进入气缸还会冲刷气缸润滑油膜，加速气缸的磨损。

4）尽量选用品质好的柴油。选用柴油时，应尽量选用优级品或一级品（硫含量分别不大于0.2%和0.5%）以减少柴油的腐蚀性。

5）我国轻柴油的质量对发动机工作性能的影响

① 硫含量高。我国轻柴油质量标准中硫含量的限值是小于350×10^{-6}，而欧洲现行标准不大于50×10^{-6}。

② 十六烷值低。欧洲2000年执行标准不小于51，世界燃油规范二类标准要求大于53，而我国现行标准为不小于49，也达不到世界燃油规范二类标准要求。

③ 芳烃含量高。世界燃油规范二类标准多环芳烃小于5%，我国检测平均值为11%，还有很大差距。

我国柴油与《世界燃料规范》以及欧盟的对比，见表2-2。

表2-2　我国柴油与《世界燃料规范》以及欧盟的对比

项　目	世界燃料规范				欧盟国家				国　内
	Ⅰ类	Ⅱ类	Ⅲ类	Ⅳ类	Ⅰ类	Ⅱ类	Ⅲ类	Ⅳ类	2006Ⅲ
硫的质量分数不大于/($\times10^{-6}$)	5000	300	20	10	2000	500	350	50	350
密度（15℃，国内为20℃）/(kg/m^3)	820～860	820～850	820～840	837～850	820～860	820～860	820～845	820～825	810～850
十六烷值不小于	48	53	55	55	49	49	51	51	49
95%馏出温度不大于/℃	370	355	340	340	370	370	360	360	365
总芳烃不大于（质量分数）(%)	—	25	15	15	—	—	—	—	—
多环芳烃不大于（质量分数）(%)	—	5	2	2	—	—	11	1	11

2.1.3　车用液化石油气

近年来，国际石油价格迅速上涨，国内汽油价格也随之不断提高。加上国内许多大中城市对汽车排放的要求越来越严格，因此寻找价格便宜而且排放较少的代用燃料显得尤为迫切，液化石油气（LPG）是几种代用燃料中最为成熟的一种。

（1）LPG的含义　LPG指常温下加压（约1MPa）而液化的石油气。液化石油气是石油产品的一种，英文名称为Liquefied Petroleum Gas，简称LPG。LPG一般是从油气田、炼油厂或乙烯厂石油气中获得的一种无色、挥发性气体。由炼油厂所得的液化石油气，主要成分为丙烷、丙烯、丁烷、丁烯，同时含有少量戊烷、戊烯和微量硫化合物杂质。由天然气所得的液化石油气的成分基本不含烯烃。

（2）**LPG 的指标**　液化石油气主要用作石油化工原料，用于烃类裂解制乙烯或蒸气转化合成气体，可作为工业、民用、内燃机燃料。其主要质量控制指标为蒸发残余物和硫化物的含量等，有时也控制烯烃含量。

（3）**LPG 的优点**　LPG 主要是由丙烷（C_3H_8）、丁烷（C_4H_{10}）组成，有些 LPG 还含有丙烯（C_3H_6）和丁烯（C_3H_8）。LPG 一般是从油气田、炼油厂或乙烯厂石油气中获得。LPG 与其他燃料比较，具有以下独特的优点：

1）污染少。LPG 是由 C_3（碳三）、C_4（碳四）组成的碳氢化合物，可以全部燃烧，无烟尘。在现代化城市的公交车辆中应用，可大幅度减少对环境的污染。

2）发热量高。同样重量的 LPG 的发热量相当于煤的 2 倍，液态发热量可达到 45.185 ~ 45.980kJ/m^3。

3）运输容易。LPG 在常温常压下是气体，在一定的压力下或冷冻到一定温度后可以液化为液体，可在火车（或汽车）槽车、LPG 船分别在陆上和水上运输。

4）压力稳定。LPG 车辆供气管道中的 LPG 在形成可燃混合气前压力稳定，使用方便安全。

5）储存设备简单，供应方式灵活。与城市煤气的生产、储存、供应情况相比，LPG 的储存设备比较简单，气站用 LPG 储罐储存，又可装在车载气瓶里供车辆使用，也可通过配气站和供应管网，实行管道供气；甚至可用小瓶包装，用作餐桌上的火锅燃料，使用方便。

由于 LPG 的上述优点，因此 LPG 不仅可用作工业、商业和民用燃料，而且作为一种清洁环保能源，用在汽车上可有效地降低尾气的污染物，同时由于其物理化学特性与汽油较为接近，而价格却比汽油低，因此，汽车的改装成本和实际使用成本都较低，按现行汽油价格比，燃料使用费约可下降 30%。

（4）**使用注意事项**

1）LPG 燃料汽车的结构组成，除保留多点顺序燃油喷射发动机的原有部件外，还需加装储气瓶、电磁阀、管道、转换开关、汽化器等组件，如图 2-1 所示。

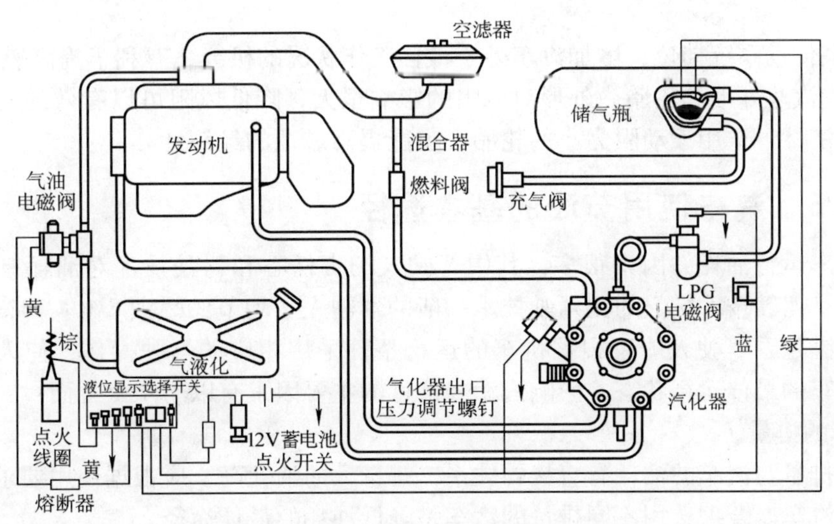

图 2-1　LPG 燃料汽车的结构组成

2）LPG是一种易燃易爆物品，当其在空气中的含量达到一定浓度时，遇明火即爆炸。因此，要注意通风，在加气和维护时要杜绝明火。

2.1.4　汽车运行燃油消耗量的确定

目前对汽车燃油消耗量的确定有两种方法：一是用行驶里程的燃油消耗量：我国和欧洲用每行驶100公里所消耗的燃油量（L）来表示，其单位为：L/100km，其值越小越经济；二是用单位燃油消耗量的行驶里程：美国用每升燃油所能行驶的千米（或英里）数来表示，其单位为：km/L或mile/Gallon，其值越大越经济。汽车运行燃油消耗量（油耗）与下列因素有关：

（1）使用方面

1）**车速**：实践证明汽车在接近中速时油耗最低，高速时随车速增加而迅速增加。主要原因是高速行驶时，汽车的行驶阻力显著增加所致；而在低速时，由于发动机的负荷率低而导致油耗增加。

2）**档位选择**：在同一道路上，汽车用不同的档位行驶，油耗量是不同的。显然，汽车在道路和车速相同条件下，虽然发动机发出的功率相同，但档位越低，后备功率越大，发动机负荷率越低，油耗越大。所以在汽车正常行驶时一般都用节气门小开度高档位。

3）**挂车的使用**：使用挂车后，虽然汽车的燃油消耗量增加了，但分摊到每吨货物上的油耗下降了，主要原因是发动机的负荷率增加了，另外，汽车车体的质量利用系数增大了。

4）**正确的保养与调整**：汽车的保养与调整会影响到发动机的性能与汽车行驶阻力。例如：一般用滑行距离来检查底盘的技术状况，当汽车底盘调整正常润滑充分时，底盘的行驶阻力减小，滑动距离会大大增加。

（2）汽车结构方面

1）减轻自重，采用替代材料，如轻材料和塑料等，可以起到节油的效果。

2）提高发动机的热效率，采用先进的技术，如电喷技术的采用，让发动机处于最佳工作状况。

3）增多传动系统档位，增加汽车处于最佳工作状况的机会，有利于提高燃油经济性。

4）改进汽车外形和轮胎。外形对风阻的影响很大，降低风阻可以有效地改善汽车高速运行下的经济性；选用滚动阻力小的轮胎，也能提高燃油的经济性。

2.1.5　汽车使用节油的基本途径

影响汽车运行油耗的因素很多，其中驾驶人的责任心和驾驶技术对油耗有较直接的影响。据测定，驾驶技术娴熟的比驾驶技术一般的驾驶人平均节约燃油8%～10%。因此，驾驶节油的关键是看驾驶人能否根据机车的运行条件采用相应的驾驶操作，使人、机配合得当，保持机车的最佳运行状态。影响汽车经济性的主要因素有以下4个方面：

1. 汽车的排量

汽车的排量与汽车的油耗有直接的关系，排量大的油耗高，应根据使用要求尽可能地选用排量小的汽车。合理选用不同排量的汽车是降低油耗的最佳途径。

2. 汽车本身的质量

汽车车身质量研究也是未来汽车设计的一个发展方向，即车身轻量化的研究。这方面的

研究主要涉及材料科学和机械结构分析，尤其是车体有限元素方面。目前，汽车车身轻量化研究进入大规模应用阶段，进展也是一日千里。

3. 汽车车身的风阻系数

汽车的风阻系数是伴随着汽车速度的不断提高而逐渐被人们重视起来的。这方面重点在于尽量降低汽车行驶过程中的空气阻力。汽车的风阻系数与汽车的结构形状有关，汽车的造型不仅影响到汽车的美观而且关系到汽车的油耗。

4. 汽车发动机的技术水平

时至今日汽车发动机技术已经发展到了一个非常成熟的阶段。目前车用发动机多用汽油机。但是，由于压缩比方面的问题，汽油机的燃烧效率远不如柴油机，而且由于节能方面的巨大压力，柴油机在乘用车上的应用也将是以后节油技术研究的一个重要内容和趋势。

5. 驾驶习惯与驾驶技术

对于驾驶人而言，良好的驾驶习惯对节油影响也很大，如节气门的开度大小、车速的高低、制动反应及巡航的使用等。良好的驾驶习惯包括减少紧急加减速和紧急转弯；行车时不仅要看前一辆车的情况，要同时看到前两三辆车的情况，以提前采取措施，减少急制动；不要猛加速，一次猛加和缓加到同样的速度，油耗相差可达 12mL；匀速行驶，在可能的情况下，保持最佳的经济时速。

6. 合理保养——定期保养

车况良好的汽车可省油 15% ~20%。对于空气滤清器、汽油滤清器、机油滤清器都需要定期清洗或更换，因为空气滤清器堵塞会引起进气量减少，导致汽油燃烧不充分，降低燃油效率，而汽油滤清器的阻塞也会使发动机工作异常，动力下降；加机油需要适量，注意机油标尺所标示的刻度，机油太多，会将曲轴淹没，增大阻力；机油太少，则无法起到润滑和密封作用，甚至会影响发动机效率。

定期检查汽车轮胎的状态，胎压偏低会造成油耗增加，发现轮胎偏磨或转向盘不居中等异常情况，应尽快到专业修理厂咨询修理；行李箱中不要放很多不常用的东西，增加负载也会增加油耗；还有的驾驶人为了节油，采取高速关闭空调而打开车窗通风的办法，这是不可取的：当车速高于 85km/h 时，开窗后的风阻消耗比空调系统消耗的燃油更多，它会让汽车的燃油经济指数下降 10%。

2.1.6　汽车新能源

汽车新能源也就是汽车代用燃料，是指除目前广泛使用的汽油和柴油之外的所有车用燃料，包括天然气、液化石油气、甲醇、乙醇、醚类、生物质柴油、氢燃料、燃料电池等。

其实天然气和液化石油气与汽油、柴油一样，作为化工原料，如果简单地被用作车用燃料，并不能最大限度地发挥其效能，而且作为不可再生能源，需求增长势必引发价格上涨，因此也有局限性。目前世界各国对汽车能源的研究主要是以下几个方面：

1. 甲醇

首先，甲醇生产原材料来自煤炭或天然气，目前我国甲醇产能已经突破 1200 万 t/年，其中：煤制甲醇占 87%，天然气制甲醇占 12%，焦炉煤气制甲醇占 1%。调查显示全国备案甲醇项目产能高达 3400 万 t/年，到 2015 年的产能为 7200 万 t/年，全球甲醇年均增速超过 4%，且主要集中在天然气资源较为丰富的地区。从全球甲醇产能分布看，亚洲占 37%

（其中中国占22%）、北美洲占19%，欧洲占18%，南美洲占17%，其他地区占9%。

甲醇燃料的缺点：首先由于高剂量的甲醇与人接触或被人吸入会引起中毒，严重的甚至导致死亡，因此使用时需严格按规程办理，防止误饮，同时减少甲醇暴露，减少人体吸入和皮肤接触；煤制甲醇酸性气体和灰渣排放量较大，环保投入较多；用甲醇制造的甲基叔丁基醚（Methyl Tertiary-Butyl Ether，MTBE）是一种含氧燃料，可与汽油混合以提高汽油的辛烷值，是替代铅的汽油抗爆剂。但是研究也发现，MTBE会造成环境污染，并且具有致癌作用，因此目前其使用呈下降趋势。从发展前景看，未来甲醇很可能被用来制作氢气而成为燃料电池的能源。

甲醇燃料的发展趋势：甲醇深度加工的产物二甲醚（DEM）具有惰性、无腐蚀性、无致癌性、几乎无毒的优点。DEM本身就呈十六烷值大，燃烧性能好，热效率高，燃烧过程中无残渣、无黑烟，CO、NO排量低等特性，将DEM与液化石油气（LPG）或天然气按比例混合后作为燃料可提升燃烧热能，因而日渐受到重视，被称为“新的清洁能源”。

2. 乙醇汽油和生物质柴油

乙醇主要来自玉米、大麦和小麦等粮食作物，也可以来自树木等纤维植物。我国乙醇汽油的生产主要集中在吉林、河南、湖北、山东、四川等产粮大省和广西、广东、贵州、江西、云南等地的非粮（木薯、甘蔗等）乙醇生产。

不过从全球的角度看，发展乙醇汽油已经导致粮食价格飞涨和森林植被的大面积砍伐，不但“与民争食、与粮争地”，还造成环境破坏，因此其前景似乎并不乐观。

而生物质柴油以大豆和油菜子作为原料，同样存在“与粮争地”的情况，虽然还可以利用废弃食用油作为原料，但是生物质柴油因黏度高、雾化性能差、发动机低温起动性差等缺点而制约了其应用前景。

3. 氢燃料

近年来，氢气发动机汽车的热度明显上升，它是清洁能源应用的一个好契机，同时它和燃料电池电动汽车在都使用氢气这一点上有着同根同源的关系，在氢能源社会建设工程方面，是一个非常合适的过渡。

氢气既可以单独作为内燃机燃料用于发动机，也可与汽油作为混合燃料用于发动机。目前，氢燃料在汽车上的使用多为氢与汽油混合作为燃料。

氢气单独作为内燃机燃料在发动机上使用，其供氢方式有缸内直接供氢法、预燃室喷氢法、进气道间歇喷射-电磁控制法、进气道间歇喷射-进气门座工作面吸入法、进气管连续喷射-空气导流法和进气管连续喷射-混合气法等几种。为提高发动机的功率，一般采用内部混合气形成的氢发动机，即缸内直接供氢法。

氢气发动机是在原型汽油机上改进的，发动机的排量、缸径、行程、压缩比都没有什么变动，只是在发动机上安装第二套供气管路，氢气是利用储氢罐的压力被送到发动机内的。在此过程中，重要的是使液态氢的汽化过程，所以在发动机外面要加一个热交换器，使氢汽化并加热，经过动力调节，生成可燃混合气体。

目前，氢的制造通常有两种办法：一种是利用煤炭、石油、天然气提取碳氢化合物；另一种是直接利用水制取。我国“973”计划项目中，有利用太阳能进行规模制氢的基础研究，目前已在西安交通大学正式启动。

氢的储存方法：

1）金属氢化物贮存，金属及合金的氢化物吸附氢就像海绵吸水一样，效率很高，但金属氢化物贮氢装置的重量大，且氢压太低，使得氢很难直接喷入气缸。

2）高压容器贮存，是将氢压缩后存贮在高压氢气瓶，这种贮氢装置能提供较高的压力。但高压容器贮氢装置的重量较大，与金属氢化物贮氢装置相当。高压容器贮氢体积太大，只能在大客车上应用。

3）液氢贮存，液氢是把氢气液化后存贮在绝热容器中。氢气的沸点为 -253℃。液氢贮氢装置重量轻，并且借助小型液氢泵还可获得 8～10MPa 的高压，以满足高压喷射方式的需要，但这种贮氢方式需使用绝热容器，价格昂贵，并且还容易发生蒸发泄漏等。储氢箱大多是使用钛合金板制成的。

4）最先进的储氢是利用纳米碳素纤维储存氢气，目前正在加速研制中。对高压氢气瓶的加注，液氢温度为 -253℃，如果用手去操作，会冻伤的，所以需安装一种智能机器手，代替人工加注，加注时间一般为 4min，由于加注场地广阔露天，泄漏的一点氢气很快就会飞散，不会引起大爆炸。

氢是一种理想的清洁燃料，用作汽车燃料可实现真正的“零排放”。其优点在于：

1）无毒性，无污染，来源广，是地球上仅次于氧的最丰富元素，主要以化合物的形式存在于水中。

2）氢燃料中不含碳元素，因而不排放 CO、HC 及硫化物。

3）单位重量的氢释放的热能比任何碳氢燃料都高，约为化石燃料的 3 倍；氢能源使用效率高，比常规的化石燃料的热效率高 10%～15%。

4）密度小，火焰传播速度高，其火焰传播速度高达 2.91m/s，是汽油的 7.72 倍，这就说明氢气的抗爆性比汽油好。

5）氢极易点燃，最小点火能量只有汽油的 1/3，可燃界限宽，在空气中的着火界限是 4.1%～75%，比汽油和柴油的着火界限大很多，容易实现稀薄燃烧。

6）氢气是一种清洁燃料，其燃烧产物是水，没有炭和炭烟。

氢燃料的广泛应用还存在的一些问题：

1）氢密度小，易汽化、着火、爆炸，储存运输不便，故携带性和安全性差，需专用发动机和配套基础设备。

2）制氢技术有待提高，制氢消耗的能量多、效率低、成本高。

3）储氢技术尚需提高，低温液化、高压压缩、金属吸附等储氢方法，燃料和附加设备的重量和体积都太大。

4）氢的沸点为 -253℃，氢在大气中的扩散系数约为汽油的 8 倍，因而氢燃料“逃逸率”高。

20 世纪 70 年代以来，美国、欧洲、日本对氢燃料的研究十分重视，氢动力车、氢发动机、储氢金属材料和制氢技术都有了长足的发展，但是氢气作为内燃机燃料的技术难度较大，而且氢气在贮存、使用过程中，也存有一定的危险，如泄漏能力强、易被高温炽热点点燃等，很难在近期内推广使用。

我国也十分重视氢能源的研究与开发工作。2003 年 11 月中国和欧盟共同签署了“氢经济国际合作伙伴计划（IPHE）”。2009 年 5 月份，由科技部、科协、国际能源协会，在北京联合举办了“第二届国际氢能源论坛”。我国的氢能源研发已和国际广泛合作和接轨。科技部负责人表示：氢作为21世纪最具发展潜力的清洁能源，中国绝不能落后，既要求国际的合作，又要走符合中国国情的路子，可以说中国已在一些氢能源研究开发及应用示范项目上，取得了一些关键技术上的显著进展。

4. 电动汽车

在过去的十几年间，电—油混合动力汽车、燃料电池汽车和纯电动汽车及其相关的零部件技术得到了很大的发展，取得了一定的成效。

对于纯电动汽车而言，其最大的优点在于使用中没有任何排放，但是目前最致命的缺点是受制于电池技术的发展。

由于电动汽车对电池的要求比较高，高比能、高比功率、快速充电和具有深度放电功能、循环和使用寿命长是其基本的要求。铅蓄电池作为比较成熟的技术，虽然其比能量、比功率和能量密度都比较低，但是高的性价比及高倍率放电，是目前唯一能大批量生产的电动汽车用电池。镍镉电池和镍氢电池虽然性能好于铅蓄电池，但是其性价比不高，含重金属，用完遗弃后对环境会造成严重污染。锂离子动力电池具有以下特点：工作电压高（是镍镉电池镍氢电池的3倍）、比能量大（可达165W·h/kg，是镍氢电池的3倍）、体积小、质量小、循环寿命长、自放电率低、无记忆效应且无污染等。不过目前如果采用锂离子电池，成本难以降低。磷酸铁锂电池也是一种锂电池，其安全性高，循环次数可达2000次，放电稳定，价格便宜，是一种车用动力的新选择。

鉴于目前汽车用电池一方面充电时间较长，另一方面一次充电的行驶里程偏短，同时需要建充电站。这需要建设相当数量充电站，因此目前同样无法实现商业化量产。不过，虽然目前纯电动汽车的电池是制约大量推广应用的关键因素，但是还是可以乐观地相信，伴随着高能量大功率型锂离子电池技术的不断进步和成本的持续降低，纯电动汽车商业化应用前景光明。

从利益最大化角度出发，近期汽油车和柴油车仍将按照各自的轨迹发展，不太可能出现厚此薄彼的状况。而伴随着汽油、柴油以及天然气、液化石油气等不可再生能源的持续消耗和价格的不断上扬，以及代用燃料汽车的技术日益进步成熟，其成本相应地将不再成为障碍。

不过鉴于乙醇汽油和生物质柴油的制造大量消耗粮食，或出现与粮争地的情况，因此以二甲醚为代表的醇醚类燃料引起人们的关注，然而由于醇醚类燃料的基本原料还是煤炭或天然气，属于深度加工的产物，同时其生产过程中有大量温室气体排放等原因，因此并不存在大力发展的基础，或者说并不完全符合节约资源的要求。因此从节能减排的角度看，未来汽车燃料的发展将沿以下路径演化：“柴油或汽油”→“柴油+生物质柴油”或“汽油+乙醇汽油”或“天然气、液化石油气”→“油—电混合”→“燃料电池”或“纯电动”。特别是氢燃料汽车和纯电动汽车，在解决了电池的耐用性和成本等问题后，以其“零排放”和可以从包括太阳能、风能等可再生能源中获得补充等的优势而具有无限的发展潜力。

2.2 汽车润滑剂的合理使用

在相对运动的两个接触表面之间加入润滑剂，从而使两摩擦面之间形成润滑膜，将直接接触的表面分隔开来，变干摩擦为润滑剂分子间的内摩擦，达到降低摩擦，减少磨损，延长

机械设备使用寿命。润滑剂的作用在于：

1）**降低摩擦**：在摩擦面加入润滑剂，能使摩擦因数降低，从而减少了摩擦阻力，节约了能源消耗。

2）**减少磨损**：润滑剂在摩擦面间可以减少磨粒磨损、表面疲劳、黏着磨损等所造成的零部件损坏。

3）**冷却作用**：润滑剂可以吸热、传热和散热，因而能降低摩擦热造成的温度上升。

4）**防锈作用**：摩擦面上有润滑剂存在，就可以防止因空气、水滴、水蒸气、腐蚀性气体及液体、尘埃、氧化物引起的锈蚀。

5）**传递动力**：在许多情况下润滑剂具有传递动力的功能，如液压传动等。

6）**密封作用**：润滑剂对某些外露零部件形成密封，能防止水分杂质侵入。

7）**减振作用**：在受到冲击负荷时，可以吸收冲击能，如汽车减振器等。

8）**清洁作用**：通过润滑油的循环可以带走杂质，经过滤清器滤掉。

2.2.1　机油

发动机润滑油俗称机油，目前市场上供应的机油品牌既有国产的，又有进口的，品种较多，如国产长城、南海、飞天、海牌和七星等，进口有壳牌、美孚、嘉实多、埃索、埃尔夫、艾德隆及 BP 等。一般情况下，汽油机和柴油机采用不同的机油，汽油机使用汽机油，柴油机采用柴机油。但现在市场上有不少通用机油，既可以用于汽油机，也可以用于柴油机。

1. 机油的分类

机油牌号是按照机油使用性能的质量等级和黏度等级两种分类来划分的，是参照美国汽车工程师协会（SAE）、美国石油协会（API）和欧洲汽车制造协会（ACEA）相应的分类标准来分类。

（1）机油牌号的 SAE 黏度等级分类　黏度是流体的内部阻力，润滑油黏度即通常所说的油的厚薄。黏度大则说明油厚，黏度小则表示油薄。1991 年，美国汽车工程师协会（SAE）制定了黏度等级分类法，即机油的牌号是根据在某一特定温度下的黏度来编制的。我国机油的黏度等级分类基本采用这个在国际上广泛使用的 SAE 黏度等级分类法（表 2-3）。

表 2-3　国内不同黏度牌号机油及其适用温度范围

原黏度牌号	新黏度牌号	使用温度范围
严寒区合成 8 号稠化汽油机机油	5W/20	气温在 −45 ~ 30℃的地区使用（严寒冬季）
严寒区合成 14 号稠化汽油机机油	5W/20	
6D 汽油机机油	10W	气温在 −35 ~ 10℃的地区使用（严寒冬季）
严寒区 8 号稠化机油	10W/40	
11 号稠化柴油机机油	10W/30	气温在 −35℃以上的地区可全年使用
14 号稠化柴油机机油	10W/40	
14 号稠化汽油机机油	10W/40	气温在 −15 ~ 5℃的地区使用
6 号汽油机机油	20	

（续）

原黏度牌号	新黏度牌号	使用温度范围
8号柴油机机油	20	气温在-10℃以上的地区使用
10号汽油机机油	30	
11号汽油机机油	30	夏季磨损较大的发动机使用
14号柴油机机油	40	
15号汽油机机油	40	供要求高黏度机油的柴油机（钻井机）使用
18号、20号柴油机机油	50	

机油按SAE法分类，单级机油冬季用油有6种，主要是考虑机油的低温流动性，夏季用油有5种，主要是考虑发动机正常工作温度的油膜厚度，冬夏通用油有27种。冬季用油牌号分别为：0W、5W、10W、15W、20W、25W，符号W代表冬季，W前的数字越小，其低温黏度越小，低温流动性越好，适用的最低气温越低；夏季用油牌号分别为：20、30、40、50、60，数字越大，其黏度越大，适用的最高气温越高；冬夏通用油牌号分别为：0W/20、0W/30、0W/40、0W/50、0W/60、5W/20、5W/30、5W/40、5W/50、5W/60、10W/20、10W/30、10W/40、10W/50、10W/60、15W/20、15W/30、15W/40、15W/50、15W/60、20W/20、20W/30、20W/40、20W/50、20W/60，W前面的数字越小，W后面的数字越大者，适用的温度范围越大。机油黏度牌号的性能如图2-2所示。

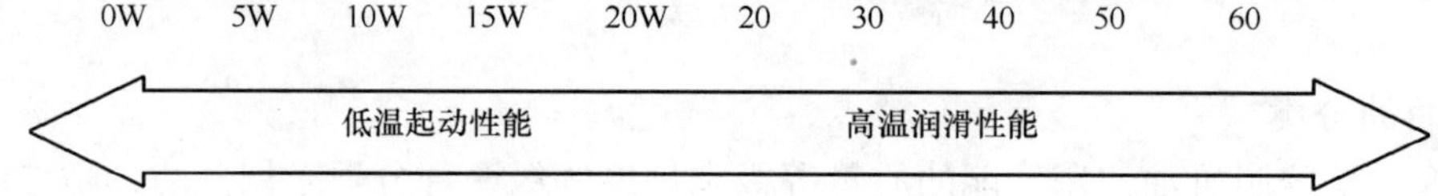

图2-2　机油黏度牌号的性能

W前面的数字大小是表示机油的低温流动性，其表示在最低（A-35）℃时，保持良好的冷起动可靠性，是衡量机油低温起动和根据环境温度选用机油的重要参数；W后面数字表示机油在100℃时的黏度大小，是根据汽车的运行工况及发动机的配合间隙选用机油的重要参数。表2-4所示为机油黏度等级分类（GB/T 14906—1994）。

表2-4　机油黏度等级分类

黏度等级	低温黏度/（mPa·s）≤	边界泵送温度/℃≤	运动黏度（100℃）/（mm^2/s）
0W	3250（在-30℃）	-35	3.8
5W	3500（在-25℃）	-30	3.8
10W	3500（在-20℃）	-25	4.1
15W	3500（在-15℃）	-20	5.6
20W	4500（在-10℃）	-15	5.6
25W	6000（在-5℃）	-10	9.3
20	—	—	5.6<9.3
30	—	—	9.3<12.5
40	—	—	12.5<16.3
50	—	—	16.3<21.9
60	—	—	21.9<21.6

（2）**机油牌号的 API 使用性能分类**　机油牌号除了按黏度等级分类外，还按使用质量等级分类。1947 年，美国石油协会（API）制定了质量分级法，即机油的牌号根据在发动机试验评定中所表现出的抗磨性、清洁分散性、黏温性以及抗氧化安定性等使用性能指标来编制的。目前，国际上大多数国家均采用美国的 API 质量分级法，我国也不例外。按照质量分级法，目前我国汽油机机油分为 SC、SD、SE、SF、SG、SH、SJ、SL、SM 和 SN 10 个等级（表 2-5），但是前四个等级已经很少出现在市场上了；而柴油机机油分为 CC、CD、CE、CF-4、CG-4、CH-4、CI-4、CJ-4（表 2-6），前三个等级也很少出现市场上了。API 质量等级的标准制定的时间如图 2-3 所示。

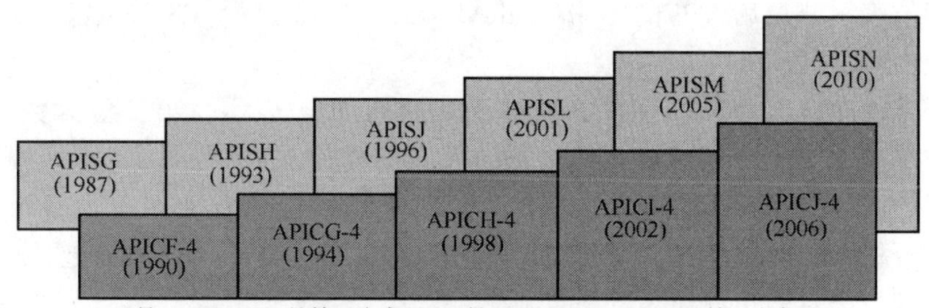

图 2-3　API 质量等级的标准制定的时间

表 2-5　汽油机机油质量等级选用参考表

汽油机机油质量等级	性　能	应 用 车 型
SC	可控制高低温沉积物及磨损、锈蚀和腐蚀	用于国产载货车、客车，如以 492QG 为动力的各类汽车
SD	控制高低温沉积物、磨损、锈蚀和腐蚀的性能优于 SC	用于载货车、客车和某些轿车，如解放 CA1091、东风 EQ1091 等车型
SE	具有抗氧化性能及可控制高温沉积物、锈蚀和腐蚀的性能	用于轿车和某些载货车，如天津夏利、大发、昌河、拉达等车型
SF	抗氧化和抗磨损性能优于 SE，还具有控制沉积物、锈蚀和腐蚀的性能	用于轿车和某些载货车，如一汽奥迪、捷达、红旗、CA6440 轻客、桑塔纳、切诺基、标致、富康等车型
SG、SH、SL	具有可控制沉积物、磨损和油的氧化性能，并具有抗锈蚀和腐蚀的性能	用于高档轿车、新型电喷车，如红旗 CA7220AE 等车型

表 2-6　柴油机机油质量等级选用参考表

柴油机机油质量等级	发动机平均有效压力/kPa	发动机的强化系数	燃油含硫质量分数（%）	应 用 机 型
CC	784～980	35～50	<0.4	玉柴、扬柴、朝柴 4102、4105、6102，锡柴、大柴 6110、日野 ZM400、五十铃 4BD1、4BG1 等
CD	980～1470	50～80		康明斯、斯太尔、依维柯、索菲姆等增压柴油机
CE	≥1470	≥80		用于在低速高负荷和高速高负荷条件下运行的低增压和增压式重负荷柴油机
CF-4	—	—		用于高速四冲程柴油机，特别适用于高速公路行驶的重负荷载货车

无论是汽油机机油还是柴油机机油，等级越高、机油品质越好。汽油机机油和柴油机机油原则上不能互相代用，特别是汽油机机油不能用于柴油机。但是，目前很多汽、柴两用机油，代号是 S*/C*，*是等级代号，如 SE/CC 字样的，其含义是指该机油用于汽油机时符合 SE 质量等级，用于柴油机时符合 CC 质量等级。

(3) 机油牌号的 ACEA（欧洲汽车制造协会）的使用性能分类　该分类标准是欧洲汽车制造业对于汽车用机油检验认证标准，从技术要求上，要高于我们普遍认知的美国 API 标准。按照 ACEA 的划分分类，其划分标准是：

对于汽油车用油：第一位用字母 A 来表示；第二位是数字，数字越大表示质量等级越高；第三、四位表示测试后发布的年份，如 A1-08，A3-08，A5-08 等，08 就是通过相应等级测试后，在 2008 年发布。

对于小型柴油车及柴油轿车用油：第一位用字母 B 来表示；第二位为数字，数字越大表示质量等级越高；第三、四位表示经过测试发布的年份。

轿车的复合机油有下列四级：A1/B1，A3/B3，A3/B4，A5/B5A。

对于低灰分机油：其第一位用字母 C 来表示，第二位为数字，数字越大表示质量等级越高；第三、四位表示经过测试发布的年份。

对于大型商用柴油车用油：其第一位用字母 E 来表示，目前有 4 个级别，如 E4-08，E6-08，E7-08，E9-08 等。

(4) 其他标准　如某地区的标准，日本的 ILSAC；如大众车厂的 VW500，VW501、VW507 等，福特的 WSS-M2C 917-A 等相关企业用油标准。

2. 机油的选用

科学选用机油的依据主要考虑汽车发动机的工作状况、工作环境和发动机的技术状况。

工作状况涉及速度和载荷两大要素：一般来说，负荷大、转速低的，选用黏度较大的机油；负荷轻、转速快的，选用黏度较低的机油。

工作环境涉及温度、湿度和粉尘等三大要素：冬季寒冷地区，应选用黏度小、倾点低的机油；全年气温较高的地区，可选用黏度适当大些的油品，以保证足够的供油压力。

技术状况涉及配合间隙、配合精度和表面粗糙程度三大要素：新发动机、配合间隙小的应先用黏度较小的机油，而使用时间较久的、磨损大的（间隙增大）的发动机则可以选用黏度较大的机油。

现在的车型对机油的要求越来越高，例如：要求高温剪切力（HTHS）、最佳的冷起动性能等。若是要求高温剪切力，可以参看 ACEA 的各个等级划分标准，其中含有高温剪切力的数值标准。

机油的选用因素中，温度是十分必要。因此，我们需要了解各个等级的机油的温度使用范围。这样，在冬夏温度相差很大的地方，才能够正确选用机油，保护发动机。

因此，我们需要先懂得两个概念：液体的临界泵送温度和发动机工作的可靠温度。

临界泵送温度就是机油泵带动油液流动的最低温度，这是油液工作的最低温度，但不是发动机工作的可靠温度。低温黏度与临界泵送温度表见表 2-7。

实验证实：冷起动可靠点是在临界泵送温度的 +5℃。在该温度范围下，汽车具有良好的技术状况，冷起动过程不产生任何问题。冷起动可靠点与临界泵送温度关系见表 2-8。

表 2-7　低温黏度与临界泵送温度表

黏 度 等 级	临界泵送温度
SAE　0 W	-40 ℃
SAE　5 W	-35 ℃
SAE　10 W	-30 ℃
SAE　15 W	-25 ℃
SAE　20 W	-20 ℃
SAE　25 W	-15 ℃

表 2-8　冷起动可靠点与临界泵送温度关系　（单位:℃）

SAE 等级	临 界 温 度	常　　数	可 靠 温 度
SAE　0 W	-40	+5	-35
SAE　5 W	-35	+5	-30
SAE　10 W	-30	+5	-25
SAE　15 W	-25	+5	-20
SAE　20 W	-20	+5	-15
SAE　25 W	-15	+5	-10

按照温度来选用机油最正确的做法，是根据油品本身的倾点来选择，而倾点可以查阅该款机油的技术数据资料。

汽油机机油的质量等级选用参见表 2-9，柴油机机油的质量等级选用见表 2-10。

表 2-9　汽油机机油质量等级选用参考

汽油机机油质量等级	性　　能	应 用 车 型
SA	纯矿物油（不含添加剂）	不推荐用于汽车发动机上，除非汽车制造商特别的推荐
SB	抗氧化和抗磨损能力强于 SA	不推荐用于汽车发动机上，除非汽车制造商特别的推荐
SC	可以控制高低温沉积物及磨损、锈蚀和腐蚀	查看发动机厂商要求，并可替代低级机油
SD	控制高低温沉积物、磨损、锈蚀和腐蚀的性能	查看发动机厂商要求，并可替代低级机油
SE	具有抗氧化性能及可控制高温沉积物、锈蚀和腐蚀的性能	查看发动机厂商要求，并可替代低级机油
SG	抗氧化和抗磨损性能优于 SE，还具有控制沉积物、锈蚀和腐蚀的性能	查看发动机厂商要求，并可替代低级机油
SH	抗氧化和抗磨损性能，还具有控制沉积物、锈蚀和腐蚀的性能，均优于 SG	查看发动机厂商要求，并可替代低级机油

（续）

汽油机机油质量等级	性　　能	应用车型
SJ	具有更低的挥发性、低磷，保护车辆的三元催化转化器	查看发动机厂商要求，并可替代低级机油
SL	比SJ氧化稳定性更强，高温沉积物更少，机油消耗更低，而且具有节省燃油的优势	可替代低级机油
SM	比SL具有更好的抗氧化性和沉积物控制能力，更佳的抗磨损和更好的低温流动能力	可替代低级机油
SN	比SM具有更佳环保性	可替代低级机油

表2-10　柴油机机油质量等级选用参考

柴油机机油质量等级	发动机平均有效压力/kPa	发动机的强化系数	增压比	燃油含硫质量分数（%）	质量等级描述
CC	784～980	35～50	—	<0.4	在非增压、低增压柴油机中使用，有控制高温沉积物和轴承腐蚀的性能，并可替代CA、CB级油
CD	980～1470	50～80	—	—	用于重负荷下运行的增压柴油机，及使用包括高硫燃料非增压、低增压及增压式柴油机。具有控制高温沉积物和轴承腐蚀的性能，并可替代CC级油
CE	≥1470	≥80	—	—	用于低速、重负荷和高速、重负荷工况条件下的增压或高增压重负荷柴油机。无论在高速、高负荷或高温状况下，使用何种燃料，均能够提供比CD级更佳的低油耗及抗磨损、耐腐蚀、防沉淀等性能
CF-4	—	—	<1.4	—	用于高速四冲程柴油机。在油耗和活塞沉积物控制方面性能优于CE，并可替代CE。此种油品特别适用于高速公路行驶的重负荷货车
CG-4	—	—	—	—	比CF-4更加有效地控制高温活塞沉积物、抗磨损性、耐腐蚀性、抗泡沫性、氧化稳定性
CH-4	—	—	>1.4	—	比CG-4具有更好的高温抗氧性能、清洁性能及良好的分散性能
CI-4	—	—		—	比以上级数油品具有更好的分散性、耐腐蚀性、高低温稳定性、抗氧化稠化、止泡效果及抗剪力黏度稳定性

3. 机油的使用注意事项

（1）汽油机的机油不能用于柴油机　由于柴油机的载荷比汽油机的载荷高，所以不能用专用的汽机油代替柴机油，以免加速柴油机的磨损。汽油机可选用优质柴机油，但汽机油和柴机油原则上应区别使用，只有在汽车制造厂有代用说明或标明是汽油机和柴油机的通用油时，才可代用或在标明的黏度和使用级别范围里通用。

（2）应尽量使用稀机油　在保证发动机润滑可靠的前提下，机油黏度尽可能小些，使其快速循环，及时供应，以充分发挥机油的润滑、清洁和冷却等作用。黏度大的机油除在南方夏季使用外，仅适用于一些严重磨损的发动机。因黏度太大的机油，使发动机运转阻力增大，油耗增加，但选用黏度太低的机油，会使机油压力过低，润滑油膜变薄，造成密封效果变差，所以应根据车况、季节来正确选用机油。

（3）应尽量使用多级机油　多级机油的黏温性好，使用时间长，可四季通用，便于管理。使用多级机油时，油色容易变黑，机油压力也比普通机油小些，这属正常现象，不影响使用。

（4）应优先选用国产品牌机油　国产长城、南海、飞天等品牌机油质优价廉（仅为进口机油价格的 50% ~60%），而且符合国际高级润滑油的各项指标，因此可优先选用。

（5）应坚持经济适用的原则　在选择机油的使用级别时，高级机油可以用在要求较低的发动机上，但过多降级使用不经济。切勿将使用级别较低的机油加在要求较高的发动机上使用，否则会加速发动机的磨损而造成过早损坏。

（6）注意机油的混用及代用问题　单级机油和多级机油不要混用；不同牌号机油必要时可临时混用，但不要长期混用；不要将机床用的机械油或其他非发动机用机油加在汽车发动机上使用，因其不含任何添加剂，会引起发动机的过早磨损或损坏。

（7）注意保持合适的油面高度　加注机油时，应注意油量。油量过少，油面就会过低，会引起供油不足并加速机油变质；油量过多，油面就会过高，使机油从活塞和气缸壁的间隙中窜入燃烧室燃烧，使积炭增多。

（8）换油时机应正确得当，确保机油的使用经济有效　在具备油品检测、鉴定等技术条件的情况下，应尽量实行按质换油，以降低用油成本；没有条件时，可按车辆使用说明书规定的换油里程换油。例如：捷达轿车用 SF 级机油，在一般地区换油里程为 12000 ~15000km（或一年）。越是高级别的机油，更换的间隔就越长。

（9）注意换油的操作步骤和要领　为延长机油的使用期限，在换油时要放完旧机油，并清洗润滑系统；应保持曲轴箱通风装置（PCV）工作良好；添加新油时，应注意不要让杂质和水分混入；换油同时还应更换滤芯。

☞ 2.2.2　车用齿轮油

1. 齿轮油的分类

（1）国外汽车齿轮油的分类　一类是按 SAE（美国汽车工程师协会）分类法划分为 70W、75W、80W、85W、90、140、250 共 7 个黏度级。带“W”字样的为冬季用齿轮油，它是根据齿轮油黏度达到 150Pa · s 的最高温度和 100℃时的最小运动黏度两项指标划分的。不带“W”字样的为夏季用齿轮油，它是根据 100℃时的运动黏度范围划分的。另外，还有多级齿轮油，如 80W/90、85W/90 等。

另一类是按API（美国石油协会）分类法及工作条件的苛刻程度划分为GL-1、GL-2、GL-3、GL-4、GL-5和GL-6共6个使用级。近年来，随着汽车技术的不断发展，许多汽车制造商对汽车齿轮油的要求超过这些技术规范。因此，SAE和ASTM（美国材料试验协会）建议用新的等级表示，即MT-1和PG-2。其中MT-1是机械变速器用油，它的质量高于GL-4，改善了热氧化安定性、清净性、抗磨性和与密封材料的配伍性。PG-2质量要求比GL-5高，用于驱动桥润滑。

（2）国内汽车齿轮油的分类　目前国内汽车齿轮油的分类方法也有两种，一种是按黏度分类，其分类标准参照SAE黏度分类（SAE J306）执行，具体见表2-11。另一种是按使用性能分类，执行标准为GB/T 7631.7—1995《润滑剂和有关产品（L类）的分类　第7部分：C组（齿轮）》的附录B，见表2-12。

表2-11　我国汽车齿轮油的黏度分类

黏度牌号	达到150Pa·s的最高温度/℃	0℃时运动黏度/（mm^2/s）	
		最低	最高
70W	-55	4.1	—
75W	-40	4.1	—
80W	-26	7.0	—
85W	-12	11.0	—
90	—	13.5	24.0
140	—	24.0	41.0
250	—	41.0	—

我国汽车齿轮油的使用级别与API分类所对应的关系列于表2-12。

表2-12　我国汽车齿轮油使用级别与API分类对应关系

我国汽车齿轮油	对应API分类号
普通车辆齿轮油（SH/T 0350—92）	GL-3
中负荷车辆齿轮油（GL-4）	GL-4
重负荷车辆齿轮油（GL-5）（GB 13895—1992）《重负荷车辆齿轮油（GL-5）》	GL-5

目前国内车辆齿轮油3类产品标准（GL-4为企业标准）中已有17个（带“●”者）标号的系列产品，见表2-13。

表2-13　车辆齿轮油质量级别和黏度级别对应组合17个标号

质量级别	75W/90	80W/90	85W/90	85W/140	90	140
普通车辆齿轮油（GL-3）		●	●	●	●	●
中负荷车辆齿轮油（GL-4）	●	●	●	●	●	●
重负荷车辆齿轮油（GL-5）	●	●	●	●	●	●

2. 齿轮油的选用

通常按照汽车使用说明书的规定选择与该车型相适应的齿轮油的黏度级别及使用级别标号，还可参照下列原则选用齿轮油。

（1）根据当地季节气温选择齿轮油的黏度级别　齿轮油的黏度级别有75W、80W、

85 W、90、140 和 250 等标号，分别适用于最低气温为 -40℃、-20℃、-12℃、-10℃、10℃、20℃的地区，应对照当地季节最低气温适当选用齿轮油的黏度级别。

近年来，由于进口品牌的齿轮油在国内大量生产并销售，国内市场上出售的齿轮油基本上都使用国际标准的标号，即 SAE 黏度分级标号和 API 质量分级标号。按照国际标准为汽车选用齿轮油就可以满足汽车使用齿轮油的各项技术要求。旧牌号国产齿轮油与 SAE 规格、API 规格所对应的关系及使用范围详见表 2-14。

表 2-14　国产齿轮油与进口齿轮油的对应关系

国产齿轮油	使 用 范 围	相对应的 SAE 规格（按黏度分类）	相对应的 API 规格（按质量分级）
20 号普通齿轮油	冬季使用于一般汽车的齿轮传动装置上	SAE90	GL-2
30 号普通齿轮油	长江以南地区全年，长江以北地区，夏季使用于一般汽车的齿轮传动装置	SAE140	GL-2
22 号渣油型双曲线齿轮油	冬季使用于具有准双曲面齿轮传动装置的汽车上	SAE90	GL-3
28 号渣油型双曲线齿轮油	夏季使用于具有准双曲面齿轮传动装置的汽车上	SAE140	GL-3
18 号馏分型双曲线齿轮油	用于气温在 -10 ~ 30℃地区，具有准双曲面齿轮传动装置的汽车上	SAE90	GL-4
26 号馏分型双曲线齿轮油	用于气温在 32℃以上地区，具有准双曲面齿轮传动装置的汽车上	SAE140	GL-4
13 号馏分型双曲线齿轮油	用于气温在 -35 ~ 10℃严寒地区，具有准双曲面齿轮传动装置上	SAE85W	GL-5

（2）根据齿轮类型和工况选择齿轮油的使用性能级别　对于一般工作条件下的弧齿锥齿轮主减速器（驱动桥）、变速器和转向器等总成可选用普通车辆齿轮油；对准双曲面齿轮主减速器，必须根据工作条件选用中负荷车辆齿轮油或重负荷车辆齿轮油。具体选择方法见表 2-15。

表 2-15　汽车齿轮油的选择

使用性能级别选择		对应黏度级别（或牌号）的选择	
性能级别	齿轮类型、工作条件和示例	黏度级别	使用气温范围/℃
普通车用齿轮油（GL-3）	工作条件缓和的弧齿锥齿轮主减速器和变速器、转向器（解放 CA1091 后桥、变速器等）	90	-10℃以上地区全年通用
		80W/90	-30℃以上地区全年通用
		85W/90	-20℃以上地区全年通用
中负荷车用齿轮油（GL-4）	工作条件一般（齿间压力在 3000MPa 以下，齿间滑移速度在 8mm/s 以下）的准双曲面齿轮主减速器（东风 EQ1090）或要求使用 GL-4 齿轮油的进口汽车	90（旧 18 号）	-10℃以上地区全年通用
		旧 7 号严寒区双曲线齿轮油	-43℃以上严寒区冬季
		85W/90	-20℃以上地区全年通用

（续）

使用性能级别选择		对应黏度级别（或牌号）的选择	
性能级别	齿轮类型、工作条件和示例	黏度级别	使用气温范围/℃
重负荷车用齿轮油（GL-5）	工作条件苛刻的准双曲面齿轮主减速器（丰田皇冠等进口轿车）或要求使用GL-5齿轮油的进口汽车	90	10℃以上地区全年通用
		140（旧26号）	重负荷、炎热夏季
		85W/90	-20℃以上地区全年通用

3. 齿轮油选用注意事项

1）不能混淆齿轮油和机油的SAE黏度级别。在润滑油黏度级别分类标准中为避免相互混淆，把高的分级标号用在齿轮油上，而把低的分级标号用在机油上。但旧牌号的齿轮油分级号较低，此时应注意，齿轮油和机油的黏度级别并无联系，同型号不能互用。切不可将齿轮油当成机油使用，否则发动机将会发生拉缸、抱瓦等严重机械故障。

2）应分清齿轮油的种类和使用级别。准双曲面齿轮啮合轮齿间的挤压力非常大，普通齿轮油无法保持足够的润滑油膜，如果在其间使用了普通齿轮油，准双曲面齿轮将很快损坏，所以，绝不能用普通齿轮油代替准双曲面齿轮油，也不可随意用准双曲面齿轮油代替普通齿轮油，否则会造成各啮合齿轮的腐蚀性磨损和不必要的经济损失。应根据齿轮传动的特点及齿轮工作的苛刻条件，选用使用性能级别合适的齿轮油。

3）不能错误地认为齿轮油的黏度级别越高其润滑性能就越好。若使用黏度级别太高的齿轮油，则会出现供油不及时、润滑不可靠、运动阻力加大、油耗激增的现象，特别是对高速轿车影响更大。所以，应尽可能选用合适的多黏度等级齿轮油。

4）用油量要适当，油面高度应合适。用油量应适当，不要过多也不要过少。过多不仅会增加搅油阻力和燃料消耗，而且齿轮油容易经后桥壳窜入制动鼓（如果密封不良）造成制动失灵；过少会使润滑不良，温度过高，加速齿轮磨损。齿轮油油面高度一般与变速器、驱动桥壳上的观察螺塞孔下缘平齐即可。应经常检查各齿轮油箱是否渗漏，并保持各油封、衬垫完好无损。

5）要按时换油，合理用油。应按规定换油指标换用新油，无油质分析手段时，可按规定期限换油。汽车制造厂推荐的换油期一般为30000～48000km。换油时，应趁热放出旧油，并将齿轮和齿轮箱清洗干净后方可加入新油。加新油时，应防止水分和杂质混入。齿轮油的使用寿命较长，如果使用单黏度级别齿轮油，则在换季维护时应根据季节气温换用合适的黏度级别齿轮油。

6）齿轮油使用禁忌。在使用中，严禁向齿轮油中加入柴油等进行稀释，也不要因影响冬季起步而烘烤后桥、变速器等总成，以免齿轮油严重氧化变质。如果出现这种情况，应换用低黏度的多级齿轮油。

2.2.3　汽车润滑脂

润滑脂，是指将稠化剂掺入液体润滑剂中制成的一种稳定的固体或半固体润滑产品。在不宜用液体润滑剂的部位使用润滑脂，可起到润滑抗磨、密封防护等作用，如汽车的轮毂轴承、各拉杆球头、传动轴和万向节等处，均使用润滑脂。

1. 润滑脂的分类及选用

润滑脂的种类有：钙基润滑脂、钠基润滑脂、钙钠基润滑脂、复合钙基润滑脂、通用锂基润滑脂、汽车通用锂基润滑脂、极压锂基润滑脂、石墨钙基润滑脂等。各种润滑脂的特性及适用范围，详见表 2-16。

表 2-16　各种润滑脂的特性及适用范围

品　种	特　性	适 用 范 围
钙基润滑脂	抗水性好，耐热性差，使用寿命短	最高使用温度范围为 -10 ~ 60℃，适用于汽车轮毂轴承、底盘拉杆球节、水泵轴承、分电器凸轮等部位
钠基润滑脂	耐热性好，抗水性差，有较好的极压减磨性能	使用温度可达 120℃，只适用于低速高负荷轴承，不能用在潮湿环境或水接触部位
钙钠基润滑脂	耐热性、抗水性介于钙基润滑脂和钠基润滑脂之间	使用温度不高于 100℃，不宜在低温下使用，适用于不太潮湿条件下的滚动轴承，如底盘、轮毂等处的轴承
复合钙基润滑脂	较好的机械安定性和胶体安定性，耐热性好	适用于较高温度及潮湿条件下润滑大负荷工作的部件，如汽车轮毂轴承等处的润滑，使用温度可达 150℃左右
通用锂基润滑脂	具有良好的抗水性、机械安定性、防锈性和氧化安定性	适用于 -20 ~ 120℃温度范围内各种机械设备的滚动和滑动轴承及其他摩擦部位的润滑，是一种长寿命通用润滑脂
汽车通用锂基润滑脂	良好的机械安定性、胶体安定性、防锈性、氧化安定性、抗水性	适用于 -30 ~ 120℃下汽车轮毂轴承、水泵、发电机等各摩擦部位润滑，国产和进口车辆普遍推荐用该润滑脂
极压锂基润滑脂	有耐极高压力抗磨性	适用于 -20 ~ 120℃下高负荷机械设备的齿轮和轴承的润滑，部分国产和进口车型推荐使用
石墨钙基润滑脂	具有良好的抗水性和抗碾压性能	适用于重负荷、低转速和粗糙的机械润滑，可用于汽车钢板弹簧、半挂车铰接盘、起重机齿轮转盘等承压部位

2. 润滑脂选用注意事项

选用润滑脂时，其性能指标除了应具备适当的稠度、良好的高低温性能，以及抗磨性、抗水性、防锈性、防腐性和安定性等基本要求外，还应注意以下几点：

1）尽量使用汽车通用锂基润滑脂。汽车通用锂基润滑脂，外观发亮，呈奶油状，滴点高、使用温度范围广，并具有良好的低温性、抗剪磨性、抗水性、抗腐蚀性和热氧化安定性等，是目前汽车最常用的一种多效能的润滑脂。

2）清理润滑部位，保证润滑脂清洁。加注润滑脂时应特别注意，通过油嘴注入的应擦净油嘴，从油脂枪中先挤出少许润滑脂并抹掉；更换润滑脂时，在涂脂前必须用有机溶剂洗净零部件表面并吹干，然后重新加注润滑脂。在更换润滑脂时，要注意不同种类的润滑脂不能混用，即使是同类的润滑脂也不可新旧混合使用。因为旧润滑脂含有大量的有机酸和机械杂质，将会加速新润滑脂的氧化，所以在换润滑脂时，一定要把旧润滑脂清洗干净。

3）用量适当，不宜过多。轮毂轴承的润滑是汽车上最为重要的润滑作业。更换轮毂轴承润滑脂时，应只在轴承的滚珠或滚柱之间塞满润滑脂，而轮毂内腔采用“空毂润滑”，即在轮毂内腔表面仅涂上薄薄一层润滑脂起到防锈作用即可。这样有利于散热，并可降低润滑脂的工作温度，防止润滑脂稀化流淌。不要采用“满毂润滑”即把润滑脂添满整个轮毂内腔，这样既不科学，又很浪费，甚至在汽车频繁制动和制动时间过长的情况下，可能会因轮毂过热而使润滑脂流淌到制动摩擦片表面而引起打滑，使制动失效，造成车毁人亡。

2.3　汽车工作液的合理使用

2.3.1　发动机冷却液

1. 冷却液的分类及选用

（1）汽车常用冷却液的种类　现代汽车所用的冷却液是指在原来防冻液的基础上再加防沸剂、防锈剂和防垢剂等添加剂，从而具有防结冰、防沸腾、防锈蚀和防水垢等综合作用的冷却媒介，适用于全国全年各种车辆使用。因过去主要用于防结冰，故许多地方仍称其为防冻液。应注意区分现代冷却液与过去单纯防冻液之间的区别，不要认为冷却液就是防冻液，它只是用于北方地区车辆冬季冷却的错误认识。目前，国产常用的冷却液有如下几个品种：

1）乙二醇-水型冷却液。乙二醇是一种无色微黏的液体，沸点是197.4℃，冰点是-11.5℃，能与水任意比例混合。混合后由于改变了冷却液的蒸气压，冰点显著降低。其降低的程度在一定范围内随乙二醇含量的增加而增加。当乙二醇的含量为68%时，冰点可降低到-68℃，超过这个限量时，冰点反而要上升。乙二醇冷却液在使用中易生成酸性物质，对金属有腐蚀，因此，应加入适量的磷酸氢二钠等以防腐蚀，乙二醇虽有毒，但由于其沸点高，不易产生蒸气被人吸入体内而引起中毒。乙二醇的吸水性强，储存的容器应密封，以防吸水后溢出。由于水的沸点比乙二醇低，使用中蒸发的是水，故缺冷却液时，只要加入纯净软水就行了。这种冷却液用后，经过沉淀、过滤，加水调整浓度，补加防腐剂后，还可继续使用，一般可用3~5年。

2）乙醇-水型冷却液。乙醇的沸点是78.3℃，冰点是-11.4℃。乙醇与水可任意比例混合，组成不同冰点的冷却液。乙醇的含量越多，冰点越低。乙醇是易燃品，当冷却液中的乙醇含量达到40%以上时，就容易产生乙醇蒸气而着火。因此，冷却液中的乙醇含量不宜超过40%，冰点限制在-30℃左右。乙醇-水型冷却液具有流动性好、散热快、取材方便、配制简单等优点。它的缺点是沸点低、蒸发损失大、容易着火。乙醇蒸发后，冷却液成分改变，冰点升高，所以在高原地区行驶的汽车不宜使用乙醇-水型冷却液。

3）甘油-水型冷却液。甘油-水型冷却液不易挥发和着火，对金属腐蚀性也小，但甘油降低冰点的效率低，配制同一冰点的冷却液时，比乙二醇、乙醇的用量大。因此，这种冷却液用得较少。

（2）冷却液的选用

1）根据环境温度选择冷却液的冰点。冷却液的冰点是冷却液最重要的指标之一，是冷却液能否防冻的重要条件。一般情况下冷却液的冰点应选择在当地冬季最低气温-15~-10℃左右，例如，当地最低气温为-30℃，则冷却液的冰点应选择在-45℃以下，北京油脂化工厂生产的3号冷却液，或者青岛日用化工厂生产的FG-40冷却液等可供选择。如果选择乙二醇母液，则还可配制成浓度为59%、冰点为-50℃、密度为1.0786mg/cm^{3}的乙二醇冷却液。

2）根据车型不同选择冷却液。一般情况下，进口车辆、国内引进生产车辆及高中档车辆

全年应选用永久型冷却液（2 ~3 年），普通车辆冬季可直接使用防冻液，夏季换用软水即可。

3）按照车辆多少和集中程度选择冷却液。车辆较多又相对集中的单位和部门，可以选用小包装的冷却液母液。这种冷却液母液性能稳定，由于采用小包装，便于运输和储存，同时又可按照不同环境使用条件和不同的工作要求进行灵活的调制，达到节约和实用的目的。车辆少或分散的情况下，冬季可直接使用实用型的防冻液。

4）应兼顾防锈、防腐及除垢能力来选择冷却液。冷却液除了具有防结冰的重要作用外，防锈蚀也关键，所以宜选用加有防腐剂、缓蚀剂、防垢剂和清洗剂等添加剂的产品。

5）选用与橡胶密封件和橡胶水管相匹配的冷却液。冷却液对橡胶密封件及橡胶水管应无溶胀和侵蚀等副作用。

2. 冷却液的使用注意事项

1）冷却液及其添加剂均为有毒物质，切勿直接接触皮肤，要放置于安全场所。

2）冷却液的使用浓度（体积分数）一般不要超出 40% ~60%。

3）除乙二醇-水型冷却液外，其他品种放出的冷却液不宜再使用，应严格按有关法规处理废弃的冷却液。

4）凡更换缸盖、缸垫、散热器时，必须更换冷却液。

5）发动机“开锅”（散热器过热，冷却液沸腾）时，冷却系统内处于高温、高压状态，因此，“开锅”时切勿打开散热器盖，以防烫伤。

6）必须在发动机处于冷态时添加冷却液，以免高温机体水套遇冷炸裂，而损坏发动机。

7）在冬季紧急情况下，若全部加入了纯净的软水，则必须尽快按规定添加冷却液添加剂，使冷却液浓度恢复到正常状态，以防水套结冰。

8）冬季来临前应检查冷却液浓度，并按规定调配浓度，保证冷却液具有足够的防冻能力。

2.3.2　汽车自动变速器油

液力传动油也称自动变速器油（Automatic Transmission Fluid，ATF），是指专门用于自动变速器（AT）和无级变速器（CVT）等的具有润滑油、液力传递、液压控制为一体的特殊油液。ATF 对自动变速器的工作、使用性能以及使用寿命都有着非常重要的影响。汽车自动变速器维护与保养的主要内容就是对 ATF 的检查和更换。

1. 液力传动油的分类

1）国外液力传动油的分类多采用美国 ASTM 和 API 共同提出的 PTF（Power Transmission Fluid）使用分类法，将 PTF 分为 PTF-1、PTF-2 和 PTF-3 共 3 类。其规格及适用范围见表 2-17。

表 2-17　液力传动油的规格及适用范围

分类	符合的规格	适用范围
PTF-1	通用汽车公司 GM Dexron Ⅱ、福特汽车公司 FORD M2C33-F、克莱斯勒 CHRYSLER MS-4228	轿车、轻型载货车液力传动油
PTF-2	通用汽车公司 GM Track、Coach、阿里林 AllisonC-2、C-3	重型载货车和越野汽车液力传动油
PTF-3	约汉狄尔 John Deere J-20A、福特 FORD M2CΦ1A 、玛赛-费格森 Mqssey-FergusonM-1135	农业和建筑机械液力传动油

2）国产液力传动油的分类按100℃运动黏度将液力传动油分为6号和8号两种。其与国外液力传动油的基本对应关系见表2-18。

表2-18　国内与国外液力传动油的基本对应关系

国外分类	国内分类	应用范围
PTF-1	8	轿车、轻型载货车液力传动油
PTF-2	6	越野汽车、载货车、工程机械
PTF-3	—	农业和建筑野外机械

2. 液力传动油的选择与使用

（1）**液力传动油的选择**　按车辆使用说明书的规定，选用适当品种的液力传动油。轿车和轻型载货车应选用8号，进口轿车要求用GMA型、A-A型或Dexron型自动变速器油的均可用8号代替。重型载货车、工程机械的液力传动系统则应选用6号ATF。

（2）**液力传动油的使用注意事项**

1）注意保持ATF的正常工作温度。油温过高，油易变稀、变质，油压降低，使AT打滑；油温过低，油压变高，时滞时间过长，使AT换档不及时。

2）应经常检查ATF的液面高度。ATF的液面高度检查分为冷态检查（不行车、不走档）和热态检查（行车后或停车走档）两种。检查时要求车辆停在平地上，发动机达到正常工作温度后进行。此时油平面应分别在AT油标尺的冷态上、下两刻线或热态上、下两刻线之间，不足时及时添加。若油面过低，则油压不足而打滑；若油面过高，产生气泡，则同样打滑。

3）按车辆使用说明书的规定更换ATF。通常每行驶10000km应检查油面一次，每行驶30000km应更换油液。应尽量避免人工换油，多采用机器换油。

4）注意观察ATF的品质情况。在检查油面和换油时，在手指上蘸少许油液，检查油质、颜色、气味和杂质等情况，确认ATF是否因打滑或过热等原因变质。现在常用的GM系列Dexron Ⅱ ATF一般染成红色，油质清澈纯净。当颜色变黑、有烧焦味且含有杂质等时，则予以更换。

2.3.3　汽车制动液

1. 制动液的分类

（1）**国外制动液的规格标准**　常用的进口制动液有DOT-3、DOT-4和DOT-5共3种。DOT是美国交通协会的英文缩写，其数字越大，级别越高。DOT-3、DOT-4与DOT-5的不同之处主要在于沸点不同，DOT-5比DOT-4更耐高温，DOT-4比DOT-3更耐高温。其性能指标见表2-19。

表2-19　制动液的性能指标

	工作情况	DOT-3	DOT-4	DOT-5
沸点（平衡环流沸点）	干	≥205℃	≥230℃	≥260℃
	湿	≥140℃	≥155℃	≥180℃

DOT3 和 DOT4 制动液是非矿物油系，是以聚二醇为基础和乙二醇及乙二醇衍生物为主的醇醚型合成制动液，再加润滑剂、稀释剂、防锈剂、橡胶抑制剂等调和而成，也是各国汽车使用最普遍的一种制动液。

这种常用的制动液吸湿性较强。制动系统虽然进不了水分，但制动液使用一段时间以后会吸收相当多的水分，制动液中水分越多，沸点越低，制动时越易沸腾。为了保证行车安全，制动液应定期更换（一般 2 年更换一次）。

由于制动液会吸收水分，所以放置多年已开封的制动液不能再用。

（2）国产制动液的品种、牌号和规格 国产制动液依据其沸点，可分为 JG0、JG1、JG2、JG3、JG4 和 JG5 6 个质量等级，序号越大沸点越高，高温抗气阻性越好，行车制动安全性越高。

目前国内还在使用的制动液按原料不同分类，有合成型、醇型和矿油型 3 种。按原石油部标准生产的合成型制动液有 4603、4603-1 和 4604 等牌号。4603 和 4603-1 合成型制动液适用于各类载货车的制动系统。4604 则适合于高级轿车和各种汽车的制动系统，醇型汽车制动液分为 1 号和 3 号两个牌号，它是以乙醇或丁醇及蓖麻油为原料，其抗阻性和低温流动性达不到要求，行车安全性差，已被淘汰。矿油型制动液有良好的润滑性，无腐蚀性，但对天然橡胶有溶胀作用。

2. 制动液的选用注意事项

（1）不能混合使用制动液 各种制动液绝对不能混用，否则会因分层而失去制动作用。

（2）应保持制动液的清洁 加注或更换制动液时要注意清洁，制动液须经过滤，不允许细微杂质混入制动系统。

（3）应防止制动液的吸潮 存放制动液的容器要密封好，防止水分混入和吸收水汽使沸点降低；更换下来和未密封好的制动液不能继续使用。

（4）应定期更换制动液 由于醇醚类制动液有一定的吸水性，因此在一般情况下，制动液应在使用一两年后进行更换，以防制动液吸潮后影响制动性能。更换制动液应在每年雨季过后进行。

（5）注意检查制动液的温度 在山区下长坡连续使用液压制动，或在高温地区长期频繁制动时，制动蹄片温度可达 350 ~ 400℃，使制动液温度随之升高达 150 ~ 170℃，此时，已超过一般合成型制动液的潮湿沸点。因此，要注意检查制动液温度，以防因气阻发生交通事故。

（6）注意对液压制动系统的保护 要防止矿物油混入使用醇型和合成型制动液的制动系统。使用矿油型制动液，制动系统应换用耐油橡胶件；使用醇型制动液前，应检查是否有沉淀，如有沉淀应过滤后再使用。

2.3.4 动力转向油和减振器液压油

1. 常用的动力转向油及使用注意事项

（1）常用品牌及规格 现代汽车的动力转向系统使用的基本上是液压系统，不同车型的动力转向系统的精密程度和使用要求有所差异，因此 OEM 厂家对液压油的选择和换油周期的规定也有所不同。如国内过去一些中低档车的动力转向系统一般用 22 号汽轮机油或 46 号液压油，低温寒带地区则选用 YH-10 号航空液压油、6 号或 8 号 ATF。现在新型或高档车型多选用

ATF或合成ATF，这些油品的实际使用性能和寿命都比过去的油品有了很大的提高。动力转向油的选择和更换，用户一般还是应根据汽车厂商的车辆保养手册中的规定进行。

（2）使用注意事项

1）油液品质应符合规定。液压动力转向系统所使用的油液牌号，应符合原厂规定。油液应具备良好的黏温特性、耐磨性、抗氧化性、润滑性等性能，并无杂质和沉淀物等。无原厂规定牌号的油液时，可用13号机械油或8号ATF代替，但两种油液不可混用。

2）定期检查转向油罐的液面高度。结合维护周期检查转向油罐液面高度是否在规定刻线之间，不足时应添加，添加的油液要经过滤清，品种要与原油液相同。

3）应适时换油。因液压动力转向系统的油液是在高温高压下工作的，易变质，所以要定期更换，一般一年更换一次，或按原厂规定更换。换油时，将前轴顶起，发动机以怠速运转，拆下转向器下部的放油螺塞，左、右打转向盘至极限位置数次，待油液排完时立即停熄发动机并旋上放油螺塞，然后按规定加满新油即可。

4）应及时排除系统内的空气。在转向系统加油时或转向系统混入空气时，需要将空气排出。排气的方法是先将油液加注到油罐规定的液面高度，然后起动发动机，在怠速状态下左、右打转向盘到极限位置（在极限位置停留不得超过10s，以防油泵发热而被烧坏），反复几次，并不断往油罐补充油液，同时，松开系统中的放气螺钉，直到油液充满整个系统、放气口没有气泡冒出、油罐内油面不再下降为止，然后扭紧放气螺钉即可。

5）切勿将动力转向油当成制动液来使用。因动力转向油和制动液的流动性、沸点及与橡胶等密封件的配合性等不同，所以在维修车辆时要特别注意切勿将动力转向油当成制动液来使用，否则会导致制动失灵。

2. 常用的减振器液压油及使用注意事项

（1）常用品牌及规格 汽车减振器液压油一般是用深度精制的矿物油作为基础油料，再加入油性剂等功能添加剂调制而成的。如上海产的190型汽车减振器液压油，以深度精制的不同黏度的低凝点矿物油和合成油为基础油，加入各类质量稳定的能提高油品性能的添加剂配制而成；具有优良的抗剪切稳定性、低温性能、抗磨性和低蒸发性等性能，而且与橡胶等密封件有较好的配伍性；适用于各类中高级轿车、面包车、大型载货车的减振器。该产品按黏度指数分为3个等级，用户可根据使用说明来选用。表2-20所列为其典型技术数据，选用时，可作为参考依据。

表2-20 典型技术数据

项 目	典型技术数据	实 验 方 法
外观	黄色透明液体	目测
运动黏度（40℃）/（mm^2/s）	10.68	GB/T 265—1988
黏度指数	132	GB/T 1995—1998
闪点（开口）/℃	163	GB/T 3536—2008
凝点/℃	-48	GB/T 510—1983
腐蚀试验（100℃，3h，T2）级	1b	GB/T 5096—1985

（2）使用注意事项

1）应保持减振器密封良好，无渗漏现象。在40000～50000 km定期维护时，应拆检减振

器并更换减振器液压油，且油量要合适。

2）应妥善保管。不要放置于严寒或温度超过 60℃ 的地方；要防止水分、机械杂质混入；切勿与其他油品混合使用。

2.3.5　汽车空调制冷剂

1. 制冷剂的发展简介及目前车用制冷剂

长期以来含氟利昂（CCL_2F_2）的 R-12 一直是汽车空调的唯一制冷剂，后经科学发现，R-12 中的氯会破坏地球上空 15 ~ 25km 内的臭氧层，从而使更多的太阳紫外光线辐射到地球危害人体健康。因此，国际社会于 1987 年 9 月在加拿大缔结了蒙特利尔协议书，明确规定了禁用 R-12 的期限为 2000 年，但后来由于臭氧层的破坏不断加剧，国际社会把 R-12 完全禁用日期提前到了 1995 年，发展中国家则可推迟 10 年。我国于 1992 年发文规定：各汽车厂从 1996 年起在汽车空调中逐步用新制冷剂 R-134a 代替 R-12，在 2000 年生产的新车上不准再用 R-12。因此，汽车使用和维修人员必须了解和熟悉新制冷剂 R-134a 的特点，以便能够熟练、正确地使用制冷剂。

（1）制冷剂 R-134a 的主要特点

1）R-134a 不含氯原子，对大气臭氧层不起破坏作用。

2）R-134a 具有良好的安全性能（不易燃、不易爆、无毒、无刺激性、无腐蚀性）。

3）R-134a 的传热性能与 R-12 比较接近，所以制冷系统的改型比较容易。

4）R-134a 的传热性能比 R-12 好，因此制冷剂的用量可大大减少。

（2）R-134a 与 R-12 制冷系统的主要区别

1）存放 R-134a 的容器为浅蓝色；存放 R-12 的容器为白色。

2）R-134a 制冷系统连接软管是用橡胶和尼龙特制的，并且在其明显处有美国汽车工程协会的印记（SAE. #J2196）；R-12 制冷系统连接软管一般用橡胶软管。

3）R-134a 制冷系统连接软管有颜色标记（低压软管是蓝色带黑色条纹，高压软管是红色带黑色条纹，普通软管是黄色带黑色条纹）；R-12 制冷系统连接软管则无标记。

4）R-134a 制冷剂入口处使用的是快速接头；R-12 制冷系统使用的是螺纹接口。

5）R-134a 制冷系统连接软管与仪表的接头是 1/2in 螺纹，且高压口的接头比低压口的大；R-12 制冷系统连接软管与仪表的接头是 7/16in 螺纹。

6）与 R-12 制冷系统相比，R-134a 制冷系统具有较高的压力和温度，需要较大的冷却风扇 。

2. 制冷剂的使用注意事项

1）用于 R-134a 的仪器、设备和量具等不能用于 R-12 系统，若在 R-134a 中混有 R-12，则会使压缩机损坏，而且也可能使仪器和设备损坏。要绝对避免 R-12 和 R-134a 混用。

2）压缩机冷冻机油不能混用。R-134a 与 R-12 制冷系统的冷冻机油不相容。R-12 系统一般用国产 18 号、25 号冷冻机油或日本产的 SUNISO3GS、SUNISO4GS、SUNISO5GS 冷冻机油，而 R-134a 系统一般采用合成聚烷甘醇即 PAG（Polyalokylene Glycol）油或聚酯（Poly Ester）油。

3）检修制冷系统时应做好安全防护，避免手和眼睛等处皮肤接触液态制冷剂，以免被冻伤。

4）由于PAG油与R-134a在高温区和低温区会产生“两者分离”现象，因此在加注R-134a时需要将它放在盛热水的容器里进行加热，但温度不要超过40℃。绝对禁止用喷灯一类的加热装置加热，要尽量防止出现“两者分离”现象，以免给压缩机的排气压力和制冷带来不良影响。

5）R-134a系统必须使用专用密封圈与密封垫，若使用了R-12系统所用的密封圈和密封垫，则会起泡失效，从而导致制冷剂泄漏。

6）在加注R-134a时，使盛有R-134a的容器保持在直立状态，确保R-134a以气态方式进入压缩机；否则R-134a可能会以液态方式进入压缩机，使压缩机损坏。另外，加注作业必须在空气流通的地方进行，以防操作人员因缺氧而窒息。

7）储液干燥器（或气液分离器）必须密封保存，其安装要迅速，否则空气进入储液干燥器后会使干燥剂吸湿能力减弱，甚至失效。

2.4 汽车轮胎的合理使用

轮胎是汽车行驶系统的主要组成部分之一，轮胎是否合理使用关系到汽车的行驶安全、能源消耗和汽车运输成本的高低。轮胎的使用费用约占汽车成本的10%以上，轮胎使用维护的好坏，可使汽车油耗的变化幅度达到10%～15%。早在1990年，我国交通部就发布第13号令——《汽车运输业车辆技术管理规定》，明确要求加强汽车轮胎的管理，提高轮胎使用维护技术水平。

2.4.1 汽车轮胎的分类和规格

（1）轮胎的分类

1）按照胎面花纹可以分为普通花纹轮胎、混合花纹轮胎和越野花纹轮胎。

2）按照用途功能分类。世界上大部分国家的轮胎分类都是按照轮胎的用途及其特殊使用性能要求来分的。大致可以分为以下9种：轿车轮胎、轻型载货车轮胎、载货和公共汽车轮胎、越野汽车轮胎、农业和林业机械轮胎、工业车辆轮胎、摩托车轮胎、航空轮胎和特种车轮胎。

3）按照设计结构可以分为普通斜交轮胎、带束斜交胎和子午线轮胎。斜交线轮胎的胎体是斜线交叉的帘布层，本身结构会加快胎纹的磨损，不具有优良的操控性和舒适性；子午线轮胎的胎体是聚合物多层交叉材质，韧性好，并适应路面的不规则冲击，使用寿命长，燃料经济性好。其顶层是数层由钢丝编成的钢带帘布，可以减少轮胎被刺破的概率。目前，斜交胎已被淘汰。

4）按有无内胎可以分为有内胎和无内胎。子午线轮胎是无内胎的，斜交线的轮胎是有内胎的。无内胎轮胎有一个优点：发生扎破的情况后，不会发生爆裂，并在短期内保持气压，大大提高了汽车的安全性。

（2）轮胎的规格 轮胎规格是轮胎几何参数与物理性能的标志数据，它常用一组数字和英文字母表示。国际标志的轮胎代号，以mm为单位表示轮胎名义断面宽度，其后面加上：轮胎系列代号（即扁平比），轮胎代号、轮辋名义直径（英寸）、负荷指数（轮胎负荷能力）、速度等级等符号。例如，165/70R14表示轮胎名义断面宽度是165mm，轮胎断面的

高宽比是 70%，轮辋名义直径是 14in。中间的字母或符号有特殊含义："X" 表示高压胎；"R"、"Z" 表示子午胎；"—" 表示低压胎。注意：轿车和载货车、有内胎和无内胎轮胎的规格表示方法不同。

(3) 轮胎规格最新表示方法及有关文字含义　表 2-21 以 p185/70R14 86H 轿车轮胎为例进行解释。

表 2-21　轿车轮胎表示方法及有关文字含义

p	轿车轮胎	14	轮辋名义直径/in
185	轮胎名义断面宽度/mm	86	载重指数
70	扁平率（胎高 ÷ 胎宽）	H	速度代号
R	子午线结构		

主商标、辅商标、规格、负荷、结构、认证、生产周期、用途等文字标记的含义：

1) **轮胎名义断面宽度**：是指两个胎侧之间的宽度（以 mm 为单位）。

2) **扁平率（即轮胎断面的高宽比）**：是指轮胎断面高度相对轮胎断面宽度所占的百分比例，扁平率越小，轮胎越扁平，轮胎的舒适及制动性能越高。

3) **轮胎的结构**：如 "R" 或 "Z" 表示该轮胎为子午线结构，也就是说它的帘布层是呈子午线状排布在胎体内的；"B" 表示轮胎为斜交结构，目前斜交结构的轿车轮胎已不复存在。

4) **载重（负荷）指数**：是指轮胎的最高载重量。不同的载重指数代表不同的最高载重量（通常以磅或千克力为单位），如 185/70R13 86T 中的 86 代表其轮胎负荷能力为 530kgf（N）。

5) **速度代号（级别）**：是指轮胎的最高速度级别，单位是 km/h。对应速度见表 2-22。

表 2-22　轮胎的速度代号

速度代号	速　　度	速度代号	速　　度	速度代号	速　　度	速度代号	速　　度
A1	5	B	50	L	120	U	200
A2	10	C	60	M	130	H	210
A3	15	D	65	N	140	V	240
A4	20	E	70	P	150	Z	≥240
A5	25	F	80	Q	160	W	≥270
A6	30	G	90	R	170	Y	≥300
A7	35	J	100	S	180		
A8	40	K	110	T	190		

6) **DOT**：表示该轮胎符合美国交通协会（U. S. Department of Transportation，DOT）规定的安全标准。"DOT" 后面紧挨着的 11 位数字及字母则表示此轮胎的识别号码或序列号。

7) **轮胎分级**：是指统一轮胎品质分级系统（Uniform Tire Quality Grading System，UTQG）。除雪地胎外，DOT 要求制造厂依据 "胎面磨耗"、"抓地力" 及 "耐高温" 这 3 个性能要素将轿车轮胎进行分级。

8）**胎面磨耗率**：超过100为较优，100为标准，低于100为较差。

9）**磨耗等级**：是根据在美国政府指定的试验场地按标准条件测试的磨耗率换算得出的。如某轮胎磨耗等级为200，则表示它在政府指定的试验场地上比等级为100的轮胎可以多跑一倍的时间。而实际上轮胎的磨耗率与使用条件有关，如驾驶习惯、路面状况、气候、车轮定位等皆会影响。另外，磨耗率只能适用于同一制造商的产品进行比较，不同品牌不能进行比较。

10）**抓地力**：A为最佳，B为中等，C为一般。

11）**抓地等级**：是指轮胎按标准条件在美国政府指定的试验场地，在湿滑柏油路面和水泥路面所表现的直线行驶制动性能，不包括转弯性能。

12）**温度等级**：是指轮胎按标准条件在指定的实验室内的试验车轮上测试的其所表现的抗热量产生能力。持续高温会造成轮胎材质老化，从而缩短轮胎的使用寿命，温度过高则可导致爆胎。因此美国联邦法规定所有轮胎至少必须通过C级温度等级。A为最佳，B为中等，C为一般。

2.4.2　影响汽车轮胎寿命的使用因素

（1）**轮胎的选配和安装**　轮胎安装的正确与否直接关系到轮胎的使用寿命，尤其是在更换新轮胎的时候。类型和花纹不同的轮胎，其实际尺寸和负荷能力不同，一定不要任意混装。

（2）**轮胎工作气压**　轮胎的气压应适中，可参阅车辆使用手册或根据轮胎与地面接触情况，如图2-4所示，轮胎气压过低或过高，都会影响轮胎的使用寿命。如果轮胎气压过低，其径向变形增大，胎壁两侧变形过度，产生胎冠两肩磨损现象，使轮胎的温度升高，将严重降低轮胎的使用寿命。如果轮胎气压过高，轮胎的刚性增大，变形和接地面积减少，使胎面中部的单位压力增大，磨损加剧，产生胎冠中央磨损现象，影响到舒适性并将降低轮胎寿命。试验证明，如果将轮胎气压提高25%，轮胎寿命将缩短30%左右。

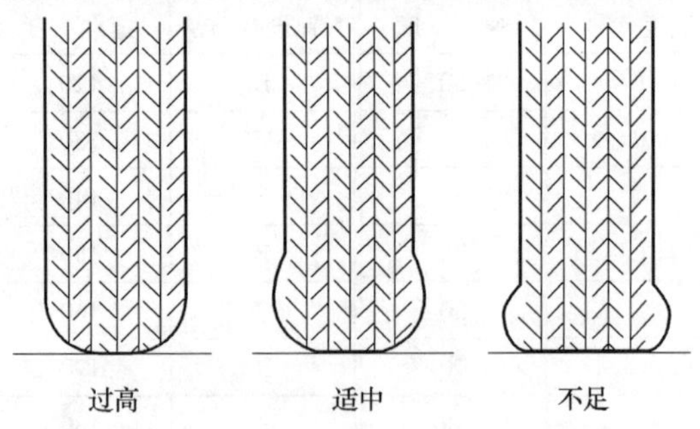

图2-4　轮胎气压过高、适中及不足的形状

（3）**轮胎负荷**　车辆的负荷越大，则轮胎的寿命越短，这点是毋庸置疑的。尤其是在超载的情况下，更加突显。正规轮胎厂家生产的轮胎都标有载重指数，轮胎应在指定的载重指数所对应的最大载重量内使用。

（4）**行驶速度**　正规轮胎厂家生产的轮胎都标有速度级别指数。轮胎应在指定的速度级别指数所对应的最高行驶速度内使用。

（5）**轮胎温度** 车辆在行驶过程中，轮胎由于受到伸张、压缩和摩擦，引起胎温升高。过高的温度容易加剧轮胎磨损甚至发生爆胎。

（6）**底盘状况** 前、后车轴的平行度、四轮定位仪、制动装置工作状况以及底盘其他机件技术状况都会不同程度地影响到车辆轮胎的寿命。一旦出现严重的交通碰撞事故，驾驶人一定要将车辆开到专业维修站进行底盘状况检查及调整。

（7）**道路条件** 如果车辆长时间在沙石路面或者恶劣的路况下行驶，轮胎使用寿命肯定会降低。这一点对于越野车轮胎也不例外。

（8）**驾驶习惯** 这是直接与驾驶人有关的因素。起步过猛、骤然转向、紧急制动、在路况不好的地段高速行驶、经常上下坡和停车时轮胎刮蹭障碍物等，都会导致轮胎的严重磨损，进而降低轮胎的使用寿命。

（9）**轮胎维护** 轮胎适时换位、选用合适的胎纹、日常勤维护、定期检查胎压、及时修补并且勤挖胎纹中的石子、异物等都是延长轮胎寿命的重要因素。

（10）**车辆维护** 很多汽车维修专家都说车辆要“三分修，七分养”，不要等到出现了故障才开去维修站维修。车辆的定期维护与轮胎寿命的延长也是息息相关的。四轮定位仪、转向节、车轮轴承及悬架系统的定期检查维护一个都不能少。

2.4.3 延长汽车轮胎寿命的使用措施

轮胎的使用寿命与本身的质量有关，但在使用和保管中如果做到以下几点，将会大大提高其行驶里程。

1）合理选用、搭配轮胎。选用、搭配轮胎要因车而异，同车、同轴不要混装不同规格、不同品牌的轮胎。如果将两种不同规格的轮胎装在同一轴上，就会造成转向过度或不足，容易导致侧滑，轻者影响汽车的操纵灵活性，重者会造成车祸。此外，应尽量避免同车混装不同品牌的轮胎，因为不同品牌轮胎即使是许多参数相同，但其轮胎花纹、轮胎质量等也有很大区别，从而不能保证行车安全。轮胎规格必须与轮辋规格相配；同一车轴应搭配规格、花纹及层级相同的轮胎；轮胎花纹应根据道路条件选择，搭配有方向花纹的轮胎时，花纹“人”字尖端的指向应与车轮前进旋转方向一致。在优先考虑选用原厂轮胎的同时，驾驶人也可以根据自身需求，换装汽车制造厂商所认定的配套轮胎。

2）正确检查轮胎气压，合理充气，保持正常气压，避免爆胎。有些驾驶人和维修人员利用经验按照轮胎的下沉量、触地面积等来判断轮胎气压是否充足，是很不科学的。现在轮胎种类繁多，有些轮胎气压很足时依然与地面保持很大的接触面积，因此用气压量表所检测出的气压才是充气时的真实气压。充气不足会加速轮胎磨损，而充气过量时，轮胎帘线会过分伸张，会降低其使用寿命，甚至直接导致爆胎。充气前要检查轮胎气门嘴，看它与气门芯的配合是否平整，若有凹凸不平等缺陷需要更正，否则不宜充气和测气压。充气过程中要注意保持清洁。充气前擦净气门嘴上的灰尘，充入气体不要含有水分或油液，若混入水分或油液等杂质则会加速轮胎的老化。另外，轮胎充气一定要等到车胎热散去以后进行，否则高温下会影响轮胎气压，使充气不准。轮胎气压是决定轮胎使用寿命和工作好坏的主要因素。气压过低时，胎体变形增大，造成内应力增加，易使轮胎过快发热升温；胎面接触面积增大，磨损加剧，尤其是胎肩部分；滚动阻力增大，燃料消耗增加；双胎中一胎气压过低会使另一胎超载损坏。气压过高时，使胎冠部分磨损加剧，动载荷增大，胎冠易爆裂。气压是否正常，可根据胎面与地面的接触面积位置进行判断，如图2-5所示。

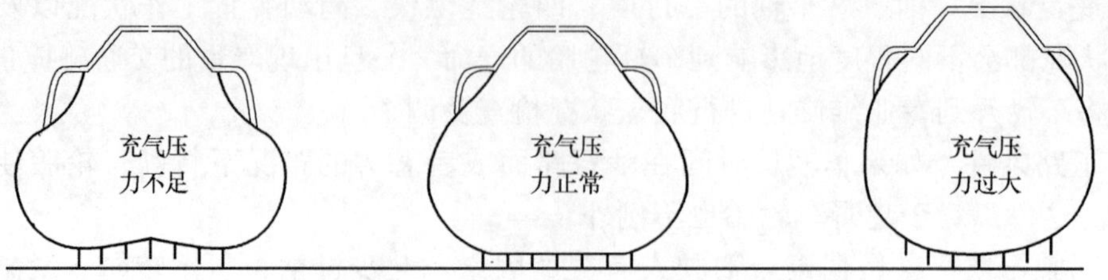

图2-5　胎面与地面的接触示意图

3）前后轮胎要正确及时换位，防止产生不均匀磨损。车辆行驶到一定里程后（一般为10000km）就应进行轮胎换位。因发动机一般都置于汽车前面，故前、后桥所承担的负荷不同，而且汽车在制动过程中由于惯性作用，前轮的负荷通常占汽车全部负荷的70%～80%，这势必造成前轮胎磨损较快，为减轻这一现象所带来的不均匀磨损，应及时将前后轮胎换位使用。轮胎换位的基本方法有循环换位法和交叉换位法两种，具体选用何种方法应根据轮胎的规格、品种不同而定。轿车轮胎换位如图2-6所示，商用汽车轮胎换位如图2-7所示。

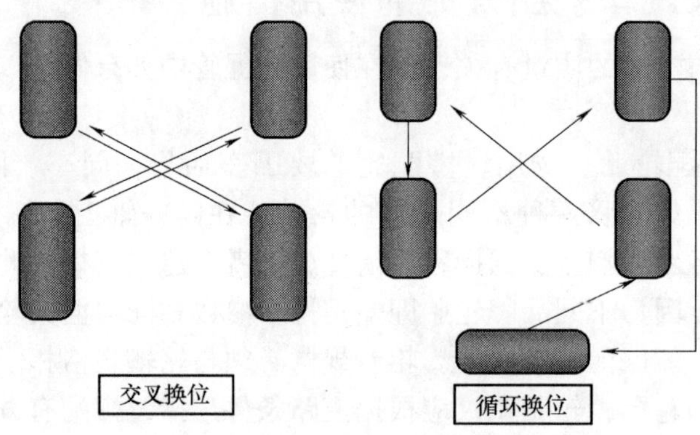

图2-6　轿车轮胎换位示意图

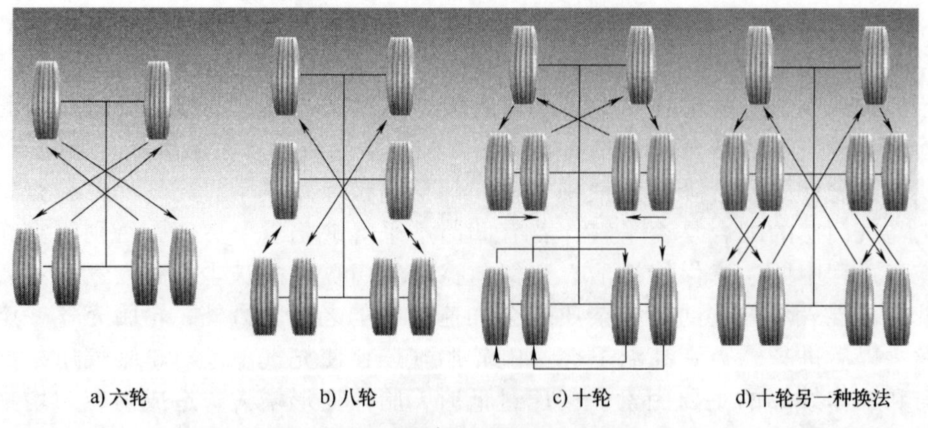

a) 六轮　b) 八轮　c) 十轮　d) 十轮另一种换法

图2-7　商用汽车轮胎换位示意图

4）对在用轮胎应定期进行平衡检查。轮胎平衡分为动态平衡与静态平衡两种。动态不平衡会使车轮摇摆，难以操纵，并产生波浪形磨损；静态不平衡会使车辆在行驶时，产生颠簸和跳动现象，使轮胎表面产生磨损。所以定期做动、静态平衡检查并调整不平衡可延长轮胎寿命，提高汽车行驶的稳定性，避免在高速行驶时因轮胎摇摆、跳动失去控制而造成交通事故。

5）行车中严格控制轮胎温度。轿车在运行中，由于轮胎面和轮胎侧不断地受到伸张和压缩，使橡胶分子与分子之间、帘线与橡胶之间、内胎与外胎之间、轮胎与轮辋之间以及轮胎与路面之间产生摩擦而生热。长途行驶或在炎热的夏季行驶时轮胎的温度将会不断升高，使轮胎材料的力学性能下降，磨损增加，并且容易造成帘布脱层、帘线松散折断，如果轮胎温升至95℃就有爆裂的危险，因此坚持经济车速（中速）行驶，避免轮胎温升超过100℃。过热时，严禁用放气、泼水等方法降压。

6）适时淘汰磨损超限的轮胎。欲淘汰轮胎，首先要视其磨损程度。轮胎的磨损跟许多因素有关，如气候、道路、驾驶习惯、安装、养护等。参照国际规定，正常使用的轮胎，其花纹深度为1.6mm时就必须更换。从轮胎生产角度来考虑，当绝大部分轮胎的花纹深度磨损到1.6mm的时候出现独特的标记，我们称为轮胎磨耗指示标“TWI”。单从轮胎使用寿命一般都可以达到50 000km，甚至达到100 000km。但是，轮胎除了使用寿命之外，还有舒适性、操控性、抓地力等，因此更换轮胎需要综合考虑。单从使用时间来考虑，一般情况下，使用3~4年的轮胎就应该更换，而不论其磨损状态。因为轮胎是橡胶材料制成的，受环境影响，使用时间一长，就会发生变质老化，存在龟裂、爆胎等隐患，从而影响行车安全。

7）保持轿车转向、制动、行驶机构技术状况良好。前轮前束、外倾过小，将使轮胎面内缘磨损严重；前束、外倾过大，轮胎面外缘磨损严重。制动器装配过紧，将使轮胎转动不平顺而产生滑移、拖曳、磨损增加。车轮的不平衡度过大，横拉杆球接头松旷、主销间隙过大时，使转向轮行驶中的振动加剧，也会加速轮胎的磨损。

8）严格遵守驾驶规程。起步不可过猛，尽量避免频繁使用制动和紧急制动；在转弯和非道路面行驶时，要适当减速；超越障碍物时，要防止轮胎局部严重变形或刮伤轮胎面；不要将车停在有油污聚集的地方；不要在停车后转动转向盘。

练习与思考题

1. 选择题

1）汽油按________划分牌号。

A. 蒸发性　　B. 凝点　　C. 辛烷值　　D. 十六烷值

2）柴油按________划分牌号。

A. 蒸发性　　B. 凝点　　C. 辛烷值　　D. 十六烷值

3）汽油机主要依据________来选用汽油牌号。

A. 速度　　B. 压缩比　　C. 温度　　D. 气缸数目

4）柴油机主要依据________来选用柴油牌号。

A. 速度　　B. 压缩比　　C. 当地季节气温　　D. 气缸数目

2. 问答题

1）选用机油牌号时，应如何选择机油的使用级别和黏度级别？

2）选用制动液时，应注意哪些问题？

3）如何正确选用自动变速器油（液力传动油）？

4）国产冷却液分哪几个型号？如何选用？

5）选用制冷剂时，应注意哪些问题？

6）如何检查轮胎磨损情况？子午线轮胎换位时，应注意哪些问题？

第3章 汽车在特殊条件下的使用

基本思路：

汽车在特殊条件下使用应根据其条件和车况正确处理，这样才能确保汽车的安全、可靠和合理使用，对本章的学习和研究关键要把握两点：一是环境条件；二是车况条件对汽车行驶性能的影响。

3.1 汽车的合理使用

3.1.1 汽车在磨合期的使用

磨合期是指在汽车运行初期改善零件摩擦表面的几何形状和表面层物理性能的过程，新车（包括大修竣工的汽车）最初的使用阶段称为磨合期。汽车的使用期限、行驶可靠性、动力性和燃料经济性与汽车工作初期的使用情况有很大关系。

汽车经过初期使用阶段的磨合，使各运动部件摩擦表面之间进行相互研磨，不断提高配合精度，从而顺利过渡到正常使用状态。汽车的使用寿命、工作可靠性和经济性在很大程度上取决于汽车使用初期的磨合，而且磨合的好坏将直接影响到汽车的大修间隔里程。因此，汽车磨合的目的就是使各运动部件快速适应各种工况，并大大延长汽车的使用寿命，降低维修成本。

发动机内部各运动部件之间需要通过磨合才能达到最佳工作状态。所以，磨合期间的驾驶方式和操作习惯将直接关系到发动机的工作性能和使用寿命。

在磨合期内，简单地说就是要做到减载、限速、保持正确驾驶方法以及按规定对汽车进行技术维护作业，特别要注意以下几点：

1）磨合期内的前1500km内，不要高速行驶，汽车在各档位的行驶速度请勿超过发动机最高转速的70%，更不要长时间高速行驶，严禁超负荷运行，不允许超载，应严格按照生产厂家使用说明的要求遵守操作规程。

① 新的摩擦制动片尚未达到100%的制动效果，制动应有提前量，特别是在200km内，轮胎摩擦力不够，因此在制动时要比正常情况下多用些力，这也包括在刚换新轮胎或新制动踏板时。

② 新轮胎尚未达到最佳附着力，应尽量避免快速转弯时紧急制动。

③ 在1000~1500km，可逐渐将发动机转速及车速提高到最高默许速度。不允许长久地用第一档或高速档行驶；在各个档位都不要使车速达到极限，各档位每小时的车速要控制在最高速的四分之三范围内，大体上为：1档25km，2档40km，3档60km，4档90km，5档100km。

④ 需要声明的是，“先离后刹”的做法是在磨合时期，并且是在非常状况（紧急制动）时采取的保护发动机的措施，切不能作为习惯长期使用。当车辆度过了“保育”期，从离合器保养方面讲，就应是“先刹后离”，有不少新手在学车时，因害怕熄火，念念不忘脚踩离合器，要减速就先踩下离合器，即使是挂了高档或低档行驶，也为了换档方便，离合器不离脚。这样制动、换档，对于新手可能会使车子开得平稳些，但对离合器却会造成不小的伤害。

⑤ 还有人习惯在停车时，挂一档踩离合器等候，或是挂了空档还踩着离合器，认为这样可以使起步动作简化。但是，这种习惯会使左腿始终都处在用力状态，无法放松，易使驾驶人疲劳，更严重的是会造成离合器长时间处于磨损状态。

2）不要以过低的发动机转速行驶，如果发动机出现工作不平稳，车身抖动，应立即换入低档，避免拖档。高速度同样能使发动机和传动机件的负荷增多，因此车速应控制在规定范围内。除了在速度上要限制之外，还须严格执行驾驶操作规程，一是要避免节气门全开；二是要保持发动机的正常工作温度。同时新车不宜过载，承载率应低于90%，并选择平坦道路行驶。

3）由于机件之间尚属于磨合期，过大的负荷和过高的速度，都会加剧对零件的冲击。此外，汽车在磨合期还应注意尽量不做紧急制动，冷车起动注意预热。力争做到慢起步，缓停车。发动机处于冷车状态时，无论在空档或挂档行车时都不要高速运转；在磨合期间，应该注意更换不同的档位进行均匀的磨合。进档时应该注意保持正确的档位角度和位置，如果遇到进档困难，可以松开离合器，然后重复进行进档。

4）车辆的行驶里程超过磨合里程后，应该进行短时间的高速行驶，以使发动机的全部性能得到充分发挥。车子进入磨合期后，应进行阶段性能检查维护，内容包括以下方面：

① 磨合前期。清洁全车；紧固外露的螺栓、螺母；添加燃油、机油；补充冷却液；检查变速器、轮胎的气压；检查灯光仪表；检查蓄电池；检查制动。

② 行驶到30~50km时，检查变速器、前后车桥、轮毂、传动轴等是否有杂声或有无发热现象；检查制动系统的制动能力及紧固性、密封效果。

③ 行驶到150km时，检查全车外露螺栓、螺母的紧固情况。

④ 磨合结束。到指定维护站或4S店进行全车磨合保养（首保）；换机油、换机油滤清器、清洗油底壳、测气缸压力，清除积炭，拆除限速装置，调整发动机怠速，检查制动系统，调整离合器踏板自由行程，紧固前悬架及转向机构。

5）磨合期内的机油消耗量与燃油消耗量相比可能会偏高，此为正常现象。

6）磨合期内超速或者超载行驶将导致发动机气缸壁和活塞环、曲轴和轴瓦等配合副之间的过度磨损，从而使发动机的性能、燃料消耗、机油消耗水平以及机件的使用寿命受到极大的损害。

3.1.2　汽车在低温条件下的使用

1. 低温对汽车车况的影响

冬季行车易引发许多故障或事故。在天寒地冻的冬季里，尤其是经过一个晚上露天的风吹霜寒后，车身温度非常低，难以起动，车况急剧下降。

1）随着温度的下降，机油的内摩擦力增加，发动机的阻力增加，使发动机起动所需要的功率增加。

2）燃料对发动机起动性能的影响主要是其蒸发性。燃油的气化与温度和进气流速有关，随着温度的降低，燃油的黏度和相对密度增大，低温时，发动机机件的吸热作用影响混合气的温度，对燃油的气化不利，大部分燃料以液态进入气缸，造成混合气过稀，不易起动。要改善燃料气化量，主要在于提高进气歧管温度。

3）蓄电池在起动过程中主要影响起动机的起动转矩和火花塞的跳火能量。在低温条件下，蓄电池电动势变化不大，即环境温度有较大变化时，蓄电池的单格电压下降并不多。但是，随着温度的降低，蓄电池的电解液黏度增大，向极板的渗透能力下降，内阻增加；同时，起动时的电流很大，从而使蓄电池的端电压及容量明显下降。所以在低温起动时，蓄电池输出功率下降，导致起动机无力拖动发动机旋转或不能达到最低起动转速。低温起动时，由于蓄电池端电压低，火花塞的跳火能量小，使发动机起动困难。此外，火花弱的原因还有：冷的可燃混合气密度大使电极间电阻增大；火花塞有油、水及氧化物等。

发动机冷起动过程包括 4 个阶段：预热期、起动期、平滑运转期和升温期（图 3-1）。预热期，是指对进气歧管加热直到能够进行起动发动机的时间；起动期，是指用起动机带动发动机运转的时间，其中包括起动机啮合后发动机间断的着火时间；平滑运转期，是指在起动机脱开以后到发动机能够平滑运转（无回火）的时间，在此时间内还不能带动负荷；升温期，是指达到平滑运转到发动机能带动负荷的时间。对于柴油机来说，在完成升温的时间内，所有的加热辅助装置，都要予以关闭。

发动机低温起动时气缸壁磨损严重的主要原因为：在起动过程中，气缸壁润滑条件差；冷起动时，大部分燃料以液态进入气缸，冲刷了气缸壁的油膜；汽油的含硫量对气缸壁磨损的影响也很大，这是由于汽车在燃烧过程中产生的氧化硫与凝结在气缸壁上的水滴化合成酸引起腐蚀磨损所致。

传动系统总成（变速器、主减速器和差速器等）的正常工作温度是靠零件摩擦和搅油产生的热量保证，这种温升速度很慢。研究表明，汽车主减速器齿轮和轴承在 -5℃ 的润滑油中比在 35℃ 的润滑油中运转磨损增大 10 ~ 12 倍。另外，传动系统润滑油因低温而黏度增大，运动阻力相应增大，传动系统各总成在起步后的很长一段时间内的负荷较大，使总成中传动零件的磨损加剧。

2. 汽车在低温条件下使用的特征

做好冬季车辆的维护保养及低温下的安全驾驶是一项十分重要的工作。为此，作为专业

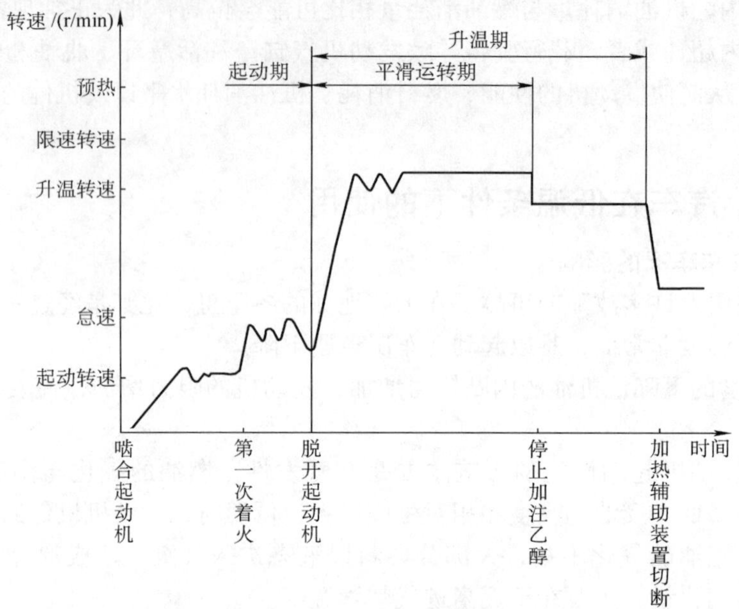

图 3-1　发动机冷起动过程

驾驶、维修人员必须掌握冬季车况特点：

1）汽车难以起动或无法起动。由于冬季天冷低温，使燃油蒸发雾化困难不易形成可燃混合气，机油黏度过大使起动阻力增大，加上蓄电池容量下降等原因使起动转速下降，从而导致起动困难。有时，汽车无法起动，这往往是由于经过一个晚上极低的室外温度后，汽车冷却液结冰或机油冷凝、电解液流动困难等原因造成的。冷却液的防冻作用在冬季显得非常重要，如果不及时更换冷却液，汽车的冷却循环将受到阻碍，会导致发动机水套“开锅”，而散热器却结冰甚至冻裂。

2）怠速不稳，容易熄火。这大多是由于蓄电池温度太低使蓄电池的物理、化学性能降低造成的。汽车的蓄电池最怕低温，低温下蓄电池的电容量比常温下的蓄电池的电容量低很多。在常温下正常使用的蓄电池一遇寒冷电容量会突然下降，加上冬季冷车起动，耗电量特别大。因此，装有使用两年左右蓄电池的车辆特别容易产生这一故障。

3）磨损严重，易产生噪声。发动机噪声过大，往往是由于机油黏稠而导致零部件润滑不及时，使磨损严重、间隙过大而产生的。发动机 70% 左右的磨损均发生在冷车起动，这种磨损是渐进性的，损伤最大。发动机机油都有黏度等级（SAE 级别），一般冬、夏两季使用不同黏度等级的机油（四季通用的机油除外）。如果进入了冬季还在使用夏季黏稠的机油，就会加快发动机的磨损。这是因为冬季气温下降后，机油的黏度会增大，流动性变差，供油不及时，导致运动机件的摩擦阻力增大，从而加快了发动机的磨损。因此，应及时将夏用机油换成冬用机油。

4）空调的取暖效果变差。空调在秋天停用了一段时间后，某些运动部件会出现“咬死”现象，造成起动阻力加大，使空调电磁离合器打滑，过度磨损。长时间停用空调，还会使轴封干枯、粘连而失效，造成制冷剂泄漏。

5）制动效果变差，制动距离变长，安全性能下降。气压制动系统的储气筒上的进气阀、排气阀、制动管路等处易结冰而堵塞气道，使压缩空气压力下降甚至中断，从而导致制

动效能下降或制动失效。液压制动管路中的制动液，由于黏度增大，流动变慢，从而导致制动效能下降。

6）转向阻力增大，转向困难，操纵性能下降。转向器齿轮油、转向助力液等由于低温使流动性下降，阻力增大，从而导致转向困难，操纵性变差。

总之，发动机温度低的起动比温度高的起动的起动阻力大，图3-2所示表明某发动机起动阻力与环境温度的关系，随着温度的降低，起动阻力的差别增大。

3. 汽车在低温条件下使用的措施

针对以上这些情况应采取以下措施：

1）**预热**：在发动机起动前采用热水、蒸汽或电热装置、远红外线加热装置对发动机进行预热，以改善混合气雾化气化和零件润滑条件。温度过低时，柴油机汽车用的轻柴油黏度增大，流动不畅，雾化不良，必要时也应进行预热。在寒冷地区，汽车的起动前预热一般采用热水、热蒸汽、热空气、电热器和红外辐射加热装置等。其中热水预热是应用最广泛的预热方式，热水预热可分为车外式和随车式两种。车外式热水预热装置的热水由锅炉加热至90～95℃，从散热器加水口灌入冷却系统。由于散热器的冷却及节温器的闭塞作用使这种加热方法的效果较差。例如，为了保证起动可靠，在气温－10℃、－20～－10℃和－20℃以下时，消耗的热水量分别为冷却系统容量的1.5倍、2倍、3～4倍。

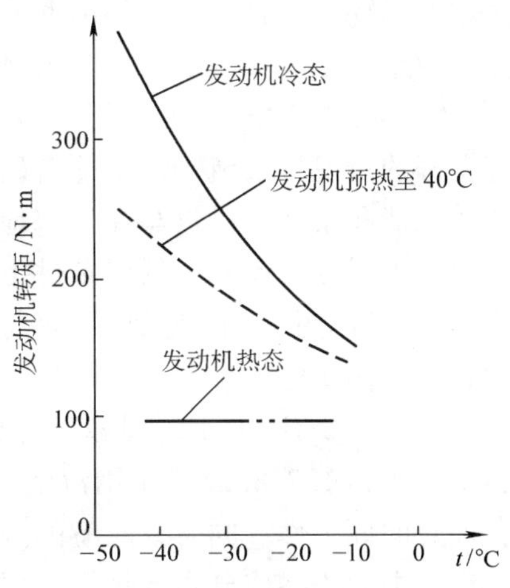

图3-2 发动机起动阻力与环境温度的关系

2）**保温**：对发动机采用百叶窗和保温套进行保温。在－40℃以下的严寒，对发动机油底壳和蓄电池都应进行保温。注意预防冷却系统冻结。车辆冷却系统尽可能加注防冻液，其冰点应比使用地区的最低气温低5℃，有条件的地区也可以兴建汽车库对汽车保温。

在严寒地区，汽车发动机保温的目的是发动机在一定的热工况下工作，并随时可以出车。在无车库条件下，一般主要对发动机保温，其次是蓄电池，只有在气温很低或承担某些特殊任务的车辆才进行油箱和驾驶室保温。发动机的保温方法可采用百叶窗或改进风扇参数（叶片数目或角度），也可以降低风扇转速或使风扇不工作（装离合器）。后一种方法不但减少了热量耗散，而且还减少发动机的功率损失。关闭百叶窗可减少流经散热器的空气流，但由于气流阻力大，风扇消耗的功率略有增加。

汽车发动机罩采用保温套是保持发动机温度状况的重要措施。这种常见的保温方法可以使汽车在－30℃左右的气温下工作时，发动机罩内温度保持在20～35℃。停车后，也比无保温套的汽车发动机主要部位的冷却速度降低近6倍。

保温材料可以是棉质或毡质的，前者保温性能要好一些。用很薄的乙烯基带来密封汽车发动机罩也取得了良好的效果。

发动机油底壳除了采用双层油底壳保温外，还可以在油底壳的内表面用一层玻璃纤维密封。

3）**进行季节性保养**：在严寒季节到来前进行一次季节性保养。换用低黏度润滑油或稠化油以改善润滑条件；调整油电路，提高充电电流和电压；增加蓄电池中电解液的相对密度以防止冻结。提高蓄电池在低温条件下的输出功率，一般有两种方法：一是使用低温蓄电池；二是蓄电池保温。低温蓄电池的特点是使用薄极板来降低蓄电池的内阻，并加入一些活性添加剂。由于采用了薄极板，则在同样大小的蓄电池壳中的极板片数增加，与电解液的接触面积增大，使蓄电池容量增加，降低了内电阻，提高了蓄电池输出功率。

4）**在冰雪路面行驶时，应采取有效的防滑措施**；注意在雪路驾车应适当间断性停车，闭目休息，或佩带有色眼镜，以防雪光伤眼和雪盲；注意做好日常防冻保温工作。高寒地区使用的车辆，雪路行驶容易滑溜，造成运行困难，应随时携带喷灯、三角木、镐锹等必备的防寒救急品以及保温装置、防滑链等必要的安全设施。

5）**合理使用燃料与润滑油也是汽车在低温条件下的重要措施**。低温下使用的燃料应具有良好的蒸发性、流动性、低含硫量，以利于低温起动和减少磨损。某些国家有专门牌号的冬季汽油和柴油，供汽车在严寒地区使用。

为了保证发动机在低温条件下直接起动（冷起动），需要采用专门的起动燃料——起动液。起动液应具备下列条件：容易点燃（或压燃），以保证发动机的起动可靠性；发动机起动后，工作稳定柔和；在起动过程中，发动机磨损要小。

乙醚（$C_2H_5OC_2H_5$）是起动液中的主要成分，这种液体的沸点仅 34.5℃，40℃时的饱和蒸气压为 122.8kPa（车用汽油在 38℃时的饱和蒸气压都不大于 66.66kPa），因此乙醚具有很好的挥发性。同时，乙醚的闪点为 -116℃，其蒸气在空气中达 188℃时即可自行燃烧，起动液中的乙醚成分越多越好，但是乙醚含量过多会引起气缸压力的急剧上升，发动机的工作不柔和。为此，要把起动液中的乙醚成分控制在一定范围内（40% ~60%），并用一些其他易燃材料过渡，直至发动机的基本燃料（汽油或柴油）工作。

除了起动液的成分对发动机的起动可靠性和工作稳定性有直接影响外，起动液的加注方法也起重要作用。起动液的加注方法应根据发动机进气系统的结构，尽可能地将起动液呈雾状均匀地分配到各气缸中。

6）在冬季，汽车发动机冷却系统可使用防冻液，防止冻裂机件，不必每天加水、放水，减轻劳动强度。特别是合理地使用防冻液和专门的起动预热设备相配合，可以大大地减少起动前的准备时间。防冻液的使用性能用凝固点、沸点、传热性和热容量表示。为了保证防冻液在冷却系统中的流动性，要求其黏度要低。防冻液还不应引起金属腐蚀、橡胶溶胀，并具有一定的化学稳定性。

7）在特别寒冷的情况下，轮胎橡胶硬化、变脆，受冲击载荷的作用时易破裂。因此，在冬季行驶时，为了使轮胎升温和减少冲击，应在汽车起步后的头几千米以低速行驶，要缓慢起步及越过障碍物。

4. 汽车在冰雪条件下使用的特征和措施

1）冬季雪地路面附着系数非常低，车轮容易打滑，行车的危险性更大，所以行车速度要更低，以确保安全。行进中车速要平稳，要防止车速过快，避免猛加速。需要加速或减速时，加速踏板应缓缓踩下或松开，以防驱动轮因突然加速或减速而打滑。如图 3-3 所示。

2）在冰雪路上行驶，容易发生追尾事故，所以要增大行车间距，行车间距要比无雪干燥路面时增大 4 ~5 倍。雪天路面的阻力很小，只有干燥沥青路面的 1/4，一般应与前车拉开正常行驶距离的 2 倍以上。用脚制动时，应以点制动方式，即轻踩轻抬，不要一脚踩死。

图 3-3　汽车在冰雪条件下行驶

没有 ABS 的车尤其要注意防止侧滑。

3）雪融化后再次结冰，路面更滑，汽车行驶时车轮打滑，制动时更容易溜，给汽车行驶和制动都带来困难。为确保行驶安全，车速应控制在安全速度以内。

4）在积雪较深的路面上行驶，要跟着前车的车辙行驶，因为前车已把松软的雪压实，可防止陷入深雪之中。

5）尽量避免在冰雪路面上超车，一是因为冰雪路面上不宜加速，二是清扫路面积雪时把雪堆在路边，使路面变窄，这些都是超车的不利因素。实在需要超车时，一定要选择宽敞、平坦、冰雪较少的路段，不得强行超车，而且超过前车后千万不要马上向回变线，而要尽量给被超的车留出安全距离。

6）雪后路滑，起步时若发现轮胎已被冻结于路面，应先用十字镐挖开轮胎周围的冰雪、泥土，以防损坏轮胎和传动机件。若驱动轮打滑，应铲除车轮下的冰雪，并在驱动轮下撒些干沙、煤渣、柴草等物，以提高附着性。

7）驾车拐弯时要特别注意避开弯道内的积雪、结冰。冰雪路无法避开时，一定要提早减档减速、缓慢通过，车速降下来后，应采取转大弯、走缓弯的办法，不可急转方向，更不可在弯道中制动或挂空档。

8）停车要尽量选没有冰雪的空地，拉紧驻车制动挂档。需要在冰雪路面上停车时，应选择朝阳、避风、平坦干燥处停放，不得紧靠建筑物、电线杆或其他车辆，以防侧滑时碰撞。若必须在坡道上停车，应挂档、拉紧驻车制动，并在车轮下填塞三角木、石块等，以防汽车溜坡。

5. 汽车在雨雾条件下使用的特征和措施

雾天视野不佳，这是发生交通事故的主要原因，因此雾天驾驶最重要的注意事项就是控制车速，尽量不要以超过 100km/h 的速度行车。当能见度小于 500m 大于 200m 时，车速不得超过 80km/h；当能见度小于 200m 大于 100m 时，车速不得超过 60km/h；当能见度小于 100m 大于 50m 时，车速不得超过 40km/h；当能见度在 30m 以内时，车速应控制在 20km/h 以下；一般能见度在 10m 左右时，车速控制在 5km/h 以下。

如果雾太大，可以将车靠边停放，同时打开雾灯、近光灯和警告灯。停车后，从右侧下车，离开公路尽量远一些，千万不要坐在车上，以免被莽撞的车撞到。等雾散去或者视线稍好后再上路。另外在车内一定要携带三角警示牌，遇到突发故障停车检修时，可在车前后50m处摆放警示牌，提醒别的车辆注意。

要遵守灯光使用规定，打开前后雾灯、尾灯、示宽灯和近光灯，利用灯光来提高能见度。需要特别注意的是，雾天行车不要使用远光灯，因为远光灯射出的光线容易被雾气漫反射，会在车前形成白茫茫一片，开车的人反而什么都看不见。

在雾天视线不好的情况下，勤按喇叭可以起到警示行人和其他车辆的作用。当听到其他车的喇叭声时，应当立刻鸣笛回应，提示出自己的行车位置。两车交会时应按喇叭提醒对面车辆注意，同时关闭防雾灯，以免给对方造成炫目感。

在雾中行车应该尽量低速行驶，尤其是要与前车保持足够的安全车距，不要跟得太紧，更不要随便超车。要尽量靠路中间行驶，不要沿着路边行驶，以防不小心落入路侧的排水沟，或者与路边临时停车等待雾散的人相撞。如果发现前方车辆停靠在右边，不可盲目绕行，要考虑到此车是否在等让对面来车。当超越路边停放的车辆时，要在确认其没有起步的意图且对面又无来车后，适时按喇叭，从左侧低速绕过。另外，也请注意盯住路中的分道线，不能轧线行驶，否则会有与对面的车相撞的危险。

驾驶室与车厢的温度过低会影响驾驶人的劳动条件和乘客舒适感，风窗玻璃结霜会影响驾驶人的视野。现代汽车一般都装有采暖设备，采暖设备一般是利用发动机冷却系统的热量、排气热量或独立的采暖设施。无采暖设备的汽车，可将经过散热器的热空气引入驾驶室及风窗玻璃上，以便采暖和除霜。另外，用30%饱和盐水加70%的甘油涂在风窗玻璃表面，可实现防霜、防雾。

雨季来临，车不可避免地要经历深水的考验，驾驶时主要保证低档稳住加速踏板慢速通过。如果由于驾驶不当水中熄火，再起动会造成发动机气缸进水，无法起动。遇到这种情况不可强行起动，如处理不当会造成恶性事故。其处理办法如下：

1）用外力将汽车拉出深水。

2）拧下各气缸火花塞。

3）用起动机带动发动机转动排出发动机气缸内的水。

4）清理干净进、排气系统中的水，特别要将空气滤清器烘干。

5）更换发动机油。

3.1.3　汽车在高温条件下的使用

1. 高温对车况的影响

炎炎夏日，气温高，发动机易过热，从而导致气缸充气性变差，动力下降；润滑油变稀、变质，润滑性能下降，运动零部件磨损加剧；驾驶人易疲劳、打盹，行车安全下降；雨水增多使车辆打滑而造成车辆受损，甚至发生交通事故。因此做好夏季车辆的维护保养及高温下的安全驾驶是一项十分重要的工作。为此，作为专业驾驶、维修人员必须掌握夏季车况特点：

1）机油容易变稀、变质、挥发和烧损，导致润滑性能下降、机油消耗过快。发动机在高温下运转时，机油的抗氧化安定性、黏温性及清净分散性等性能变坏，加剧其热分解、氧化和挥发。同时，干燥空气中的灰尘和潮湿空气中的水分通过进气系统和曲轴箱通风口进入发动机油底壳污染机油，引起机油变质。另外，变稀了的机油通过气缸壁、活塞、活塞环窜

入燃烧室烧损，并通过油底等过热区域时蒸发掉。更为严重的是，机油在高温下与积炭聚合成漆膜而黏附在缸壁上，加大发动机的磨损。

2）加剧零部件的磨损。发动机在高温下运转，零部件的热膨胀较大，使其正常配合间隙变小，摩擦阻力增大，磨损加剧。同时，高温运转的发动机在活塞顶、燃烧室壁、气门头等零件上黏附许多积炭和胶质物，使金属零件的导热性变差，加速机件损坏。除此之外，由于发动机过热，机油变稀，油膜变薄，也加速机件磨损。

3）发动机充气性能变差，动力下降。高温条件下，因气体的热膨胀，使进入气缸的可燃混合气或空气的数量减少，充气性下降，从而导致发动机功率下降，使车辆行驶无力、加速变差。有试验证明，当气温由15℃上升到40℃时，发动机的功率下降6%～8%。

4）制动性能变差，行车安全系数降低。制动蹄片及制动鼓或制动盘受高温影响，频繁制动后，易产生热衰退，使制动力很快下降。特别是汽车在山区坡陡、弯急、道窄等情况复杂的条件下行驶，使用制动次数增多，制动摩擦片温度会急剧升高，制动性能变差，使行车安全系数降低。

5）高温下，易产生各种气阻，影响有关系统和机构的正常工作。供油系统受热后，部分燃油以气态形式存于供油管路和油泵中，不仅增大了燃油流动阻力，同时由于气体的可压缩性，使油泵无法输送燃油，导致供油中断，并使喷油器等部件无法喷油。液压制动管路中的制动液，因高温容易沸腾而产生气阻，使制动突然失灵，会导致车毁人亡。

6）发动机易发生自燃或爆燃等不正常燃烧现象，使发动机使用寿命下降。随着大气温度的增高，进入气缸的混合气温度也高，发动机的温度将更高，使窜入气缸中的润滑油在高温缺氧的情况下生成胶质和积炭。积炭黏附于活塞顶部、燃烧室壁、气门顶部和火花塞上，形成炽热点，从而引起发动机炽热点火，便产生自燃或爆燃。

7）发动机点火及电控系统故障。汽车在高温环境中行驶时，因点火线圈过热而使高压火花减弱，容易出现发动机高速断火现象。严重时会烧坏点火线圈及电子器件。环境温度升高，蓄电池的电化学反应加快，电解液蒸发快，极板易损坏，同时易产生过充电现象，影响蓄电池的使用寿命，严重的还会造成电线短路引起汽车起火燃烧。近年来这种事故实在太多，应引起重视。

8）造成发动机排放超标。环境温度变高时发动机排气中CO实际浓度增高，温度高时空气中的氧含量下降，混合气燃烧不完全。HC、NO_x的浓度随气温变化情况与CO相同，受气温升高引起的混合气变化所支配，即气温升高、混合气变浓、HC浓度增大所致。

9）外界气温高，轮胎散热较慢。过热易使气压过高，引起轮胎爆胎。车速越快，轮胎产生的热量越大，越容易发生爆胎。

2. 汽车在高温条件下使用的防护措施

汽车在高温条件下使用时，发动机容易过热，造成充气系数降低、炽热点火和爆燃，还会导致润滑油黏度降低，机件磨损加剧。高温还会使燃料或制动液易于发生气阻，电解液加快蒸发，轮胎易于爆破。针对这些情况，通常采取以下措施：

1）提高冷却系统散热能力。经常检查冷却系统的密封程度、风扇带的张紧度以及冷却液是否加满；清除水垢，必要时采取增加风扇叶片数、提高风扇转速和加装护风圈等措施。

2）进行季节性保养。换用高黏度或含有添加剂的润滑油和耐高温的润滑脂以减少零件磨损；选用高辛烷值汽油，保持发动机正常工作温度，适当推迟点火提前角，及时清除积炭，以防止燃料气阻和爆燃。行车中勿使发动机过热。在发动机过热、散热器“开锅”时，应及时停车降温，且注意不要熄火，防止发动机内部过热而发生拉缸事故。注意机油平面的检查，适当缩短换油周期。在灰尘大的地区，应加强空气滤清器的维护。在条件允许的情况下，对在酷热天连续行驶的车辆，要加装机油散热器和选用优质机油。

在高温地区行驶的汽车，应适当调小充电电流，调整蓄电池电解液密度，保持液面高度和通气孔畅通。点火系统的火花强度也会因气温升高，点火线圈发热而减弱，宜将点火线圈放在空气流通处。

3）选用高沸点制动液以防止制动液发生气阻。经常检查轮胎状况，根据轮胎温度变化适当增加停车降温次数，以防止轮胎爆胎。

4）注意车身维护。漆涂层和电镀层在湿热带地区试验结果表明，漆涂层的主要损坏是老化、褪色、失光、粉化、开裂和起泡等。电镀层的主要损坏是锈斑、脱皮以及锈蚀等。因此，在维修中，应注意喷漆前的除锈和采用耐腐蚀、耐磨性高的涂层，并加强外表养护作业。

高温、强烈的阳光、多尘和多雨均影响驾驶人的劳动强度、行车安全和乘客舒适性。应加装空调设备、遮阳板，或者加强驾驶室、车厢的通风和防漏雨。

3. 捷达轿车在高温条件下使用注意事项

为保证汽车能安全度过炎热的夏季，及时周到的维护与保养很重要。下面就捷达轿车的保养、驾驶与维修注意事项加以说明。

（1）起动前应对下列项目做到心中有数

1）发动机润滑系统夏季保养与机油的量与质的检查。夏季气温高，容易造成机油早期变质，机油对发动机正常工作起决定作用，长期使用劣质机油或已变质机油，轻者油路结胶，引起机油报警；重者会发生拉缸、烧瓦和抱轴等恶性事故。

2）车用燃料的选用。市场调查结果表明现在部分加油站的汽油质量令人担忧。夏季的炎热使劣质汽油中的重质馏分和轻质馏分进一步分离，其不利影响进一步加大，杂质成分中对汽车影响最大的是胶质。汽油燃烧后，由于胶质不能完全燃烧，将积累在燃烧室、气门座和气门弹簧等处，当积累达到一定程度时，将引起汽车起动困难、动力不足、油耗过高和发动机异响等故障。此时如不及时清洗发动机，将会产生气门被胶质挡住而无法闭合，两气门发动机无法起动，五气门发动机可能出现气门顶坏活塞。沈阳等地有关部门已鉴定并处理了几起这样的事故，其处理结果是加油站为用户赔偿了经济损失。其实稍注意一下所用汽油即可避免遭受如此不幸。

3）冷却液选用。这里必须克服一个错误的观念：冬天用防冻液，夏天不用防冻液而用水即可。其实轿车上防冻液严格地讲应称作冷却液。捷达轿车的冷却液除了防冻功能外还有防锈、防腐、防结垢及提高沸点等作用。捷达轿车所用的冷却液只要不缺不漏就无需用户进行保养。

4）制动液。捷达轿车使用DOT4制动液，每2年到特约服务站更换一次即可。平时只要制动液不漏就无需保养。由于制动液成分各不相同所以不能混加，如错加油脂性制动液（日本车型常用），两种制动液很快发生化学反应，3h内制动即失灵。另外选装ABS的捷达轿车换制动液后要对第二回路进行加液排气，需用专用工具和设备，必须到特约服务站进行。

（2）驾驶车辆的注意事项

1）轮胎气压须按说明书要求（250kPa左右）常检查常调整，否则轮胎缺气，容易造成轮胎早期磨损；轮胎气压过高，炎热的夏季可能造成高速行驶时爆胎，其后果不言而喻。

2）行车切不可熄火滑行，这样会产生两种严重后果：一是转向盘被锁死，失去转向能力；二是时间稍长可能产生制动助力器失效，影响制动效果。

3）遇有路边石或类似物，尽可能沿其垂直方向慢速通过，以保护轮胎、轮辋及前轮定位。

4）注意组合仪表上各信号及警报系统：机油报警和冷却液报警须立即停车检测维修；充电指示灯、ABS、防盗器和安全气囊报警可将车开到特约服务站进行检测与维修。

5）电喷车型起动时不要踩加速踏板：电脑会控制起动混合气加浓并实现冷起动多次点火。装三元催化转化器的更不许起动前踩加速踏板。

6）“都市先锋”轿车无法拖动起动：如必须牵引，则必须挂N位，且其自动变速器牵引速度不能超过35km/h，牵引距离不得超过50km，更不能采用后轮离地拖前轮的牵引方法。

7）ABS使用方法：猛踩制动踏板并可自由转向。

8）“都市先锋”轿车在P位或N位才能起动发动机，起步换档前必须先踩制动踏板。

9）对带防盗系统的汽车，随车文件要保管好，内有防盗器密码，需配钥匙时请到特约服务站。

（3）停车后要做的检查项目

1）**变速器的密封**：变速器出厂前都作密封试验，但在使用过程中特别是出租车安装计价器时很容易破坏原密封。另外变速器壳体外还有一个放气孔，上面用塑料盖堵住以防水进入，同时又保证气体流通，其作用是在变速器工作或其他原因使变速器内气体受热膨胀时，通过该孔排出。由于洗车或其他原因该件丢失，会使变速器意外进水。一旦变速器进水，必须立即更换变速器油，并彻底清洁变速器后，重新加入适量的变速器油并检查正常后再行驶。另外值得注意的是若变速器上的放气阀不慎丢失，请与特约服务站联系购买，切不可用其他类似物堵住，这样变速器内会形成高压而破坏油封。

2）车上各橡胶防护套是否老化。如老化应及时更换以免损坏总成。

3）炎热的夏季汽车长期行驶，蓄电池内电解液水分蒸发较快，请注意及时补充。雨季蓄电池极柱容易被腐蚀造成接触不良，当腐蚀发生后用热水浇，即可除去腐蚀物，再涂上润滑脂油即可防止腐蚀的发生。

4）“都市先锋”轿车装备自动变速器，高速行驶后慢速行驶2min，让自动变速器油冷却再停车熄火。奥迪带涡轮增压器的车型，涡轮增压器最好也要有冷却过程。

5）装备防盗器（Imobilizer）的车型，请确认防盗器指示灯开始闪烁并锁好车门后方可离开，因为防盗器控制发动机电脑、点火系统和起动系统而不控制车门。

（4）捷达轿车一般定期保养规范

1）每7000km更换机油滤芯、机油；检查调整怠速转速及CO含量，必要时清洗化油器。

2）每1.5万km更换或清洗空气滤芯，化油器车型换汽油滤芯；检查变速器油量。

3）每3万km更换电子喷射车型燃油滤清器；更换火花塞；更换V带。

4）每两年更换制动液。

5）都市先锋最迟6万km更换自动变速器油，具体里程视其使用情况而定。推荐里程：出租车为3万km；公务车为5万km。

6）捷达王、奥迪1.8T及奥迪C5等轿车的每缸五气门发动机每10万km更换发动机正时齿带，以提高保险系数，防止正时带跳齿或断裂，使正时错乱，活塞顶到气门，造成发动机严重损坏。

3.1.4　汽车在山区或高原条件下的使用

1. 汽车在山区或高原条件下使用的特征

在我国，山区和高原公路约占全国总公路的40%。汽车在高原地区行驶，由于海拔高、气压低、空气稀薄，发动机充气量下降，混合气变浓，导致发动机动力性和燃料经济性下降。

海拔每上升1000m，发动机功率和转矩分别下降12%和11%左右。汽车发动机功率、转矩与海拔的关系，如图3-4所示。

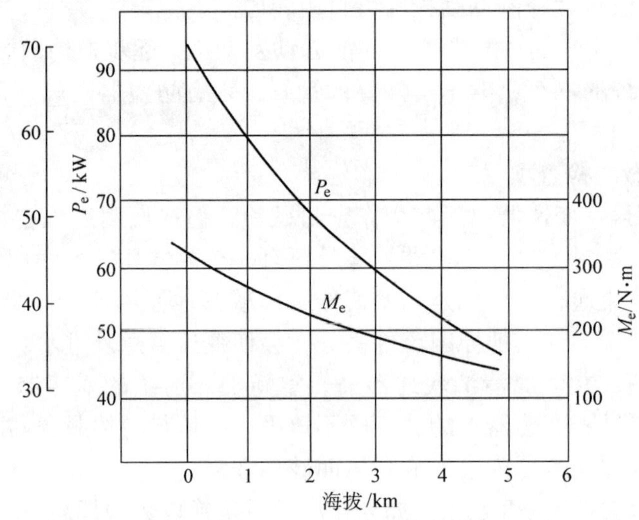

图3-4　汽车发动机功率、转矩与海拔的关系

随着海拔的增加，大气压力降低，进气歧管真空度下降，在原节气门开度下则进气量不足，使发动机的转速下降。同时，由于混合气过浓，发动机怠速稳定性差，如图3-5所示，海拔每增高1000m，怠速转速降低50r/min。

在高原行驶的汽车，由于空气密度下降，充气量将明显降低。随着海拔的增加，空燃比变小，混合气变浓，如不能进行修正，会使发动机油耗增大。电子控制燃油喷射发动机的控制单元可对空气状况（大气压力）进行修正。海拔对排气污染物的生成也有影响。由于海拔影响发动机的空燃比，空燃比的变化又导致排气成分浓度的改变，从而影响有害物质的排放量。海拔与发动机排气中的CO、HC和NO_x的关系如图3-6所示，CO和HC排放浓度随海拔升高而增大，而NO_x的排放浓度则有所下降。

另外，由于山区地形复杂，经常会遇到上坡、下坡、路窄、弯多等问题，所以影响山区

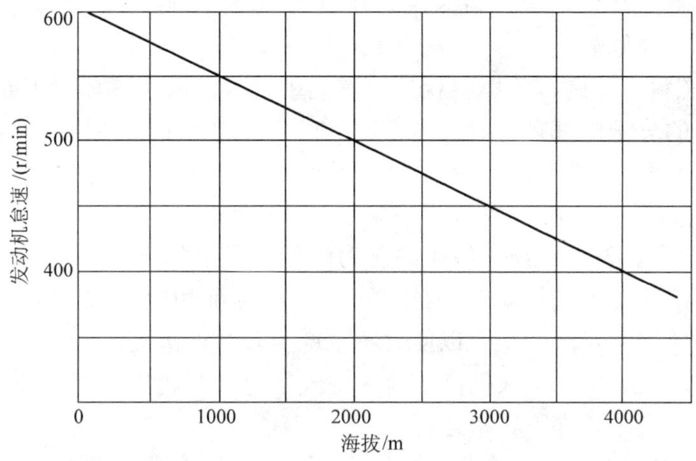

图 3-5 海拔与发动机怠速的关系

行驶安全的主要问题是汽车制动性能。在山区行驶，汽车需要经常制动减速，因此制动系统的使用特点是制动频繁，致使摩擦衬片和制动鼓（盘）经常处于发热状态。下长坡时，制动蹄摩擦衬片温度可达 400℃ 左右。在这种情况下，摩擦衬片的摩擦因数急剧下降，严重时可能出现制动失效。此外，由于摩擦衬片连续高温，磨损加剧并常有碎裂现象。

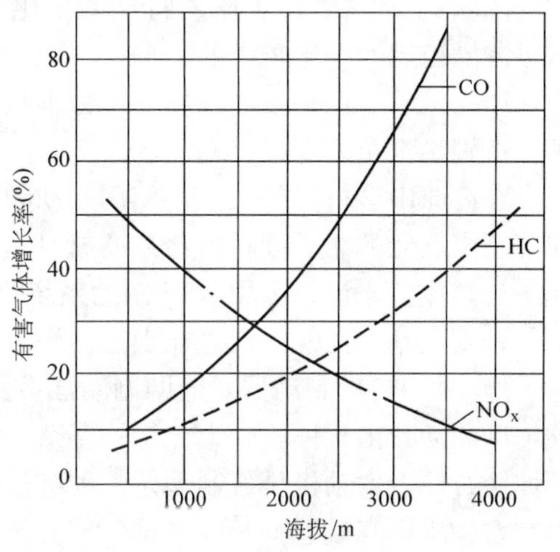

图 3-6 海拔与发动机排气中的 CO、HC 和 NO_x 的关系

2. 汽车在山区或高原条件下使用的措施

针对以上这些情况应采取以下措施：

1）提高发动机的压缩比：提高发动机的压缩比可以提高它的热效率，以增加功率，降低油耗，但压缩比的提高受到爆燃的限制。为此可采用改进燃烧室形状、火花塞位置等措施，以减少爆燃倾向。提高压缩比，不仅可以提高压缩终了气缸内的温度与压力，加快燃烧速率，改善燃烧过程，减少热损失，而且可采用较稀的混合气，从而提高了发动机的动力性和燃料经济性。

2）合理选择配气相位可以提高发动机的充气系数，改善发动机的动力性和燃油经济性。配气相位的确定，应与发动机的实际转速范围相适应。发动机的转速不同，进、排气门开闭角对气流惯性的影响也不同，因而进、排气门开闭的最有利的角度应随之变化。在进、排气门开闭的 4 个时期中，进气迟闭角和排气提前角影响最大。进气迟闭角是利用气流惯性提高充气系数，在一定的气流惯性下，对应着一个最佳迟闭角。进气迟闭角减少能提高低转速下的充气系数，改善发动机低速范围的动力性与燃油经济性；反之，进气迟闭角增大，对经常处于高速运转的发动机有利。

3）采用增压装置：柴油机不会发生爆燃限制，可使用增压装置以提高充气量，改善发动机的动力性和燃料经济性。汽油机采用增压装置虽然受到一定限制，但在高原地区使用时，也可提高功率，降低油耗。

4）**采用含氧燃料**：所谓含氧燃料就是在汽油中掺入乙醇、丙酮及其他含氧化合物。掺入的这些含氧燃料的分子中都含有氧，在燃烧过程中，理论上必要的空气量减少，从而补偿了因气压低而产生的充气量不足的问题。试验表明：采用含氧较高的燃料其相对效能随海拔的增加而提高。

5）随着海拔升高，发动机压缩终了的压力降低，火焰的传播速度减慢，而空气稀薄又使分电器的真空提前装置受到影响。为此，可将点火提前角略微提前1°~2°，还可以适当地调整火花塞和断电器触点的间隙，以使火花塞产生较强的火花。

6）现代汽车发动机ECU会根据高原地区空气稀薄，空燃比大小，进行自我修正，保持最佳的空燃比，满足高原条件下正常运行。

7）在山区行驶的汽车制动安全性主要存在两个方面的问题，即前轮失去转向能力和后轮侧滑。前者容易发生在坡道、湿路面和超载的情况下；后者容易发生在平路，干路面和空载的情况下。这两个问题造成了汽车前后制动力分配比例上的突出矛盾：第一种情况须防止前轮制动抱死；而第二种情况须防止后轮抱死或提前抱死（后轮比前轮提前抱死超过一定时间间隔）。此外，路面附着特性的变化（山区公路常见现象），道路曲率的变化等也会对汽车制动稳定性产生较大的影响。气压制动在山区使用时，特别是高原山区，因空气稀薄，空气压缩机的生产率下降，供气压力不足，再加上制动次数多，耗气量大，往往不能保证汽车，特别是汽车列车的可靠制动。

在高原山区行驶的汽车，使用制动频繁，制动器因摩擦而生热，使制动系统温度升高。如使用沸点低的制动液，还会在高温时由于制动液的蒸发而产生气阻，引起制动失灵。

从总体上来说，采用ABS制动系统可以提高车辆制动的操纵稳定性，提高汽车在山区的行驶安全性。此外，汽车在山区使用条件下，解决制动问题的途径如下：

1）采用辅助制动器。辅助制动器主要有电涡流、液体涡流和发动机排气制动器。前两种辅助制动器由于体积较大，结构复杂，多用于山区或矿用的重型汽车上，又称电力或液力下坡缓行器。发动机排气制动是一种有效而简便的措施。它是在一般发动机制动的基础上，再在发动机排气歧管上装一个排气节流阀，当使用排气制动时，切断发动机的燃料供给，关闭排气节流阀，达到降低车速制动汽车的目的。排气制动也属于缓行制动装置，多用在重型汽车上。排气制动可保证各车轮制动均匀，制动功率可达发动机有效功率的80%~90%。

2）采用大范围可调制动比例阀。现有的比例阀主要用于防止后轮制动抱死，不能解决前轮制动抱死问题，而一些进口矿用车的前轮制动减压阀，又只能用于防止前轮抱死，而且以上两类阀一般都是固定比例的，不适用于制动工况变化很大的山区情况，因此有必要采用一种从前轮制动减压到后轮制动减压的大范围可调制动比例阀。

3.1.5　汽车在坏路或无路条件下的使用

1. 汽车在坏路或无路条件下使用的特征

坏路或无路主要是指土路、冰雪泥泞道路或松软的土路和流沙地面。在坏路和无路条件下，汽车驱动轮与路面的附着力减少，车轮的滚动阻力增大，突出的障碍物也会影响汽车的通过，从而使汽车的牵引-附着条件恶化。汽车在松软的土路上行驶时，支撑路面将出现残

余变形，车轮在路面上形成车辙，滚动阻力增大。汽车在泥泞而松软的土路上行驶时，常因附着系数低，引起驱动轮打滑，使汽车无法通过。汽车在土路上的附着系数与土壤的性能状况、轮胎花纹和气压、汽车驱动轴上的负荷及汽车的行驶速度有关。

附着程度的好坏主要取决于轮胎与路面的接触处变形后的相互摩擦情况。在干燥平坦的土路上，附着系数约为0.5~0.6。在不平整的低级道路上，由于减少了轮胎与路面的接触面积，附着系数下降。而当路面潮湿或泥泞时，其表面坑洼都被泥浆填满，阻碍了轮胎与路面间的接触，致使附着系数降低到0.3~0.4或更低。

轮胎花纹和轮胎气压对附着系数的影响较大。越野花纹轮胎与路面附着力大，附着系数大，适应于坏路或无路上使用。轮胎气压低，轮胎与路面的接触面积大，单位压力减少，增加了轮胎与路面的附着。

沙路的特点是表面松散，受压后变形大，轮胎花纹嵌入砂土后，因砂土的抗剪切能力差，抓着力小，附着系数降低，同时车轮的滚动阻力增大。干砂路和流沙地容易使汽车打滑，特别是在流沙地上，汽车车轮的滚动阻力系数为0.15~0.30或更大，而驱动轮由于附着系数小而空转，影响汽车通过性能。

2. 汽车在坏路或无路条件下使用的措施

针对以上这些情况，通常采取以下措施：

1）提高车轮与地面的附着力，防止车轮滑转。最有效的措施是在车轮上安装防滑链。由于防滑链较重，而且拆装不方便，一般只在较长的冰雪道路上使用。如果坏路或无路地带不长时，可使用容易拆装的防滑块或防滑带。另外，轮胎气压减少后，轮胎与路面的接触面积增大，单位压力减少，致使车轮的滚动阻力减少，并改善了附着条件。轮胎气压降低后，轮胎变形增大，使用寿命降低，因此不能使轮胎长期处于低气压工作。

2）使用具有高通过性能的越野汽车。利用带有绞盘或加装绞盘的自救汽车也可以克服短距离的坏路或无路地带。自救汽车陷入泥泞中可以利用绞盘自己绞出。

3）选用越野花纹轮胎以提高汽车的通过性。越野花纹轮胎的花纹沟槽深，凸出面积小，与路面附着力大，宜于在泥雪地或松软地面上行驶。轮胎胎面花纹可分为普通花纹、越野花纹和混合花纹，即纵向花纹、横向花纹和纵横混合花纹。越野花纹轮胎特点为：花纹横向排列，花纹沟槽深，凸出面积小，与地面抓着力大，抗刺扎和耐磨性好，适合在坏路和无路条件下使用。

4）驾驶方法对提高汽车的通过性也有很大作用。如汽车通过砂地、泥泞土路和雪地等松软路面时，应降低车速（低速档），以保证有较大的牵引力，同时减少了车轮对土壤的剪切和车轮陷入程度，提高了附着力。除降低车速外，还应避免换档和加速并尽量保持直线行驶，因为转弯会使前后轮辙不重合而增加滚动阻力。

3.2　汽车主要部件行驶途中应急使用方法

汽车应急维修是针对汽车在行驶途中发生故障时所采用的一种临时性补救措施，因此在车辆到达目的地就应按照正常要求进行修理，以防发生更大的故障和发生事故。

由于对车辆日常维护保养不够，车辆在行驶途中会突然出现一些故障，例如，前轮突然发摆、后桥突然发响等。如果不能及早发现及时检查而消除隐患，轻者使机件早期损坏，重者还会发生车辆事故。但能否及时准确地判断这些故障现象，还受车辆运行中的振动、颠簸及驾驶人的技术水平高低的影响。汽车维修专家总结出用看、听、闻和手感4种方法来及时、准确地判断故障发生部位并消除隐患的方法，是驾驶人较容易掌握的，现介绍如下。

（1）看：对仪表上突然出现的异常情况的判断

表3-1所示为仪表台上指示灯异常说明及处理。

表3-1　仪表指示灯使用说明

仪表指示灯	异常说明
	驻车指示灯—驻车制动手柄（俗称手刹）拉起时，该灯点亮。驻车制动手柄被放下时，该指示灯自动熄灭。在有的车型上，制动液不足时此灯会亮
	蓄电池指示灯——显示蓄电池工作状态的指示灯。接通电源后该灯亮起，发动机起动后熄灭；如果该灯不亮或长亮不灭，则应立即检查蓄电池、发电机及电路
	制动盘指示灯——显示制动盘片磨损情况的指示灯。正常情况下此灯熄灭；该灯点亮时，是提示车主应及时更换制动片，修复后熄灭
	机油指示灯——显示发动机机油压力的指示灯。该灯亮起时表示润滑系统失去压力，可能有渗漏，此时须立即停车关闭发动机进行检查
	冷却液温度指示灯——显示发动机冷却液温度过高的指示灯。此灯点亮报警时，应即时停车并关闭发动机，待冷却至正常温度后再继续行驶
	安全气囊指示灯——显示安全气囊工作状态的指示灯。接通电源后该灯点亮，约3～4s后熄灭，表示系统正常；不亮或长亮则表示系统存在故障
ABS	ABS指示灯——接通电源后点亮，约3～4s后熄灭，表示系统正常；该灯不亮或长亮则说明系统有故障，此时可以继续低速行驶，但应避免紧急制动
CHECK	发动机自检灯——发动机工作状态的指示灯。接通电源后点亮，约3～4s后熄灭，发动机正常；该灯不亮或长亮则说明发动机有故障，须及时进行检修
	燃油指示灯——提示燃油不足的指示灯。该灯亮起时，表示燃油即将耗尽。一般从该灯亮起到燃油耗尽之前，车辆还能行驶50km左右
	车门状态指示灯——显示车门是否完全关闭的指示灯。车门打开或未能关闭时，相应的指示灯亮起，提示车主车门未关好，车门关闭后熄灭
	清洗液指示灯——显示风窗玻璃清洗液存量的指示灯。如果清洗液即将耗尽，该灯点亮，以提示车主及时添加清洗液；添加清洁液后，指示灯熄灭
EPC	电子节气门指示灯——多见于大众公司的车型中。车辆开始自检时，EPC灯会点亮数秒，随后熄灭；出现故障时该灯会亮起，应及时进行检修

（续）

仪表指示灯	异常说明
	前后雾灯指示灯——该指示灯是用来显示前后雾灯的工作状况。前后雾灯接通时，两灯点亮。图中左侧的是前雾灯显示，右侧为后雾灯显示
	转向指示灯——转向灯亮时，相应的转向灯按一定频率闪烁。按下警告灯按键时，两灯同时亮起；转向灯熄灭后，指示灯自动熄灭
	远光指示灯——显示前照灯是否处于远光状态。通常情况下，该指示灯为熄灭状态。在远光灯接通和使用远光灯瞬间点亮功能时亮起
	安全带指示灯——显示安全带状态的指示灯。按照车型不同，灯会亮起数秒进行提示，或者直到系好安全带才熄灭，有的车还会有声音提示
O/D OFF	O/D 档指示灯——O/D 档指示灯用来显示自动档的 O/D 档（Over-Drive）超速档的工作状态。当 O/D 档指示灯闪亮时，说明 O/D 档已锁止
	内循环指示灯——该指示灯是用来显示车辆空调系统的工作状态，平时为熄灭状态。当打开内循环按钮，车辆关闭外循环时，该指示灯自动点亮
	示宽指示灯——示宽指示灯是用来显示车辆示宽灯的工作状态，平时为熄灭状态。当示宽灯打开时，该指示灯随即点亮
VSC	VSC 指示灯——该指示灯是用来显示车辆 VSC（电子车身稳定）系统的工作状态，多出现在日系车上。当该指示灯点亮时，说明 VSC 系统已被关闭
	TCS 指示灯——该指示灯是用来显示车辆 TCS（牵引力控制系统）的工作状态，多出现在日系车上。当该指示灯点亮时，说明 TCS 已被关闭

（2）闻：对异常气味情况的判断

1）橡胶煳味。这种气味最容易分辨。出现这种气味首先要检查传动带、制动蹄片及轮胎，看看这些部位的橡胶制品是否松弛打滑或者过热。如果查明是制动器或轮胎发出的气味时，应立即熄火停车，等冷却后再行驶。

2）塑料煳味。这种情况大多是电器的线路过热所致。由于电线的胶皮较薄，所以气味不是很大。但当电线短路时，多伴有局部冒烟或发热的现象，时间长了，容易引起燃烧，引发火灾。电线过热现象一经发现必须马上停车找出原因！别看电线烧损的气味不大，但危险指数却是非常高的。一般情况下，夏季发生电线温度过高的情况会更多，如果没及时发现，很容易造成电路彻底损坏、发动机“拉缸”，甚至整车自燃等现象。

3）浓浓焦煳味。在行车过程中如果闻到非金属材料烧煳的特殊气味，一般是由离合器摩擦片烧损或过热造成的。这种煳味中还会夹杂着焦臭味，因为离合器片的材质是由橡胶和石棉等多种材料复合而成。

如果离合器使用起来很正常，也没有明显的难挂档或起步困难的情况，并且下车闻到的气味来自车的后部，那么就要检查后制动系统有无过热现象了。有些粗心的车主在拉着驻车制动手柄的情况下强行行驶，这会让后制动片抱死，也会产生焦煳的味道。

4）未燃烧汽油味。如果在车厢内总能闻到未燃烧的汽油味，那就应该引起高度重视。首先确定漏油的部位和程度后才能再次上路行驶。

车辆经过长期使用，输油管路都会发生老化龟裂，燃油会从这些部位渗漏出来，因此，当闻到汽油味时，应立即熄火停车，掐灭香烟等明火，彻底检查油路。

5）烧机油味。除了能闻到呛人的气味外，排气管还会冒出蓝烟。这可能是由于缸筒的内壁磨损严重或活塞磨损严重，机油窜入发动机燃烧室造成的，也可能是气门磨损严重或者是因为密封材料老化，机油滴到发动机或排气管上，在高温的情况下，也会散发出难闻的气味。

6）蓄电池臭味。这种情况大多是由电解液泄漏或亏损造成的。这种现象多发生在湿式蓄电池上，因为该种蓄电池需要由电解液来完成电能的储存和转化，但当电解液泄漏时就会产生一种刺鼻的味道。同时，如果电解液消耗过多或亏损，则汽车发电机会向蓄电池强行充电，这时会使蓄电池充电过热而冒白烟，气味更加难闻。发现这种问题时，应当及时补充电解液，并给蓄电池充电。

（3）手感：对转向装置异常情况的判断　在行车途中，常见的转向装置的突然异常情况有以下3个方面：

1）当手突然慢慢感觉到行驶方向有自动跑偏现象时，则可能是前轮轮胎有被扎或慢跑气现象，须尽早停车检查，防止制动时跑偏，发生事故。

2）当手突然感觉到转向盘有严重的抖动现象时，则可能是车轮轴头轴承严重松旷造成的，应立即停车检查，防止轴承锁紧螺母脱落，发生事故。

3）当手突然感觉转向盘游动间隙过大，打转向盘又不易打过来时，则可能是转向装置中的连接部分，如球头销、直拉杆等松旷严重造成的，必须引起重视，及时停车检查，以防转向失灵，发生严重事故。

（4）听：对突然异常声响情况的判断

在行车途中，突然听到有以下几种异常声响时，应立即停车检查，防止损坏机件和发生车辆事故。

1）当突然听到前轮有“咯吱”、“咯吱”的金属碰擦声响时，则可能是前轮某个轮轴承破碎或烧坏造成的声响。

2）当听到驾驶室下面有“吱吱”、“吱吱”的声响时，则可能是变速器缺油后造成第1轴和第2轴的轴承响。

3）当听到驾驶室后面有“哗啦”、“哗啦”或“咣当”、“咣当”的声响时，则可能是后轮某一个轮胎跑气后造成的轮胎钢圈和锁圈响。

4）当听到后桥突然发出“嗡嗡”和“啦啦”，以及“咯噔”、“咯噔”的声响时，则可能是后桥缺油造成的主减速器轴承响和主被动齿轮干摩擦响，以及主减速器齿轮断齿造成的响声。

3.2.1　发动机的应急使用方法

发动机能正常起动必须具备3个要素：压缩、火花和可燃混合气。如果某一要素工作异

常便会引起发动机不能起动或起动困难。起动故障一般表现为不能起动和起动困难，其中起动困难又分为冷起动困难和热起动困难。

1. 发动机不能起动

（1）发动机不能起动的原因

1）冲洗过发动机，造成分电器、点火模块、火花塞、高压线等进水受潮。

2）火花塞损坏。

3）蓄电池电压不足。

4）惯性开关断开。

（2）发动机不能起动的预防和解决措施

1）避免直接冲洗发动机。

2）定期检查、调整或更换火花塞。

3）到指定服务站检查、更换损坏件。

4）给蓄电池充电。

5）按下惯性开关，恢复电路。

2. 换档时发动机熄火

（1）换档时发动机熄火的原因

1）怠速过低。

2）怠速截止阀未拧紧。

3）档位过高。

4）油气分离器出现漏气。

（2）换档时发动机熄火的预防和解决措施

1）调整怠速到正常转速。

2）检查怠速截止阀是否拧紧，插头是否插紧。

3）换入较低档位。

4）到指定的服务站清洗油气分离器。

3. 发动机不能起动且无着火征兆，一般是由于燃油没有喷射引起的

（1）转速信号系统故障　发动机转速和曲轴位置传感器在发动机工作时检测其转速信号、提供曲轴位置信号，并作为控制系统进行各项控制的主要依据和基础。如果传感器或其线路出现故障，电控单元不能接收到转速信号和曲轴位置信号，就无法正确地控制燃油喷射和点火正时，就会出现喷油器不动作、火花塞不跳火的现象。用听诊器和正时灯进行检查，便可确认喷油器和火花塞是否工作。

出现上述故障时，一般自诊断系统可显示出故障码，应对转速传感器和凸轮轴位置传感器及其线路进行全面检查。首先断开各传感器的接线器，检查它们的电阻，如阻值不正常，则须更换；如正常，再检查 ECU 与各传感器的配线和接线器是否正常。

（2）燃油泵及控制电路故障　如果燃油泵或控制电路出现故障，也会造成供油系统没有燃油压力。即使喷油器工作正常，燃油也不能正常喷射。检查方法是：用跨接线连接诊断端子 +B 和 FP，然后接通点火开关（不起动），检查进油软管中有无压力。如果软管中有压力且可听到回油声，说明燃油泵本身没有问题；否则，应检查燃油泵，可用万用表测量端子之间的电阻，如与规定不符，则需更换燃油泵。如果燃油泵工作正常，则应检查其控制电路，主要包括熔丝、EFI主继电器、燃油泵继电器、电阻器以及各配线和接线器。

（3）燃油压力调节器故障 供油系统的燃油压力对混合气浓度有直接的影响，因此首先应检查燃油压力。方法是：先将燃油压力表接入燃油管路中，然后起动发动机，测量燃油压力。如果燃油压力过高，则应更换压力调节器；燃油压力过低时，可夹住回油软管，若燃油压力上升到正常值，说明燃油压力调节器损坏，否则可检查燃油泵和燃油滤清器。停机后检查燃油压力应保持在规定值，否则说明喷油器渗漏，导致混合气过浓。

（4）燃油泵及燃油滤清器故障 起动困难时，一般是燃油泵能正常工作，其问题多是燃油泵滤网堵塞致使燃油泵不能足量吸入燃油或燃油滤清器不畅通引起供油系统压力不足。

（5）冷起动系统故障 在有些车型中设有冷起动喷油器，在冷起动时将混合气加浓以改善冷起动性能。冷起动喷油器由起动开关和热敏时控开关控制，喷油持续时间取决于热敏时控开关加热线圈电流和冷却液的温度。

对以上故障的诊断应遵循先电后机、先简后繁的原则进行。电喷车之所以会出现冷起动故障，原因多为进气门背部、进气歧管内积炭过多，喷油器内部杂质过多。以上故障若发生在新车上，如行驶里程在6万km以内的车，建议用户在车辆每行驶2万~3万km时进行发动机免拆清洗。另外，发动机在完成免拆清洗后，应以较高的车速80km/h以上行驶20km以上，以使熔化的胶质和积炭在高温下燃烧从尾气排出。若做完免拆清洗后车辆放置到第二天早上再发动，气门被熔化的胶质粘连，起动更困难或发动机怠速更加抖动，也就是俗称的“粘气门”现象。一旦出现了这种现象，还需重新进行免拆清洗。

4. 火花塞使用维护和应急维修

凡是汽油发动机上都有火花塞，一缸一个，个别的高速汽油发动机每缸还装有2个火花塞。火花塞是将点火能量传输到燃烧室，通过电极之间的电火花引发混合气燃烧。火花塞的工作环境极为恶劣，火花塞必须适应温度、压力的高频率急剧变化，保持良好的绝缘性能和机械强度，且自身不漏气、不过热，因此对火花塞材料的要求十分苛刻。造成火花塞工作不良的原因有：

1）火花塞间隙调整不当。间隙太小，不仅限制了火花与混合气的接触面积，而且由于电极的“消焰”作用，又抑制了火焰核的成长，尽管跳了火，但火花微弱，混合气着火困难；间隙过大，点火系统提供的点火电压可能不足，无法跳火。

2）火花塞电极表面附着一层油膜。这是润滑油和汽油控制不当所造成的。火花塞积存的机油，一般是由气门导管或活塞与气缸壁之间的间隙中窜入的（磨损过限，配合间隙过大而窜入机油）。火花塞积存的汽油，是混合气过浓引起的。火花塞上无论是积存汽油、机油或水时，都有可能使电极断路而不跳火。

3）绝缘体裙部裂损。高压电流从裂处击穿漏电，致使电极处不跳火。

4）绝缘体裙部积炭。中心电极向周围漏电而不向侧电极跳火。

5）电极损坏。火花塞电极受电火花的长时间电蚀或燃烧气体的化学腐蚀，会导致电极断损、脱落而无法跳火。

6）绝缘体电阻太低。这种现象会削弱加到火花间隙上的电点火电压值，使火花变弱，甚至完全失去点火功能。

7）高压电线短路。如点火线圈至分电器一段高压点火导线漏电（短路），则整个发动机无法起动；或分电器至火花塞一段漏电（短路），则一个缸的火花塞不跳火。

8）白金触点或点火器烧蚀。这样将导致全部火花塞不跳火，发动机无法起动和正常运转。

9）电容器绝缘击穿短路，工作失效。电容器失效会使分电器不能正常工作，白金触点产生火花，引起火花塞不跳火，发动机起动困难。

10）点火线圈损坏。常采用就车检测法，将发动机怠速运转，逐缸断火，可发现不跳火的火花塞，或拆下火花塞放在缸盖上，用端头对火花塞接线螺杆接触进行试火，有无强烈跳火现象，即可判断点火线圈是否损坏；也可用手触摸绝缘体有无明显比其他火花塞温度低，即可确定是否工作不良；拆下火花塞观察其表面颜色及电极积炭和技术状况，即可确定其有无故障。

为减少汽车途中故障对火花塞的使用要注意以下几点：

1）忌长期不清洁积炭。火花塞在使用中，其电极及绝缘体裙部会有正常的积炭产生。如果这些积炭长期不予清洁，会越积越多，导致漏电甚至不跳火。所以应定期（一般 3000～5000km）消除积炭，不要等火花塞不工作时才进行清洁。

2）忌长期使用。火花塞因自身结构及材料的不同，都有自己的经济寿命。如果超过经济寿命后仍然使用，将不利于发动机的动力性和经济性的发挥。有研究表明，随着火花塞使用期的延长，其中心电极端面会成弧形状变化，侧电极则向凹弧形状变化，这种形状将使电极间隙增大，放电困难，影响发动机正常工作。

3）忌随意除垢。有些人在对发动机喷银粉或进行其他维护时，不注意火花塞外表的清洁，致使火花塞因外表脏污而漏电。清洁外表时，不可图方便，快捷使用砂纸、金属片除垢，而应把火花塞侵入汽油中，用毛刷予以消除，以确保火花塞绝缘体外表不受损伤。

4）忌火烧。现实中，有些人常常用火烧的办法来消除火花塞电极及绝缘体裙部的积炭和油污，这种方法十分有害，因为火烧时温度难以控制，很容易将绝缘体裙部烧裂，造成火花塞漏电，而且火烧后产生的细小裂纹往往不宜发现，给排除故障带来很大麻烦。火花塞上的积炭和油污的正确处理方法是用溶液清洁，将火花塞放入乙醇或汽油中浸泡一定的时间，当积炭软化后再用毛刷刷净晾干。

5）忌冷热不分。火花塞除了外形不同、尺寸各异外，还分为冷型、中型和热型 3 种。一般高压缩比、高转速的发动机宜用冷型火花塞，而低压缩比、低转速的发动机宜用热型火花塞，介于两者之间的还有中型火花塞。此外，新发动机或大修过的发动机与旧发动机的火花塞选型有所不同。

6）忌误诊错断。更换新的火花塞或怀疑其有故障需要检查时，应当在汽车正常运行一段以后，停车熄火拆下火花塞观察其电极颜色特征，可有以下几种情况：中心电极呈红褐色，侧电极及四周呈青灰色，为火花塞选型合适；电极间有烧蚀或烧熔现象，绝缘体裙部呈灼白状态，说明火花塞选型过热；电极间及绝缘体裙部有黑色条纹，说明火花塞已经漏气。火花塞选型不当或漏气应重新选择合适的火花塞。

7）忌安装过紧。火花塞安装时一定要用符合规定的力矩，用专用工具（火花塞套筒）安装时一般不会超过。但若用力过大、过猛或用梅花扳手安装时，则常常会损伤火花塞绝缘体或使螺钉滑扣、膨胀槽断裂而导致火花塞报废，但也不可安装过松，否则会造成漏气、发火端过热，发动机工作不正常。

5. 发动机散热器的软管在长时间使用后会老化，容易破裂

如果散热器进水软管在行车过程中破裂，喷溅出来的高温水会形成大团水蒸气从发动机盖下喷出。发现这种现象应立即寻找安全场所停车，然后采取紧急措施解决。

一般情况下，散热器进水软管的接头处最容易产生裂口而漏水，这时可以用剪刀剪掉损坏的部位，然后将软管再重新插到散热器进水口接头上，并用卡子或铁丝卡紧。如果裂口是在软管的中段，则可以用胶布缠扎漏水裂口。缠扎前先将软管擦干净，等漏水部位干燥后，将胶布缠扎在软管漏水处。由于发动机工作时软管内的水压较高，因此应尽量将胶布缠紧。

如果手头没有胶布，还可以先将塑料纸缠在裂口上，然后用旧布剪成条状缠在软管上。有时软管裂口较大，缠扎后仍可能漏水，这时可将散热器盖打开，降低水道内的压力，以减少泄漏。

采取以上措施后，发动机转速不能太高，要尽量挂高档行驶，行驶中还要经常注意冷却液温度表的指针位置，如果发现冷却液温度过高时要停车降温或补充冷却液。另外，就是要尽快去修理厂更换新的软管。

6. 冷却液温度过高

气温的升高使得许多轿车在其他季节不常发生的故障变得经常起来。如散热器“开锅”、冷却液温度居高不下就是在夏季经常会遇到的麻烦。

（1）冷却液温度升高，但没有蒸气或冷却液从散热器中溢出　这种情况一般是由于发动机超负荷行驶造成的，此时应关闭空调，减少发动机的负荷。如果在行驶中则应将档位推到最高档，以降低发动机的转速。此外，电子扇故障、发动机混合气过稀、点火时间过迟、离合器打滑以及汽车长时间顺风行驶均会出现冷却液温度过高的现象。

（2）冷却液或蒸气自散热器盖口或副散热器中沸腾溢出　这种情况通常是由于冷却系统故障引起的，最常见的原因是缺少冷却液。遇到这样的情况时，首先应该停车，但不关闭点火开关，让发动机继续运转，利用风扇冷却，待发动机冷却后再关闭点火开关，用布盖住散热器盖，缓缓将其打开，尽量将身体及头部远离发动机，以防热水喷出烫伤人。如缺少冷却液，则应加注冷却液，冷却液应尽量选用软水，最好不要使用井水、硬水，防止在散热系统内形成水垢影响散热。之后，再进行其他的检查。

检查发动机的传动带是否断裂或有明显的松动，检查散热器或冷却系统是否渗漏，如果膨胀冰箱中冷却液不足或管路有轻微渗漏，则应补充冷却液至标准液面，然后检查冷却系统水垢状况。按随车手册中规定的量加入冷却液，如果有剩余则说明冷却液的容积被水垢所占据，水垢过多会大大降低发动机的冷却效率，此时应该加入水垢清洁剂，清除水垢后再加入冷却液。

检查节温器，打开散热器盖，观察液面，如在低温下液面有滚动现象则说明节温器卡在半打开状态；如果发动机过热，液面依然平静，则表明节温器完全卡在关闭状态，而只有小循环状态；若触摸散热器，明显感觉到温度低于机体温度，这种情况说明节温器完全失效，此时如无备件，可将节温器暂时拆除，并且堵死小循环管道后继续行驶，到达目的地后立即送厂修理。

检查散热器，如果进出水管破裂，可将肥皂涂在布上，绑扎在漏水处，起到止漏的作用。如果进出水管发生老化、凹瘪，影响进出水流量，则可用铁丝绕成圈状伸入管内进行支撑。如果散热器连接软管破裂应当及时更换。如果散热器漏水轻微，可以用肥皂涂抹堵漏，

如果漏孔较大，可用棉花、棉纱塞住漏孔，也可以使用化学堵漏剂进行堵漏。

7. 风扇传动带断

风扇传动带一般都是使用 A 型的 V 带，因为是比较细的橡胶制品，很容易磨损、断裂，所以，风扇传动带是行车必带的备用品。可实际上由于补充不及时或者其他原因，经常在车上留有备用风扇传动带的人并不多，故在公路上时常可以见到因风扇传动带断裂没有备用品，导致发动机过热而抛锚的汽车。

风扇传动带主要是连接曲轴传动带盘、水泵传动带盘及发电机传动带盘，目的是以曲轴的动力带动冷却系统的水泵、风叶及充电用的发电机。很明显，如果风扇传动带断裂，气缸体内的冷却液即刻会停止循环，气缸外表及散热器也因缺少风扇的冷却，会引起发动机过热。同时，发电机停止运转，蓄电池无法补充电流，汽车行驶不了多久就会因蓄电池无电导致发动机无法点火而停止运转。要是夜间行驶，加上开灯所耗用的许多电，汽车行驶距离会更短。因此，没有风扇传动带，汽车是无法继续行驶的。

不过，通常风扇传动带不是一下子就突然断掉，大多数情况是因久未调整松弛而先磨破橡胶部分，开裂的传动带致使传动带从传动带盘上脱离下来，所以，如能及早检查不难发现。但很多人此时往往忽略了检查，以为风扇传动带是在转动中不小心脱落的，装上后继续前进，结果使风扇传动带裂痕越来越深，最终彻底断开，无法继续前进。

在驾车外出远行时，如果发现风扇传动带已经磨破，可以用女式尼龙丝袜将破裂的部分扎紧，风扇传动带就不容易脱离传动带盘上的传动带沟，暂时不会断掉，维持一段距离，确保车可以到家。万一发现的比较晚，在路途上风扇传动带就已经断掉，就会马上停止充电，充电警告灯会亮。这时，应该立即停车，否则很快就会导致发动机过热，无法继续行驶。断掉的风扇传动带上面印有尺寸，附近一时找不到汽车修理门市部，可以拿着原来的风扇传动带，按照上面标明的尺寸，到五金商店去购买。如果买不到，也可以想办法买或借一双女式尼龙丝袜，将曲轴、水泵、发电机 3 个传动带盘绕起来，尽量拉紧打个死结，并将剩余部分剪掉。采取这个办法，只要行驶速度不是很快，可以保证你能安全将车开回去。

假如不是夜间行车，离目的地又不是很远，只需连接曲轴与水泵的传动带盘就可以了，以减轻负荷，同时，两个轮子较为容易绑紧。行驶中踩加速踏板要缓和一些，否则加油过猛，尼龙丝袜会滑溜，带不动传动带盘。

8. 汽车发动机中途熄火

发动机中途熄火主要有 3 方面原因：如发动机中途慢慢熄火，则重点检查油路；如突然熄火，则重点检查点火电路和驾驶操作方法；油、电路的原因在相关章节中有详细说明，这里重点分析操作原因。自动档的车型不会轻易出现熄火的现象，而手动档的车型若驾驶水平不高，则可能会经常出现熄火的现象。

无论是哪种类型，熄火的主要原因基本是因为使用了劣质的燃油（很多加油站为了获取暴利卖不纯的油），导致发动机积炭严重而熄火。

自动档故障排除：自动档车熄火的现象，主要是使用了劣质燃油造成的。预防方法：一是到正规的较大型加油站加高标号油。例如：使用 97 号汽油，虽然价格贵了不少，但是可以保障爱车更长的寿命和行驶中有良好的动力。有些驾驶人贪图便宜加 90 号汽油，虽然价格低了一些，但是将来就可能出现问题。二是去大型的合格加油站加油。应急操作方法：出现熄火时，左手抓紧转向盘稳住方向，因为没有助力转向，所以一定要用力稳住，右脚用力踩制动踏板将车速尽可能降低，然后迅速将AT档打到N位，注意：行进中重新打火一定要在N位，不能是D/R/P等位，不然，车子要么打不着火，要么变速器会损坏，然后将钥匙退一格重新打火，再将AT档位恢复至D位正常行驶。

手动档故障排除：行驶途中熄火，有可能是加的油品质量不过关，胶脂太多，把油路堵了，供油不畅造成的。除了要使用高标高质合格的燃油外，还应彻底把油路清洗一遍，包括喷油器、节气门、油箱等。而对于汽车怠速状态下熄火，解决方法很简单，只要清洗怠速控制阀即可。

电控喷射式发动机供油系统不来油或来油不畅的特征是使用中将加速踏板踩下，发动机转速上不去，越踩越糟糕，甚至熄火，停一会儿仍可发动，缓慢行驶仍可维持。通常遇到这种情况应检查空气滤清器和汽油滤清器是否堵塞，并拆下清洁。

操作方法：拆下汽油滤清器出油管口放入容器，并用一干毛巾垫住，拔下汽油泵继电器，用导线跨接B+端子与搭铁端子，接通点火开关5s。观察出油量，若汽油较少或无汽油，则说明汽油泵有故障。电控喷射式发动机的电动汽油泵是内藏在油箱内的，若油箱内汽油耗尽或经常在低油位工作（少于10L），则会大大缩短电动汽油泵的使用寿命，造成汽油压力不足，而导致发动机工作无力。

若行驶中途突然熄火，也不能重新起动，则应检查汽油泵熔丝和电控系统熔丝。若检查出汽油泵继电器故障，则可采用跨线直接导通电动汽油泵工作来应急。

9. 气门弹簧折断

气门弹簧折断后，可将断弹簧取下，把断了的两段反过来装上，即可使用。也可找一片1mm厚的铁皮，剪成比弹簧直径大的圆片，内部剪圆孔，直径小于弹簧直径4mm，外部边缘每隔6mm剪成4mm长的裂口，剪好后每隔一片折叠一片，形成双面弹簧座槽，再将弹簧掉头装入铁皮槽内即可使用。如弹簧断成数节时，可将该缸的进、排气门调整螺钉拆下，使气门保持关闭状态，让该缸停止工作。

10. 机动车缸盖等部位出现砂眼而漏油、漏水

可根据砂眼大小，选用相应规格的电工用熔丝或焊锡丝，用锤子轻轻将其砸入砂眼内，即可消除漏油、漏水。

3.2.2　自动变速器的应急使用方法

自动变速器简称AT（Automatic Transmission），装有液力自动变速器的汽车称为AT汽车。各种AT汽车的档位一般通用的是P-R-N-D-S（2）-L（1）。

P位（停车档）：停车或起动发动机时选用。在此档位上，机械锁止机构将变速器输出轴锁住，汽车驱动轮不能转动。

R位（倒车档）：倒车时选用。此时液压控制装置接通倒档传动的油路，汽车只能倒行。使用中要切记，自动档汽车不像手动档汽车那样能够使用半联动，故在倒车时要特别注意加速踏板的控制。

N位（空档）：起动发动机时选用。此时变速器不能输出动力，在等待信号或堵车时常常将变速杆保持在D位，同时踩下制动踏板。若时间很短，这样做是允许的，但若停止时间长时最好换入N位，并拉紧驻车制动。因为变速杆在行驶位D位上，自动变速器汽车一般都有微弱的行驶趋势，长时间踩住制动踏板等于强行制止这种趋势，使得变速器油温升

高，油液容易变质。尤其在空调器工作、发动机怠速较高的情况下更为不利。AT 汽车严禁 N 位滑车。有些驾驶人为了节油，在高速行驶或下坡时将变速杆转到 N 位滑行，这很容易烧坏变速器，因为这时变速器输出轴转速很高，而发动机却在怠速运转，油泵供油不足，润滑状况恶化，易烧坏变速器。

D 位（行驶档）：汽车行驶时选用。在此档位上，液压控制装置可根据车速和节气门开度信号，在 1 ~4 档（或 3 档）之间自动换档。D 位是最常用的行驶位置。需要掌握的是：由于 AT 是根据节气门大小与车速高低来确定档位，所以加速踏板操作方法不同，换档时的车速也不相同。如果起步时迅速将加速踏板踩下，升档晚，加速能力强，到一定车速后，再将加速踏板很快松开，汽车就能立即升档，这样发动机噪声小，舒适性好。D 位的另一个特点是强制低档，便于高速时超车。在 D 位行驶中迅速将加速踏板踩到底，接通强制低档开关就能自动减档，汽车很快加速，超车之后松开加速踏板又可自动升档。

S（2）位（2 速档）：采用轻发动机制动或需瞬间加速时选用。此时液压控制装置只能接通 1、2 档的油路（变速器只能在 1、2 档升降）。

L（1）位（低速档）：坏路、上陡坡或下坡制动时选用。此时液压控制装置只能接通 1 档的油路（变速器只能在 1 档工作，不能升降档位）。

行车时选档的位置：AT 汽车在行驶时，如果选档位置按 L-S-D 的顺序进行变换，可以不受任何车速条件的限制，即不管车速高还是低都可以按此顺序换档；而如果是按 D-S-L 的顺序换档，就必须要在实际车速不高于相应的升档车速的条件下才能进行。如 D 位降档时的车速一般约在 80km/h，超过 100km/h 能降档的不多，若在超过规定降档车速的情况下强制降档，则会造成发动机转速降低，而变速器侧的转速仍保持高速。这种转速差会使自动变速器油（Automatic Transmission Fluid，ATF）迅速升温，甚至会损坏变速器，因而在使用中要特别加以注意。AT 汽车在下坡特别是下长坡时换入 S 位或 L 位能充分利用发动机制动，比单纯使用 D 位和制动要好。因为汽车在下坡时，车速会由于汽车的自重而增加，如果变速杆位于在 D 位，就要频繁地使用制动，从而易造成车轮制动器过热或使制动失效，这在汽车下坡时是极其危险的。而变速杆若在低档位，就可充分利用发动机来进行联合制动，从而减少车轮制动器的磨损，而且 AT 在低档位时不会随着车速的加快而升档，这就保证了最强的发动机制动。在雨雾天气时，若路面附着条件差，可以换入 S 位或 L 位，固定在某一低档行驶，不要使用能自动换档的位置，以免汽车打滑。同时必须牢记，打滑时可将变速杆推入 N 位，切断发动机的动力，以保证行车安全。

1. 自动变速器使用注意事项

1）只有变速杆置于 P、N 位时，方可起动发动机。在点火开关接通状态下，若想移出这两个档位，必须先踩下制动踏板，同时按下驻车制动手柄按钮，才可将变速杆移入其他档位。

2）P 位可作为驻车制动的辅助制动器，但不可代替驻车制动器。

3）车辆被牵引时变速杆须置于 N 位，牵引时车速不可超过 50km/h，牵引距离也不能超过 50km。若需牵引更长的距离，则需将驱动车轮升离地面。

4）若 AT 的控制单元因电气故障而导致其进入应急状态，此时只有 3、1、R 档可以工作，不要认为尚有档位可用，就不去修理，应及时查明故障并排除，否则会损坏 AT 内的多片离合器。

5）AT汽车无法用牵引或推动的方法起动发动机，因为ATF油泵不工作，AT无法建立起正常的工作油压。

6）在寒冷的冬季，行车前先起动发动机预热1min后再挂档行驶。

2. 自动变速器的养护

任何机械的使用都要有维护，而AT的维护最重要的就是ATF的检查和更换。AT内注入一种称作ATF的润滑油，即自动变速器油，它的作用除了润滑、降温和清洗以外，更主要的是通过油的流动传递转矩，也就是传递发动机和变速器之间的动力。ATF的工作温度一般约为80～120℃，因此对油的质量要求很高，还必须保持清洁。

（1）ATF的检查　驾驶人可以自行检查ATF油面。检查时汽车应停放在平坦的路面上，发动机怠速运转，变速杆位于P位。

ATF的检查是个非常复杂的问题，一般检查的方法是：发动发动机，让车行驶，使冷却液温度表指针达到正常工作温度；将车停放在平坦路面，拉起驻车制动手柄（不可关掉发动机），发动机继续怠速运转，脚踩制动踏板；将变速杆从P位逐一换至L位，并在各档位停留数秒钟，最后将变速杆排在N位；取出油尺，用清洁的布拭干净，插回并再次取出油尺，只要ATF的高度在最高点和最低点之间，就可放心行驶。油量太多有可能造成AT报废，最好将多余的ATF放掉；油量过少也易造成AT内的齿轮温度过热乃至磨损。假如ATF的颜色已经发黑，就须及时更新润滑油，更换ATF是一项复杂的工作，最好请专业技术人员更换。

（2）ATF的更换　ATF的更换应参照使用手册严格执行，更换里程一般为2万～4万km或者被放置一年以上。车辆在比较恶劣的条件下使用时，一定要根据汽车的保养时间和行驶里程提前更换ATF。很多驾驶人认为，更换ATF与更换机油等没有很大区别，其实不然，两者是有很大区别的。采用传统的排放和加注的方式进行ATF的更换会在液力变矩器和冷却管中残留75%的旧ATF，新的ATF加入以后，会很快被污染，达不到更换的目的。更换ATF液需由专业的设备来完成，驾驶人应到4S店进行更换，并且最好是更换原厂的ATF。

3. 自动变速器的常见故障

AT在使用过程中常见的故障有自动换档不良、换档时冲击较大、挂上档后不能行驶、挂入P位不能将车停稳、变速器打滑、升档迟缓、跳档频繁等。AT发生故障时，首先应对以下几项进行检查：

1）ATF油量的检查。

2）检查ATF的质量：在检查ATF的数量时，同时检查ATF的质量。若ATF变色或有焦臭味，则应尽快将汽车送到修理厂进行拆检。

3）检查AT变速杆、连杆机构有无松旷及调整不当时，将变速杆依次置于各档位（P、N、D、2、L）的正确位置上，检查指示器是否能正确地指示在各档位上。按下变速杆上的按钮后，检查能否在P、R、2、L各档位上变速。预先使发动机怠速运转，检查确认P位向D位变速时，汽车向前行进；而向R位变速时，车辆则向后退。

3.2.3　汽车底盘的应急使用方法

1. 轮胎突然爆胎应急处理

如在行驶时遇上爆胎，切记要保持镇定，双手要紧握转向盘，尽量将车子慢慢驶到安全

的路旁停下。与此同时，驾驶自动档汽车者，应将档位打到 P 位，手动档车应进入 1 档或倒档；然后在下车前要观察四周的交通情况，确定安全后方可下车到车尾箱取出手套、后备轮胎及其他有关工具，准备更换轮胎。

在更换轮胎时，要以对角形式把轮圈螺钉拧松；把千斤顶放在底盘支架上，把车身慢慢升起至车胎只有少许贴着地面；把后备车胎垫在车底，以防车子突然跌下；将螺钉逐一松脱，此时再一次转动千斤顶把车身升高约 10cm，确保有足够空间把充气正常的后备轮胎放入，取出已爆破的轮胎，放在车底，把后备轮胎装上；装上轮胎后，确保螺钉位置正确，以对角形式拧紧螺钉。由于车轮仍是悬在半空，所以螺钉不能上至最紧状态。随后把车底下的轮胎拿走，然后把千斤顶慢慢放下，当轮胎着地后便可再一次用对角形式逐一把螺钉拧紧。换好后备轮胎后，同时应尽快驾驶到维修中心，更换爆破了的轮胎。

2. 制动油管破裂应急处理

当汽车在使用中发生这种情况：一脚将制动踏板踩到底，汽车不减速，连踩几脚，制动效果也不好，脚感有弹力或有下沉感，这说明制动系统内有空气或漏油。应检查各油管接头、油管和制动总缸、轮缸有无漏油之处。

如制动油管破裂，可采取封住这一路油管的方法应急，以保持其他几个车轮有制动作用。可将此破裂管用棉纱塞紧后用钳子夹瘪卷起，再添足制动液，放净空气，即能保持其他几个车轮有制动作用。应当注意，由于一个车轮不会发生制动作用，汽车就会制动跑偏，因此在开赴维修站驻地时，应格外小心，减速缓行，并提前制动。

如果一侧轮缸漏油，可拆掉这一分泵的三通接头接口，用一个相同螺纹的螺栓堵住油孔。如没有相同丝扣的螺栓，可将油管割断，再用棉纱堵塞并夹卷管口的方法来堵漏。

3. 制动液短缺的应急处理

当汽车在使用中，因油管破裂制动液泄漏过量、而又受当地条件限制时，可暂用乙醇、高粱酒代替。在不得已的情况下，还可用适当浓度的肥皂水代替，也可用 50% 的精馏乙醇和 50% 精制蓖麻油混合而成，但回厂后应立即清洗制动系统各装置、更换皮碗等，并换入符合标准的制动液。

4. 离合器不分离的应急处理

如果离合器分离不开，暂时不能修好，但又希望尽快开车，可采取以下应急处理办法：

1）先挂入高速档，用人推车或用另一车牵引的办法起动汽车。

2）将变速杆置于空档，起动发动机做怠速运转，用人力推动汽车前进。然后按不同离合器换档法，挂入中速档。

3）当不具备上述条件时，可先起动发动机，在加大供油量的同时，迅速挂入低速档强行起步。操作时，加速踏板要配合适当，动作要迅速果断。待到维修点时，应将离合器及时修好。

4）若离合器分离不开是分离杠杆高度过低所致，可在离合器盖与飞轮之间增加适当厚度的垫片予以调整，但各垫片厚度应一致。

5. 离合器异响的应急处理

当踩下离合器踏板时，能清楚地听到离合器部位有异响；当放松离合器踏板的一瞬间更为明显，导致这种情况的原因主要有：离合器压盘弹簧折断或分离轴承松旷；离合器钢片碎裂；离合器分离杠杆折断、磨损过度或分离杠杆调整螺栓折断。

途中应急的办法是：将汽车停在适当位置，拉紧驻车制动器，垫好三角木，将变速器挂入空档位置。操作人员斜卧在车下，拨动飞轮，将离合器压盘的固定螺栓全部松开，并旋出要拆换的分离杠杆螺母，然后用铁棒撬开离合器压盘，拆下分离杠杆和螺栓。若分离杠杆损坏1只或2只时，可拆除2只，其余按对角位置装复；若损坏3只，则拆除3只，其余3只换位装成互为120°的位置。若螺栓折断，可用粗铁丝扎紧应急使用。

6. 高速时转向盘发抖

（1）高速时转向盘发抖的原因

1）轮胎在拆装后未进行动平衡检测。

2）轮毂上的平衡块脱落。

3）车轮上沾有泥块。

4）轮毂撞击变形。

（2）高速时转向盘发抖的预防解决措施

1）进行轮胎动平衡检测。

2）注意清洗车轮。

3）更换轮毂。

7. 转向沉重

（1）转向沉重的原因

1）轮胎气压不够。

2）助力转向液不够。

（2）转向沉重的预防解决措施

1）给轮胎充气。

2）添加助力转向液。

8. 行驶时跑偏

（1）行驶时跑偏的原因

1）左右轮胎气压不一致。

2）前轮定位不准。

3）某一制动器抱死。

（2）行驶时跑偏的预防解决措施

1）检查并调整轮胎气压。

2）到指定服务站检修。

3.2.4 其他应急使用方法

1. 车灯发红而暗淡

打开灯后，灯光发红而暗淡，可能有以下原因：蓄电池充电不足，或连接线接触不良；散光玻璃或反光镜上积有尘垢；灯泡玻璃表面发黑，灯泡光度低于规定要求，灯泡灯丝没有位于反射焦点上而引起散光；导线过细，电阻增大，导线过热，影响导电。

2. 免维护蓄电池使用保养及起动的应急办法

先检查蓄电池储电是否充足，如储电不足，应充电。如果连接线和搭铁线接头松动应清除锈蚀，用砂纸磨光后固定牢靠。如果前照灯导线过细，应更换标准导线。如果灯

光玻璃和反射镜有尘垢，应用绒布或用镜头纸擦拭干净。如果灯丝不在反射镜焦点上，应更换灯泡。

免维护蓄电池的特点就是在通常情况下不用添加电解液。“在连续使用、蓄电池电量充足的情况下长期不用充电”，很多车友从字面上认为似乎就不用去维护。其实不然，免维护蓄电池在使用一段时间后，电解液由于温度的变化，水分逐渐减少，就会出现起动电流不足或充电困难的现象。

在平时使用中，有些小技巧可以省电，如晚上上车时先起动发动机再开前照灯；在停车关闭发动机前先关上前照灯，并把电动窗关闭再关发动机；发动机停机后尽量少使用车上电器设备，此时最好不要常开车门，因为前车内侧警告灯也会消耗蓄电池电量；在长时间堵车时可适当关闭前照灯。还有一个常见的误区：很多车友认为汽车在使用空调时不消耗蓄电池的电量，这个说法是错误的。虽然空调运转是靠发动机提供动力，但相关的散热和排风系统是会消耗大量的电能，如果发电机转速不足，就会消耗蓄电池电量。发动机怠速不一定能为蓄电池提供充电的电量，所以在夏天如果需要长时间停车时，最好离开车，把车停在没强光直射的地方。因长时间的阳光直射，车内温度会很高，空调起动后温度降至合适温度需要更长时间，会消耗更多的动力，此时油耗会相当高。

免维护蓄电池上一般都有个“电眼”，在正常情况下可以看到里面的小球，绿色表示正常，黑色表示需要充电，白色代表缺少电解液或蓄电池已经无效需要更换了。为了更好地使用蓄电池，最好每个星期能让发动机运转一段时间以给蓄电池补充电能，还要注意平时的保养。

1）保持蓄电池外部清洁，经常清除蓄电池盖上的灰尘污物和溢出的电解液，以防止自行放电。

2）除经常检查安装是否牢固外，还要注意蓄电池卡子周围所产生的氧化物——硫酸盐。可在清理刮净用凡士林涂抹锈蚀处，以防再受锈蚀。

3）蓄电池连接线，活接头要经常检查是否牢固，接触是否良好；否则将有可能导致产生电火花，严重引起蓄电池爆炸。

4）建议每次起动时间不要超过 5s，需要连续起动时，中间最好间隔 10～15s。

桑塔纳轿车装用了全集成电路调节器的整体式交流发电机，在点火开关置于 ON 时，充电指示灯点亮，发动机起动后，此灯应熄灭为正常。

1）点火开关置于 ON 时，充电指示灯不亮，在排除指示灯本身损坏的原因后，大多是发电机线束上一蓝色导线与发电机 D + 接线柱接触不良，可以用手摇动或重新拆接此接线柱以确认接触性能。除此以外，还应检查中央线路板背面蓝色插件有否松动（可用手伸进去按压）。

2）起动后，充电指示灯常亮、或时亮时不亮。在排除了发电机传动带过松的情况下，应检查发电机线束上的蓝色导线（与发动机 D + 接线柱相接）是否有短路，即断开不断开导线都无反应，则说明蓝色导线旁通或发电机整流器损坏，应及时送修，以免蓄电池得不到充电而耗尽。

3. 警告灯点亮的判别与应急处理

（1）机油压力警告灯点亮　当汽车在使用中发生机油压力警告灯闪亮或常亮，应停车检查。如果机油压力警告灯只在热车正常怠速时会发生间歇性点亮，而停车检查机油尺标线不在最低油量标记以上时，应补充机油量。

若机油量正常，机油压力警告灯仍会时常点亮，则表明机油压力偏低，通常发生在使用年限过长，机油输送系统泄漏增大（比如曲轴轴瓦磨损过大）。此时可暂时继续使用，但要尽快进厂检修。

若警告灯常亮，经检查机油量是否正常，此时应打开发动机气门室上的加机油口盖，边运行发动机边观察是否有机油飞溅出来。如无或较少，应立即停止运转，并立即向维修站或就近汽修厂求助。因为这种现象表明机油压力系统已不工作，继续运转会发生咬轴、拉缸等恶性事故。如打开加机油口盖发动时，有较多机油飞溅出来，则表明机油压力系统正常，只是监视系统（警告灯、压力感应塞）有故障，可以继续维持发动机运转，将车开到维修厂家检修，或返回时再排除。

（2）制动警告灯点亮　当汽车在使用中发生制动警告灯点亮或闪亮，应停车检查。首先检查驻车制动拉杆是否完全释放，再打开发动机室盖检查制动总缸上油罐中的制动液是否在 MAX ~ MIN 标记范围内，如不足，应立即补足。如果检查驻车制动拉杆到位，制动液正常，而制动警告灯仍常亮，则可以继续行驶到维修站，检查制动警告灯线路。

（3）冷却液温度警告灯点亮　当汽车在使用中冷却液温度警告灯点亮，应停车检查。冷却液温度警告灯是当发动机冷却液温度升高到一定限度、冷却液温度表指示高温的同时，以红色警告灯点亮来提醒驾驶人。首先应检查冷却液量，查看副散热器中是否有冷却液，不足时应补充；再查找水管、散热器是否有漏泄，并堵漏。有时会发现膨胀水箱充足，但还在溢出，此时应让发动机停机在原地冷却一会儿，待温度下降后，再补充冷却液，千万不要在高冷却液温度的情况下打开散热器盖，以免发生意外烫伤。

4. 汽车漏油的应急处理

（1）常见车辆漏油的主要原因

1）产品（配件）质量、材质或工艺不佳；结构设计存在问题。

2）装配不当，配合表面不清洁，衬垫破损、位移或未按操作规程规范进行安装。

3）紧固螺母拧紧力矩不均匀、滑丝、断扣或松旷脱落等导致工作失效。

4）密封材料长期使用后磨损过限，老化变质、变形失效。

5）润滑油添加过多、油面过高或加错油品。

6）零部件（边盖类、薄壁件）接合表面挠曲变形，壳体破损，使润滑油渗出。

7）通气塞、单向阀堵塞后，由于箱壳内外气压差的作用，往往会引起密封薄弱处漏油。

（2）预防车辆漏油措施

1）重视衬垫作用。汽车静置部位（如各接合端面、各端盖、壳体、罩垫、平面珐琅盖板等）零部件之间的衬垫起着防漏密封作用。若在材料、制作质量及安装上不符合技术规范，就起不到密封防漏作用，甚至发生事故。例如：油底壳或气门罩盖，由于接触面积大而不易压实，由此造成漏油。

2）车上各类紧固螺母都需按规定的力矩拧紧。过松压不紧衬垫会渗漏；过紧又会使螺孔周围金属凸起或将丝扣拧滑而引起漏油。另外，油底壳放油螺塞若未拧紧或回松脱落，容易造成机油流失，继而发生“烧瓦抱轴”的机损事故。

3）及时更换失效油封。车上很多油封、O 形圈会因安装不妥，轴颈与油封刃口不同

心、偏摆而甩油，有些油封使用过久会因橡胶老化而失去弹性，一旦发现渗漏应及时更新。

4）避免单向阀、通气阀堵死。由此引起箱壳内温度升高，油气充满整个空间，排放不出去，使壳内压力升高，润滑油消耗增加和更换周期缩短。发动机通气系统堵塞后，增加了活塞的运动阻力，使润滑油消耗增加。由于壳内外气压差的作用，往往会引起密封薄弱处漏油，因此需对车辆进行定期检查、疏通、清洗。

5）妥善解决各类油管接头密封。车用联管螺母经常拆装，容易滑丝、断扣而松脱，会引起渗油。更换联管螺母，用研磨法解决其锥面密封，使螺母压紧而解决密封。

6）避免轮毂甩油。轮毂轴承及腔内润滑油脂过多，或其油封装配不妥、质量不良及老化失效、制动频繁引起的轮毂温度过高；车轴螺母松动等都会引起轮毂甩油，因此要用“空腔润滑法（适量润滑）”，疏通通气孔。在车辆的使用中，往往会出现漏油故障，它将直接影响到汽车的技术性能，导致润滑油、燃油的浪费，消耗动力，影响车容整洁，造成环境污染。由于漏油，机器内部润滑油减少，导致机件润滑不良，冷却不足，会引起机件早期损坏，甚至留下事故隐患。

驾车在野外长途跋涉中，如果汽车燃油箱漏油了怎么办？这里有一个好办法：嚼完口香糖之后，将残渣糊在燃油箱漏油的部位，燃油箱立即一滴不漏，口香糖干化之后会紧紧堵住滴油部位，不仅可以救急，甚至可以不用更换燃油箱。

遇到空调管路中出现渗漏制冷剂的地方，也可以采用口香糖试着补漏，只要不是渗漏太严重的，一般都可以堵住泄漏。如此一堵，不仅省去了拆装空调管路的工序，而且不用更换空调管路。

在具体的维修工作中，口香糖的用途还很多：为防止蓄电池桩头腐蚀长霉，可以糊上口香糖；转向助力系统橡胶油管泄漏，口香糖也可以弥补。

5. 调节器的急救措施

大部分汽车的充电系统采用电子式调节器。它的功用是自动限制发电机最大输出电压值。调节器一旦损坏会造成不充电故障，这样行驶中的汽车将直接由蓄电池供电，非常不利于驾驶人的安全行车。

无条件更换时，可拆下调节器的“F”和“+”接线柱上的导线，在两导线之间连接一只 813Ω 的电阻或一只 12V 的灯泡即可进行急救，但不能长时间使用，以防因充电量过大而损坏蓄电池。

6. 行驶中充电指示灯不正常

在点火开关置于 ON 位置时，充电指示灯点亮，发动机起动后，此灯应熄灭为正常。

1）当点火开关置于 ON 位置时，充电指示灯不亮。在排除充电指示灯本身损坏的原因后，大多是发电机线束上一蓝色导线与发电机 D+接线柱接触不良，可以用手摇动或重新拆接此接线柱以确认接触性能。除此以外，还应检查中央线路板背面蓝色插件是否有松动（可用手伸进去按压）。

2）起动后，充电指示灯常亮或时亮时不亮。在排除了发电机传动带过松的情况下，应检查发电机线束上的蓝色导线（与发电机 D+接线柱相接）是否有短路，即断开不断开导线都无反应，则说明蓝色导线旁通或发电机整流器损坏，应及时送修，以免蓄电池得不到充电而耗尽。

7. 起动电磁开关损坏时的应急措施

接通点火开关起动档，起动机发出连续有节奏的“咔嗒”声，但不能带动发动机转动。可将点火开关置于ON位置，拉起驻车制动操纵手柄，变速器挂空档后，用螺钉旋具将起动机开关的两接线柱连接，若起动机能空转，则表明电磁开关触点烧蚀，可采用牵引或推车发动应急。

8. 汽车必备应急车内用品

1）后备轮胎。建议驾驶人必须每3个月定期检查一下后备轮胎，必要时还要给它充气。

2）千斤顶。千斤顶是换胎不可缺少的工具。买二手车时，一定要检查千斤顶是否完好，因为原厂附送的千斤顶轻巧易用。

3）随车工具包。工具包通常放置一些基本的工具，包括扳手、螺钉旋具等。

4）电筒。强力电筒，在晚间遇上坏车的情况下，除可以作检查车辆照明外，更可用来发出求救信号或是示意其他车辆，确保安全。

5）急救箱。急救箱中应备有绷带、纱布、消毒药水及其他急救药物，以备发生意外时，做急救之用。

6）绝缘手套。主要可在紧急维修和清洁车身时保持双手清洁，或当要打开发动机盖或散热器盖时，做隔热之用。在处理电器问题时，最好采用绝缘手套，可避免触电。

7）蒸馏水。车上应常备大约1L的蒸馏水，普通清水或矿泉水绝不能当电池水使用。

8）小型灭火器。现代汽车在发生意外时，已很少会发生火警，但有一个灭火器可随时救人一命。

9）车胎防漏剂。可在车胎被尖锐物件刺破后发挥防漏功能，免去要即时换胎的烦恼。

10）原厂汽车手册。当车子出现问题时，如仪表板中某一个警告灯亮着，便可以从手册中找出原因。

9. 途中进水应急处理

1）蓄电池进水。尽快把蓄电池负极线拆下来，以免车上的各种电器因进水而发生短路。检查蓄电池是否进满了水，必要时请更换电解液。

2）发动机进水。车子从水中出来后，要对发动机进行检查：先检查发动机气缸有没有进水，进水会导致连杆被顶弯，损坏发动机。

3）机油进水。检查机油里是否进水，机油进水会引起机油变质，失去润滑作用，使发动机过度磨损。

4）排气歧管进水。如果排气歧管进了水，要尽快把积水排除，以免水中的杂质堵塞三元催化器或损坏氧传感器。

5）点火系统进水。点火系统的高压部分通常有几万伏电压，因此它对绝缘的要求也比较高。如果车辆在潮湿季节长时间停驶，或是在雨天涉水，点火系统就会因受潮而导致发动机工作不良甚至无法起动。在没有备件的情况下，千万不要忙于更换或拆卸，搞不好会弄断某一根高压线，那就得不偿失了。例如：普通桑塔纳轿车的高压线特别难拔，如果没有专用工具，经常会把分电器的根部拔断。这时不妨利用吹风机的加热档对受潮的部位吹几分钟，故障即可排除。如果受潮比较严重或是分电器进了水，可以把分电器盖摘下来，用吹风机烘干。

6）车灯进水。一般情况下，观察到的车灯内的细小水珠为“结露”所致，为正常现象，且不会造成使用问题。其基本原理如下：车灯内各空腔与外界空气由通风孔相连，当车灯使用或者外界温度较高，车灯内部温度上升，导致内部温度加大。当车灯停止使用或遇到外界骤冷空气时，内部温度下降，水汽凝结形成“结露”。一般判读“结露”还是“进水造成水滴附着”的简便方法为：点亮远光灯约30min，车灯前方照射有效面积内开始雾气消失则为“结露”，否则可能为“进水造成水滴附着”。

7）变速器进水。检查变速器是否进水，变速器进水会使变速器里的齿轮油变质，造成齿轮磨损。一旦变速器进水，必须立即更换变速器油，并彻底清洁变速器，重新加入适量的变速器油检查正常后再行驶。AT汽车要检查自动变速器和变速器控制单元是否进水。

8）车内进水。将车内被泡过的物品（座套、脚垫等）尽快晾干，以免发霉。制动是靠制动片与制动鼓之间的激烈摩擦来完成的，在水中行驶时，车轮几乎都浸在水中，如果制动组件进水，则制动片与制动鼓之间会留下一层水膜，就像涂抹了润滑油一样，使制动片与制动鼓之间摩擦力减少，无法控制汽车停止，而且制动鼓内的水也不容易散出。

这种制动失灵的现象来得非常快，在离水后边走边踩制动踏板，连续几次，制动片与制动鼓之间的水滴就会被擦掉，同时，摩擦产生的热量将其烘干，使制动踏板很快恢复原来的灵敏度。

这种制动失灵的现象对于采用碟形制动系统的汽车来说几乎不会发生，因为碟形制动系统的制动片面积很小，碟盘外围又全部暴露在外面，留不住水滴。由于车轮转动时离心力的作用，碟盘上的水滴会自动散失，不影响制动系统的功能。平常使用的小型车很多是前碟后鼓式制动，所以涉水后有的制动失灵，有的制动效能会减弱很多。

练习与思考题

1. 选择题

1）汽车日常维护由________来完成。

A. 维修工　B. 驾驶人　C. 生产厂　D. 经销商

2）汽车日常维护的中心内容是________。

A. 清洁、润滑、紧固　B. 清洁、补给和安全检视

C. 检查、调整　D. 拆检

3）桑塔纳轿车离合器踏板自由行程是________mm。

A. 5～15　B. 10～20　C. 15～25　D. 20～30

4）轿车轮胎磨损后花纹深度应大于________mm。

A. 0.8　B. 1.6　C. 3.2　D. 4.0

5）汽车运行________后，应进行全面的检查和调整，以免各种机械故障的发生，保证汽车的安全性、动力性和经济性达到使用要求。

A. 1000km或1个月　B. 3000km或3个月　C. 6000km或6个月　D. 10000km或12个月

6）磨合维护的里程数一般为________km。

A. 300～1000　B. 800～1500　C. 1000～3000　D. 2000～6000

2. 简答题

1）出车前要进行哪些作业项目?

2）如何判断机油是否变质？

3）如何检测发电机硅整流器的好坏？

4）换入冬季时一般汽油车需做哪些换季维护作业？

5）汽车在高温下行驶应注意哪些问题？

6）汽车在雨雾天行驶应注意哪些问题？

第4章 汽车维护与保养

基本思路：

随着现代机械加工工业和电子技术的发展，汽车零部件的精度和品质越来越好，汽车产品质量不断稳定和提高。为了提高使用效率，降低运行成本，汽车维护和保养就尤为重要。对现代汽车的维护与保养，不同车型虽有差异，但大体作业内容和程序相似。对本章的学习和研究，关键要把握6大作业项目及各项目的作业步骤。

4.1 汽车维护与保养概述

4.1.1 现代汽车维护与保养的意义及目的

随着现代汽车制造业的不断进步，新技术、新工艺、新材料得到广泛的应用，使得汽车的技术性能和使用寿命都有了很大的提高。但是汽车作为机电产品，即使是性能极其卓越的汽车随着其行驶里程的增加，其零部件都会逐渐发生磨损，技术状况会不断变差，这是不可避免的。图4-1所示为汽车零件磨损的3个阶段。由此看出，其磨损的程度在其他条件（如材料、路况等）相同的情况下，会因使用、保养的情况不同而有很大的差异。图4-2所示为汽车零件的磨损曲线，由图4-2可知，在相同的里程内，使用方法得当、保养适时的磨损量就比使用方法不当、保养不及时的磨损量小，其使用寿命就长。由此可见，只有根据零部件的磨损规律制订切实可行的维护与保养措施，才能使其保持完好的技术状态，这便是汽车维护与保养的意义所在。

汽车经使用一定的里程和时间间隔后，根据汽车维护技术标准，按规定的工艺流程、作业范围、作业项目和技术要求所进行的预防性作业即为汽车维护。其目的就是保持车辆技术状况良好，确保行车安全，充分发挥汽车的使用效能和降低运行消耗，以取得良好的经济效益和社会效益。

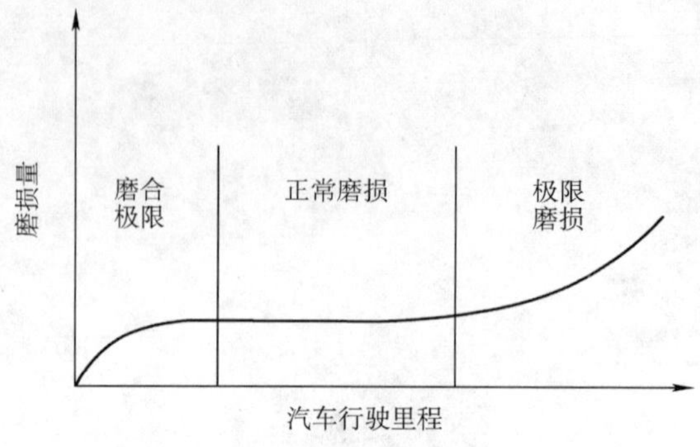

图 4-1　汽车零件磨损的 3 个阶段

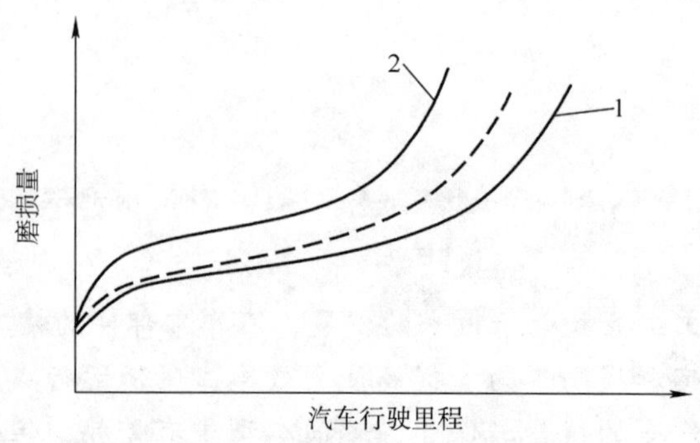

图 4-2　汽车零件的磨损曲线

1—使用方法得当、保养适时的磨损曲线

2—使用方法不当、保养不及时的磨损曲线

4.1.2　现代汽车维护与保养的原则

根据交通部《汽车运输业车辆技术管理规定》，汽车维护应贯彻“预防为主、定期检测、强制维护”的原则，即汽车维护必须遵照交通运输管理部门规定的行驶里程或时间间隔，按期强制执行，不得拖延，并在维护作业中遵循汽车维护分级和作业范围的有关规定，以保证维护质量。

汽车维护是预防性的，保持车容整洁、车况良好，及时消除发现的故障和隐患，防止汽车早期损坏是汽车维护的基本要求。汽车维护的各项作业是有计划定期执行的，其内容是依照汽车技术状况变化的规律来安排，并在汽车技术状况变坏之前进行，符合预防为主的原则。定期检测是指汽车在二级维护前必须用检测仪器或设备对汽车的主要性能和技术状况进行检测诊断，以了解和掌握汽车的技术状况和磨损程度，并做出技术评定，根据检测结果确定该车的附加作业或小修项目，从而结合二级维护一并进行附加作业或小修。

强制维护是在计划预防维护的前提下所执行的维护制度，是指汽车维护工作必须遵照交通运输管理部门或汽车使用说明书规定的行驶里程或时间间隔，按期进行，不得任意拖延，

以体现强制性的维护原则。

4.1.3　现代汽车维护与保养的分类及作业内容

在汽车的使用过程中，由于汽车的新旧程度、使用地区条件的不同，在各个时期对汽车维护保养的作业项目也不同。根据《汽车维护、检测、诊断技术规范》有关规定，汽车维护可分为定期维护和非定期维护两大类，并将定期维护分为日常维护、一级维护和二级维护3类，将非定期维护分为季节性维护和磨合维护两类。维护作业以清洁、检查、紧固、润滑、调整和补给6大作业为主，维护范围随着行驶里程的增加逐步扩大，内容逐步加深。其中：

清洁作业是提高汽车维护质量、防止机件腐蚀、减轻零部件磨损和降低燃油消耗的基础，并为检查、补给、润滑、紧固和调整作业做好准备。其工作内容主要包括对燃油、机油、空气滤清器滤芯的清洁、汽车外表的养护以及对有关总成、零部件内外部的清洁作业。

检查作业是汽车维护的重要工作之一，通过对汽车各部位的检查，以确定零部件的变异和损坏情况。其工作内容主要是检查汽车各总成和机件是否齐全；连接是否紧固；是否存在漏水、漏油、漏气和漏电等现象；利用汽车上的指示仪表、报警装置等随车诊断装置，检查各总成、机构和仪表的技术状况；对影响汽车安全行驶的转向、制动、灯光等工作情况应加强检查；汽车拆检或装配、调整时应检查各主要部件的配合间隙。

补给作业是指在汽车维护中，对汽车的燃、滑料及特殊工作液进行加注补充；对蓄电池进行补充充电、对轮胎进行补气等作业。注意：必须选用合适的运行材料，并及时正确地添加或更换燃、滑料和冷却液等。

润滑作业是为了减少各摩擦副的摩擦力，减轻机件的磨损所进行的作业。其工作内容包括按照汽车的润滑图表和规定的周期，用规定牌号的润滑油或润滑脂进行润滑；各油嘴、油杯和通气塞必须配齐，并保持畅通；发动机、变速器、转向器、驱动桥等应按规定补充、更换润滑油。

紧固作业是为了使各部分机件连接可靠，防止机件松动。汽车在运行中，由于振动、颠簸、热胀冷缩等原因，会改变零部件的紧固程度，以致零部件失去连接的可靠性。紧固工作的重点应放在负荷重且经常变化的各部机件的连接部位上，应及时对各连接螺栓进行必要的紧固和配换。

调整作业是保证各总成和机件长期正常工作的重要环节。调整工作的好坏，对减少机件磨损、保持汽车使用的经济性和可靠性有直接的关系。其作业内容主要是按技术要求，恢复总成、机件的正常配合间隙及工作性能等。

4.1.4　现代汽车维护与保养的作业规范及作业范围

1. 作业规范

维护作业包括上述所讲的清洁、检查、紧固、润滑、调整和补给等内容。一般除主要总成发生故障必须解体外，不得对车辆总成进行解体，这就明确了维护和修理的界限。车辆进行维护时，不能对其主要总成大拆大卸，只有在发生故障需要解体时方可进行解体。很显然，与过去的维护制度相比，现行的维护制度进行了以下规范：

1）取消了整车解体式的三级维护。生产实践证明，对主要总成大拆大卸的工艺方法是不科学的，也是不符合技术经济原则的；同时，“三级维护”作业内容既有维护作业又有修理作业，不便于维护和修理的区分。

2）没有对各级维护周期做统一规定，由省、市、自治区按车型，结合本地区具体情况提出统一的维护周期，但制订了车辆维护技术规范以保证车辆的维护质量。

3）对季节性维护做了规范。当车辆进入冬、夏两季运行时，一般结合二级维护对车辆进行季节性维护。

2. 作业范围

现代汽车各类维护的作业范围，见表4-1。

表4-1　各类维护的作业范围

维护种类	作业范围
日常维护	日常维护作业以清洁、补给和安全检视为中心内容。其主要内容是： 1）坚持“三检”，即在出车前、行车中、收车后检视车辆的安全机构及各部机件连接的紧固情况 2）保持“四清”，即保持润滑油、空气、燃油滤清器和蓄电池的清洁 3）防止“四漏”，即防止漏水、漏油、漏气和漏电
一级维护	一级维护作业中心内容除日常维护作业外，以清洁、润滑和紧固为主，并检查有关制动、操纵等安全部件
二级维护	二级维护作业中心内容除一级维护作业外，以检查及调整转向节、转向摇臂、制动蹄片、悬架等经过一定时间的使用后容易损坏或变形的安全部件为主，并拆检轮胎，进行轮胎换位
季节性维护	由于冬、夏两季的温差大，为使车辆在冬、夏两季的合理使用，在换季之前应结合定期维护，并附加一些相应的项目，使汽车适应气候变化了的运行条件，此种附加性的维护称为季节性维护
磨合维护	汽车运行初期进行磨合维护，以改善零件摩擦表面几何形状和表面层的物理性能

4.1.5　现代汽车维护与保养的周期

汽车日常维护的周期通常分为每日出车前、行车中和收车后3个阶段。汽车一级维护和二级维护周期的确定，一般根据车辆使用说明书的有关规定，或依据汽车使用条件的不同，由省交通行政主管部门规定汽车行驶里程。对不便于用行驶里程统计、考核的汽车，可用行驶时间间隔确定汽车一、二级维护周期。其间隔时间（天）应根据本地区汽车使用强度和条件的不同，参照汽车一、二级维护周期，由各地自行规定。

由于引进车型的维护规定与我国汽车强制维护规定的内容有所不同，为保证汽车的合理使用，在汽车实际维护工作中应以厂家规定的内容为准。

汽车强制维护周期的长短虽然各车型产品要求不一，但从作业的深度来看，基本上分为两级，相当于《汽车维护、检测、诊断技术规范》中提出的一级维护和二级维护。表4-2所示为上海大众特约维修站所执行的上海桑塔纳轿车维护作业单，可供相关车型维护时参考。

表 4-2　上海桑塔纳轿车维护作业单

维 护 作 业	里程数/km	
	7500	15000
照明、警告闪光装置、喇叭：检查性能		●
刮水器和清洗装置：检查性能，必要时注入清洗液		●
离合器：检查行程，必要时调整（非自动调整）		●
蓄电池：检查蓄电池电解液，必要时加入蒸馏水		●
发动机：目测有无渗漏（机油、冷却液、燃油及制冷剂）	●	●
冷却系统：检查冷却液液面高度及防冻能力，必要时更正，并进行压力测试	●	●
V 带：检查静止状态与张紧度，必要时张紧		●
凸轮轴传动带：检查状态与张紧度，必要时张紧	30000	
火花塞：更换（非长效火花塞）		●
空气滤清器：清洗外壳，更换滤芯		●
化油器式发动机燃油滤清器：更换	30000	
汽油喷射式发动机燃油滤清器：更换	80000	
发动机盖：上、下部润滑（包括搭钩）	●	●
门盖铰链、门拉带：润滑	●	●
机油：更换	●	●
机油滤清器：更换		●
操纵：检查波纹管有无渗漏与损坏		●
制动装置：目测有无渗漏与损坏	●	●
底板保护层：目测有无损坏	30000	
排气装置：检查有无损坏		●
转向横拉杆球头：检查间隙、固定程度及防尘罩、转向助力系统油泵各接头是否渗漏	●	●
传动轴：检查防尘罩有无损坏	●	●
变速器、主传动轴护套：目测有无渗漏及损坏	●	●
制动摩擦片：检查厚度	●	
驻车制动：检查，必要时调整（非自动调整）		●
氧传感器：更换	80000	
检查轮胎（包括备用胎）花纹深度及花纹类型，调整轮胎压力		●
制动液状态，摩擦片衬面磨损：检查		●
车轮固定螺栓：根据紧固力矩检查		●
点火提前角：检查，必要时调整		●
怠速：检查，必要时调整		●
怠速时 CO 含量：检查并调整		●
前照灯灯光：检查，必要时调整		●
试车：行车、驻车制动。开关操纵及空调：性能检查		●

4.2 汽车的定期维护与保养

4.2.1 现代汽车日常维护保养

1. 现代汽车日常维护保养的定义

汽车日常维护也称例行保养，是各级维护的基础，是指驾驶人在每日出车前、行车中、收车后，针对车辆使用情况所做的一系列预防性的维护作业。日常维护的中心内容是：清洁、补给和安全检视。

汽车在使用过程中，各部件将不可避免地产生不同程度的松动、磨损和损伤等，使汽车技术状况逐渐变坏。日常维护是保持汽车正常技术状况的基础性工作，要求由驾驶人来完成。日常维护的好坏，直接影响到行车的安全。为了预防交通事故、保证行车安全，应随时了解和掌握汽车的技术状况。汽车在使用时，驾驶人必须坚持进行日常维护。

2. 现代汽车日常维护保养的基本要求

日常维护是以预防性为主的维护作业，是驾驶人的一项重要工作职责，也是汽车运输企业的一项经常性的技术工作。因此，要求每一位驾驶人在汽车日常维护保养中，必须强制执行“三检即坚持出车前、行车中、收车后检视车辆的安全机构及各部件连接紧固情况；四清即保持空气、机油、燃油滤清器和蓄电池的清洁；四防即防止漏油、漏水、漏气、漏电”的维护制度，以达到车容整洁、车况良好、行车安全之目的。

3. 现代汽车日常维护保养的作业内容

汽车日常维护的基本作业内容为：清洁、紧固和润滑。清洁作业的目的是保持车辆整洁，防止水和灰尘等腐蚀车身及零部件。紧固是因为当车辆行驶一定的里程后，车辆各部件连接处的螺栓、螺母等紧固件由于颠簸、振动等原因，可能发生松动甚至脱落，若不及时按要求拧紧或配齐，会留下事故隐患，无法保证行车安全。润滑作业包括发动机润滑、变速器润滑、驱动桥润滑、转向器润滑以及轮毂润滑等。润滑作业是保证车辆各运动部件正常运

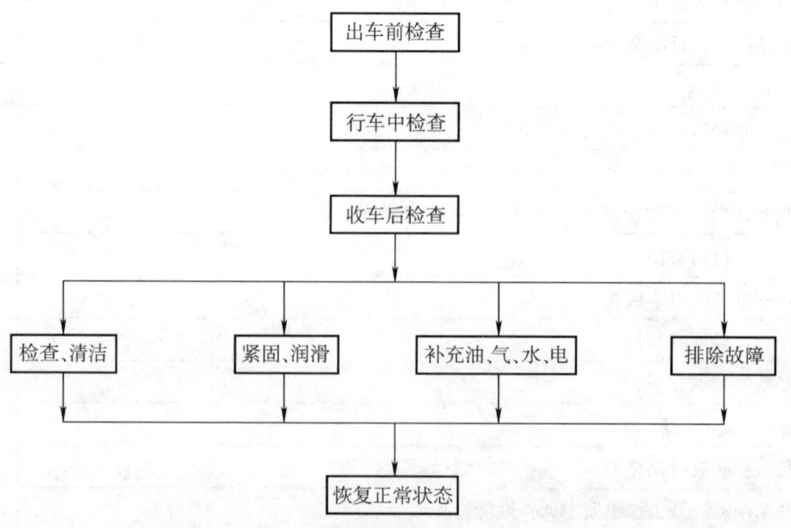

图4-3 汽车日常维护作业的工艺流程

转、减小运动阻力，降低温度、减少磨损的重要手段。进行润滑作业时要严格按照各汽车生产厂家的要求进行更换和加注润滑油、脂。如果所更换和加注的润滑油、脂的品牌、规格不当，则会造成发动机等总成的过早磨损或损坏，从而降低车辆使用寿命。汽车日常维护作业的工艺流程如图 4-3 所示。

汽车日常维护的具体作业项目和技术要求如下：

1）汽车出车前的日常维护作业项目及技术要求，见表 4-3。

表 4-3　汽车出车前的日常维护作业项目及技术要求

序号	维护项目	作业内容	操作要领	技术要求
1	汽车外表	清洗	汽车清洗与补给设备及其使用	车容整洁
2	门窗玻璃、刮水器、室内镜、后视镜、门锁与升降器手摇柄	检查	视检、试用	齐全有效
3	散热器的水量、蓄电池内的电解液液面高度、曲轴箱内的机油量、油箱内的燃油储量	检查	视检、拔油尺、看仪表	符合要求
4	喇叭、灯光	检查	试按、试用	齐全有效，牢固
5	转向机构各连接部位	检查	视检、手晃、试打方向	不能松旷，牢固可靠
6	转向器	检查轮毂轴承、转向节主销是否松动；检测转向盘的游动间隙	用千斤顶起转向轮，用手晃转向轮。用汽车转向盘自由转角检测仪检查转向盘的游动间隙	符合标准、不能松动
7	轮胎	检查轮胎气压、清除轮胎表面杂物	视检、用气压量表检查气压	气压符合规定、胎间及胎纹间无杂物
8	离合器、制动器	检查离合器和制动器踏板的自由行程	用钢板尺在驾驶室内测量	符合规定
9	轮胎螺母、半轴螺栓、钢板弹簧骑马螺栓和 U 形螺栓	检查连接紧固情况	视检、手拧	应牢固可靠
10	车辆有无漏水、漏油、漏气、漏电现象	检查	看、听、试	应无“四漏”现象
11	拖挂装置	检查	对全挂和半挂汽车的拖挂装置进行视检	连接可靠
12	仪表	检查	起动发动机	仪表显示正常、发动机无异响

2）行车中的日常维护。汽车行驶中的日常维护包括途中检查和停车检查，见表 4-4 和表 4-5。

表4-4　汽车行驶途中的作业内容及操作要领

序号	作业内容	操作要领	注意事项
1	检查发动机和底盘有无异响和异常气味	选择慢车道，放慢车速（怠速滑行，手动变速器车可挂空档），耳听有无异响，鼻闻有无异味	若有异响或异味，则按交通规则要求，选择合适的地点停车进行检查和排除
2	检查离合器和制动装置的工作情况	行驶途中，进行换档操作。快抬离合器，看是否分离彻底；慢抬离合器，看是否接合平稳，有无打滑现象。选择中、高车速，利用“点制动”的方法进行制动效能的检查	按交通规则要求，选择宽直、平坦、车流量较少的路段进行检查，并时刻注意前后左右车距，不可紧急制动
3	检查转向机构的工作情况	利用驶过弯道的机会进行检查	不可猛打转向盘
4	检查各个仪表和灯光照明装置的工作情况	在车辆行驶中，利用眼睛的余光扫描各个仪表的工作情况，从而监控车辆各系统的运行状况。夜间利用变更车道或超车等机会，进行灯光照明、转向信号的检查	不可乱打转向灯和随意变换远近光灯

表4-5　汽车停车检查的作业内容及操作要领

序号	作业内容	操作要领	注意事项
1	检查轮胎气压并清除胎间、胎纹中的杂物	利用在高速公路生活区停车休息、加油停车、靠边停车或车辆驶入停车场停放等机会，进行检查和清理	当车辆因轮胎气压过高或过低，胎间、胎纹中有杂物而导致车辆左右摇摆、上下颠簸难以操纵时，切不可随意停车，更不能紧急制动。一定要按交通规则的要求停放车辆后，再进行检查和清理
2	检查有无漏水、漏油、漏气、漏电现象	通过“看、听、试、摸”等手段进行检查	当发动机因缺水而“开锅”时，切不可立即打开散热器盖加水，否则易被烫伤，也易炸裂散热器或发动机水套
3	检查车轮制动器有无拖滞、发咬或发热现象，驻车制动器的作用是否可靠	利用靠边停车的机会，查看制动印痕，检查有无拖滞、发咬和跑偏等故障。手摸制动鼓，看有无发烫	检查驻车制动器的作用时，最好找一个有点坡度的地方，以便检查驻车制动性能
4	检查转向机构、操纵机构等连接部位是否牢靠	视检、手晃各连接部位看有无松动，试打方向，反复踩踏或放松加速踏板、离合器踏板以及制动踏板，看有无卡滞等现象	一定要按交通规则的要求停车后，方可进行检查和排除
5	检查货物装载是否安全可靠，捆扎是否牢靠	视检，用手推、拉货物，看货物是否有移位、松动	高速公路上，要在生活区进行检查；一般公路上，要找避风的地方，且视线要好
6	检查拖挂装置是否可靠	视检各连接销	切不可将车辆停放在斜坡上进行拔插连接销的检查，否则极易发生人身伤亡事故

3）汽车收车后的日常维护作业项目及技术要求，见表4-6。

表4-6 汽车收车后的日常维护作业项目及技术要求

序号	维护项目	作业内容	操作要领	技术要求
1	汽车外表	清洗	用汽车外部清洗机清洗，见说明	车容整洁
2	全车检漏、补给	检查全车有无漏油、漏水、漏气、漏电等现象。添加燃油、润滑油及制动液（对液压制动汽车而言）。对全车各润滑点进行检查，并按需要加注润滑脂	看、听、试。补给和润滑作业操作要领详见第2章有关内容	应无“四漏”现象。补给和润滑作业所需运行材料必须符合要求
3	冷却系统	检查	夏季应定期放水，以防锈蚀堵塞；冬季气温低于3℃时，未加防冻液的水应放干净	冷却液温度要正常
4	传动带、储气筒	检查各传动带的松紧度	用拇指以30～50N的力下按传动带中间，排除储气筒内的油污、水和气体，并关好开关	传动带的松紧度合适（标准因车而异），储气筒应保持干燥
5	蓄电池	保温	冬季气温低于－30℃时，露天放置的车辆应拆下蓄电池保温	防冻裂
6	各部位连接装置	检查螺栓、螺母有无松动、脱落	视检、手拧、扳手试紧	应紧固、齐全
7	悬架总成	检查	对轿车，上下按压前翼子板和行李箱等；对大型车辆，用手摇悬架总成	减振器不漏油，弹簧、扭杆等无变形或折断，车轮不得与车身任何部位发生干涉
8	轮胎	检查轮胎气压、清除轮胎表面杂物	视检、用气压量表检查轮胎气压	气压符合规定、胎间及胎纹间无杂物
9	机油滤清器	排污、清洗	打开排污塞排污，严重时更换滤芯	对于装置叠片式的应顺时针转动手柄3～5圈
10	排除故障	排除行车中发生的所有故障，需小修的，应及时安排修理	找出故障部位，查明原因，逐一排除故障	修复

4. 桑塔纳GLi轿车日常维护

1）桑塔纳GLi轿车日常维护流程，如图4-4所示。

2）桑塔纳GLi轿车日常维护作业，见表4-7。

表4-7 桑塔纳GLi轿车日常维护作业操作表

序号	作业项目	必备工具	作业内容	竣工条件
1	检查轮胎	目测	1. 检查各个轮胎气压 2. 检查轮胎侧面无裂缝 3. 检查轮胎花纹 4. 检查轮胎表面是否清洁	轮胎清洁，轮胎面无气鼓、裂伤、老化、变形、扎钉等，气门嘴完好

（续）

序号	作业项目	必备工具	作业内容	竣工条件
2	发动机室外观检查	目测	1. 检查各油管有无漏油 2. 检查线路和各种插头、接头有无松动脱落 3. 检查各传动带有无破损或丢失	传动带应无龟裂和过量磨损，表面无油污，各种线路、油管、插头、接头连接牢固
3	检查冷却液液面	目测	目测冷却系统外观，冷却液液面应在上下标线之间	每两年应更换，注意：如需补加，只能补加 G12（红色），不得与其他类型的添加剂混合使用
4	检查喇叭和刮水器	目测	检查喇叭和刮水器	附属装置齐全，刮水器、风窗玻璃、洗涤器齐全有效
5	机油油位	目测	待发动机停转几分钟后，用干净布擦干净后再插回原处；再次拔出机油尺，读出油位	油位应位于两个标记之间
6	检查蓄电池	目测	目测检查蓄电池表面是否清洁，是否有液体流出；免维护蓄电池目测检查蓄电池状态指示灯，蓄电池桩头是否有松动或被腐蚀	蓄电池状态指示灯为绿色，无液体流出，桩头固定牢固
7	制动液和转向液压助力器液面	目测	检查制动液和转向液压助力器油罐内的油面高度	制动液：液面位于 MAX 和 MIN 之间 转向液压助力器：热态时，液面高度需接近最大刻度；冷态时，不低于最小刻度
8	仪表中各个指示灯	目测	观察各仪表和故障指示灯	各指示灯均指示正常
9	燃油表	行驶中目测	燃油表指针不能低于红色区域刻度线	油量过少将影响到燃油泵的散热效果，降低其使用寿命
10	冷却液温度表	行驶中目测	正常行驶时冷却液温度表指针应该在红色指示灯左右	当冷却液温度报警灯亮时，应立即停车检查，确认无患后，方可继续行驶；若继续报警，则应立即停驶

4.2.2 现代汽车一级维护保养

1. 汽车一级维护保养的定义

汽车一级维护保养是指车辆行驶到一定里程（间隔里程因车和使用条件不同而不同）后，除完成日常维护作业外，进行以清洁、润滑和紧固为中心作业内容，并检查有关制动、操纵等安全部件，由专业维修人员负责执行的车辆维护作业，以前称为一级保养。其中心作业内容为：润滑和紧固。根据我国现行的维护制度，一级维护保养应由专业维修企业负责执行，即应进厂维护。

由于一级维护保养作业中零部件紧固、润滑油的添加与更换，以及安全部件技术状况的检查属于专业性维护作业，需要利用相关专业设备和工具，按技术标准进行，因此，汽车一级维护保养应由维修企业负责执行。

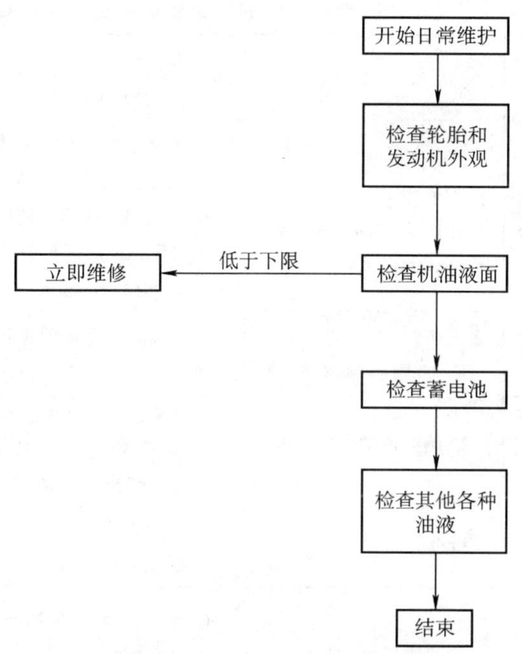

图 4-4　桑塔纳 GLi 轿车日常维护流程图

2. 汽车一级维护保养的基本要求

汽车一级维护保养是一项运行性维护作业，即在汽车日常使用过程中的一次以确保车辆正常运行状况为目的的作业。其中心内容是：清洁、润滑和紧固，并检查制动、操纵等安全部件。

随着现代汽车技术的发展，使得汽车维护作业的技术含量和作业难度正在逐步提高。因此，一级维护保养必须由汽车维修企业的专业人员来完成，这对确保维护质量具有十分重要的意义。

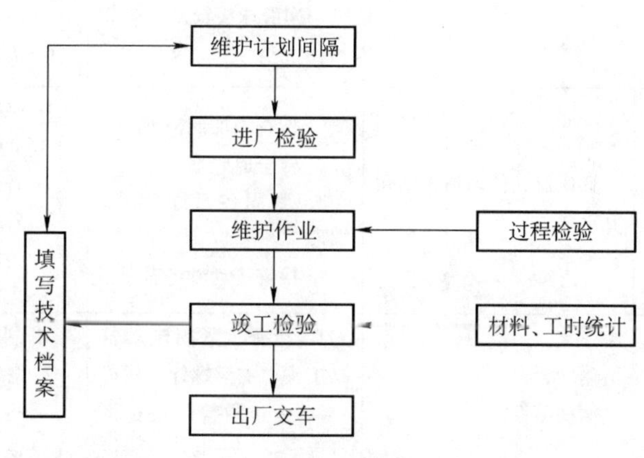

图 4-5　一级维护保养作业的工艺流程图

3. 汽车一级维护保养的工艺流程及作业内容

一级维护保养作业的工艺流程如图 4-5 所示。

现代汽车一级维护保养除了完成润滑和紧固两大中心作业外，还要进行大量的检查作业，同时进行清洁、补给和调整等作业。不同的汽车技术要求稍有不同，东风 EQ1090 型和解放 CA1091 汽车一级维护保养的作业维护项目及技术要求见表 4-8。

表4-8　汽车一级维护保养的作业维护项目及技术要求

<table>
<tr><th rowspan="2">序号</th><th rowspan="2">维护项目</th><th rowspan="2">操作要领</th><th colspan="2">技术要求</th></tr>
<tr><th>EQ1090</th><th>CA1091</th></tr>
<tr><td>1</td><td>发动机空气滤清器、空压机空气滤清器、曲轴箱通风空气滤清器、机油滤清器、曲轴箱油面高度</td><td>纤维滤芯用汽油清洗；干式滤芯应轻轻拍打，并用不大于0.5MPa的清洁压缩空气由里向外吹净</td><td colspan="2">1. 各滤芯应清洁无破损，上下衬垫无残缺，密封良好
2. 各滤清器外壳清洁，安装牢靠
3. 发动机熄火后应能听到机油转子滤清器均匀的运转声或手摸壳体时有轻微的振动手感
4. 曲轴箱油面高度应符合规定</td></tr>
<tr><td rowspan="2">2</td><td>散热器、油底壳、发动机前后支垫、水泵</td><td rowspan="2">1. 紧固各部位螺栓、螺母
2. 调整传动带松紧度</td><td colspan="2">各连接部位螺栓、螺母紧固，锁销、垫圈及胶垫完好有效</td></tr>
<tr><td>泵、空压机、进、排气歧管、化油器、风扇传动带、空压机传动带</td><td>传动带松紧度适中，在中间位置施加29～49N时，其挠度为10～15mm</td><td>传动带松紧度适中，在中间位置施加39N左右时，其挠度为10～15mm</td></tr>
<tr><td>3</td><td>离合器</td><td>检查、调整自由行程</td><td colspan="2">1. 离合器踏板自由行程为30～40mm
2. 操纵机构灵敏</td></tr>
<tr><td>4</td><td>转向器、转向垂臂、转向传动十字轴承、转向横直拉杆、转向节及臂、前轴</td><td>1. 检查添加润滑油
2. 检校轴承松紧度
3. 检查转向横直拉杆球头销连接部位的紧固情况，润滑球头销及转向节</td><td colspan="2">1. 车辆处于水平状态时，转向器油面应不低于视检口下沿15mm
2. 转动十字轴承、转向横直拉杆球头销转动灵活不松旷
3. 前轴无明显变形及裂损
4. 转向节及臂连接紧固可靠，润滑充足
5. 转向垂臂连接紧固可靠
6. 无漏油现象</td></tr>
<tr><td>5</td><td>变速器、传动轴、中间轴承和后桥</td><td>1. 检查添加润滑油
2. 检查通气塞
3. 紧固各部位螺栓、螺母
4. 检查传动轴各轴承</td><td colspan="2">1. 车辆处于水平状态时，各油面应不低于视检口下沿15mm
2. 各通气塞孔清洁、畅通
3. 各部位螺栓、螺母紧固可靠
4. 传动轴中间轴承、十字轴承不松旷
5. 无漏油现象</td></tr>
<tr><td>6</td><td>制动管路
制动踏板</td><td>1. 检查、紧固制动管路接头、支架螺栓、螺母
2. 检查调整踏板自由行程</td><td colspan="2">1. 制动管路各接头部位应牢固可靠，不漏气
2. 各部位支架螺栓、螺母紧固可靠
3. 行车制动踏板自由行程应为10～15mm
4. 制动联动机构灵敏可靠</td></tr>
<tr><td>7</td><td>车架、车厢及各附件支架</td><td>检查、紧固各部位螺栓及拖钩、挂钩</td><td colspan="2">1. 各部位螺栓、螺母紧固可靠
2. 各部位无裂损，无窜动，齐全有效</td></tr>
<tr><td>8</td><td>轮辋及压条挡圈</td><td>检查有无裂损现象</td><td colspan="2">轮辋及压条无裂损</td></tr>
<tr><td>9</td><td>轮胎</td><td>检查、补气</td><td colspan="2">1. 轮胎气压应符合规定
2. 气门嘴帽齐全</td></tr>
<tr><td>10</td><td>轮毂轴承</td><td>检查轴承松紧度</td><td colspan="2">手感无旷量</td></tr>
<tr><td>11</td><td>钢板弹簧及U形螺栓</td><td>检查、紧固</td><td colspan="2">1. 钢板无断裂，无移位
2. 各部位螺栓、螺母紧固可靠
3. U形螺栓应齐全可靠</td></tr>
<tr><td>12</td><td>减振器</td><td>检查减振器</td><td colspan="2">安装牢固可靠，无漏油</td></tr>
</table>

（续）

序号	维护项目	操作要领	技术要求	
			EQ1090	CA1091
13	蓄电池	1. 检查液面高度，补充蒸馏水 2. 检查通气塞孔 3. 检查电桩夹头	1. 蓄电池电解液液面应高出极板上缘 15～20mm 2. 气孔畅通，清洁 3. 上部清洁，电桩夹头无氧化物	
14	灯光、仪表、信号装置	检查、调整	灯光、信号装置、仪表齐全有效，安装牢固	
15	全车各油脂润滑点	按润滑图加注润滑脂	1. 各部位滑脂嘴应齐全有效 2. 各部位润滑良好	

4. 汽车一级维护保养的竣工检验及技术要求

现代汽车一级维护保养结束后，应进行竣工检验，其技术要求见表 4-9。

表 4-9 汽车一级维护保养竣工检验技术要求

序号	检验项目	技术要求	操作要领
1	紧固情况	发动机前后支垫、进气歧管、排气歧管、散热器、钢板弹簧、U 形螺栓、制动底板、轮胎、传动轴、半轴、车身、车厢、附件支架等外露螺栓、螺母齐全紧固，各种衬垫圈完好	视检
2	润滑情况	当车辆处于水平状态时，转向器、变速器、主减速器润滑油油面应不低于检视口下沿 15mm，通风孔应畅通；各润滑脂嘴齐全有效，安装正确，润滑点全部润滑，轴销端应有被挤出的油迹	视检
3	蓄电池	蓄电池电解液液面应高出极板上缘 15～20mm，通气孔畅通，电桩夹头清洁牢固	视检
4	密封及电路	全车不漏油、不漏水、不漏气、不漏电	视检
5	灯光、信号、仪表等	灯光、信号、仪表、喇叭、刮水器、后视镜等装置齐全有效	检查
6	滤清器	发动机、空压机、曲轴箱通风装置的空气滤清器滤芯清洁，机油转子滤清器运转正常	
7	离合器	变速器、主减速器凸缘螺母齐全紧固、锁止可靠	
8	踏板自由行程	离合器踏板和制动踏板自由行程应符合规定	检查
9	转向系统	转向臂、转向横直拉杆、制动操纵机构可靠，锁销齐全有效，转向拉杆球头、转向传动十字轴承、传动轴十字轴承不松旷	
10	轮胎	轮胎气压应符合充气规定，胎面无嵌入的石子、铁钉等杂物	检查
11	前后轴承	轮毂轴承不松旷	检查
12	质量保证	汽车一级维护质量保证里程为 300km，或者从出厂之日起时间间隔为两天	

5. 桑塔纳 GLi 轿车一级维护保养

1）桑塔纳 GLi 轿车一级维护保养流程如图 4-6 所示。

2）桑塔纳 GLi 轿车一级维护保养作业流程见表 4-10。

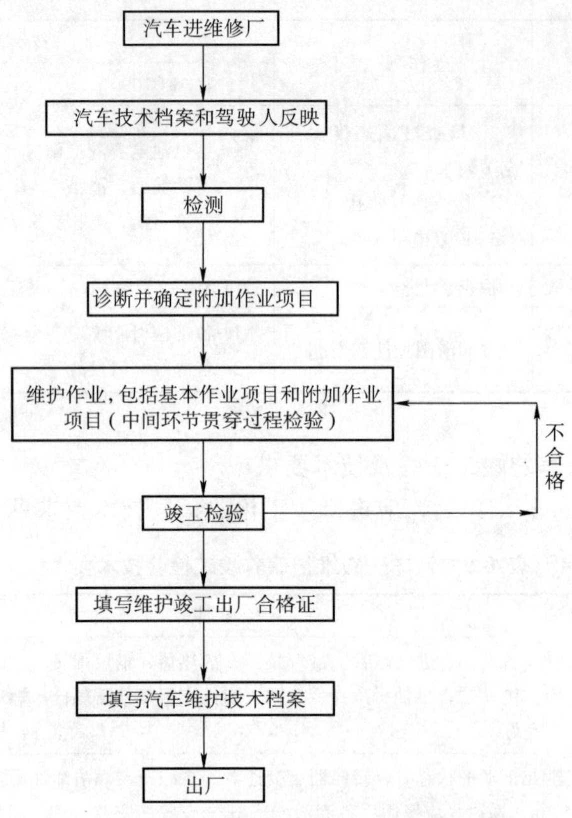

图4-6 桑塔纳GLi轿车一级维护保养流程

表4-10 桑塔纳GLi轿车一级维护保养作业流程

序号	维护项目说明	作业内容 技工A
1	接车检验	1. 检查施工单与维修车辆的车号和VIN码是否相符 2. 对驾驶人陈述故障进行检查，确定维护内容
2	准备工作	1. 准备工具 2. 领配件
3	检查照明设备、喇叭、洗涤装置	1. 检查各项灯光 2. 目测安全气囊有无损伤 3. 检查电动摇窗机 4. 检查电动后视镜
4	各仪表、安全带	1. 检查各项仪表是否正常 2. 检查安全带是否完好
5	刮水器	1. 检查刮水器工作状况 2. 目测检查清洁液液面高度，必要时添加
6	检查故障存储器	使用大众专用诊断仪读取各系统的故障信息
7	发动机润滑系统	1. 发动机熄火后，打开发动机盖 2. 检查发动机润滑系统（上部）有无渗漏 3. 打开发动机加机油口盖放于工具盒内

（续）

序号	维护项目说明	作业内容　技工 A
8	更换机油、滤芯	更换机油、滤芯
9	燃油系统	目测检查燃油箱管路、接头以及制动管路
10	检查转向传动机构和车身底部	1. 检查车身底部防护层是否损坏 2. 目测检查驱动轴防尘罩情况 3. 目测检查驱动轴内外万向节 4. 目测检查转向传动机构的工作状况和密封性 5. 检查紧固底盘螺栓
11	排气歧管、消声器、三元催化器	1. 目测检查排气歧管、消声器状况及密封性 2. 视检三元催化转化器外观及连接状况
12	检查悬架系统	1. 检查减振器密封及连接状况 2. 检查下摆臂与球头有无变形或损伤 3. 检查减振弹簧有无变形或损伤 4. 检查横拉杆球头间隙和防尘罩状况并紧固
13	前轮制动器	目测检查各部件磨损情况，必要时更换
14	后轮制动器	1. 目测检查各部件磨损情况，必要时更换 2. 装复润滑总成，调整轮毂间隙
15	检查轮胎	1. 检查轮胎花纹及花纹深度 2. 检查轮胎螺栓拧紧力矩
16	检查发动机上部	目测零件有无损坏和泄漏
17	燃油蒸发控制装置	1. 检查软管和接头 2. 目测检查活性炭罐、储油罐外观 3. 检查单向阀
18	曲轴箱通风装置	目测检查 PCV 阀和通气软管
19	冷却系统	1. 目测检查冷却系统密封状况 2. 用冰点仪检测冷却液冰点 3. 目测检查冷却液品质及液面高度，必要时添加或更换
20	转向器、液压助力泵、转向减振器	1. 检查转向器、液压助力泵、储液罐等的密封性 2. 检查液压助力器储油罐油面高度 3. 检查液压助力泵工作状况
21	制动操纵系统	1. 目测检查制动液品质、质量及制动液面指示灯开关（必要时更换制动液） 2. 目测检查制动系统有无渗漏
22	蓄电池	1. 清洁外表及极桩、通气孔 2. 检查电解液液面高度
23	起动机	1. 起动发动机 2. 检查起动机工作状况
24	进气歧管	1. 目测检查进气歧管电加热器线路和热敏开关 2. 检查液压挺柱工作状况，有无不正常噪声
25	发电机	检查发电机运转情况，测量发电机电压
26	空调系统	检查空调系统工作状况、密封状况

（续）

序号	维护项目说明	作业内容 技工A
27	车门、发动机盖	1. 检查车门、发动机盖铰链、拉索 2. 检查门锁，必要时润滑
28	轮胎（包括备胎）	用轮胎气压量表检查轮胎气压
29	排放	引导车辆检测尾气
30	竣工检验	1. 清洁车辆内外 2. 填写整齐单据各项 3. 试车（驾驶人同意）

4.2.3 现代汽车二级维护保养

1. 汽车二级维护保养的定义

汽车二级维护保养是指车辆行驶到一定里程（间隔里程因车和使用条件的不同而不同）后，除完成一级维护保养作业外，以检查、调整转向节、转向摇臂和悬架等经过一定时间使用后容易磨损或变形的安全部件为主，并拆检轮胎，进行轮胎换位，检查调整发动机工况和排气污染装置等，由维修企业负责执行的车辆维护作业，过去称为二级保养。其中心作业内容为：检查和调整。

当汽车行驶到一定里程后，汽车的磨损和变形会增加，为了延长汽车的使用寿命和保证行车安全，必须按期进行汽车二级维护保养。

汽车二级维护保养是我国现行汽车维护作业中的最高一级。二级维护保养要求在维护前进行不解体检测诊断，以确定附加作业项目；强调对安全部件的检查和调整；检查、调整发动机工况和排气污染控制装置的工作情况等。

2. 汽车二级维护保养的基本要求

汽车二级维护保养的目的是消除安全隐患，恢复车辆使用技术性能，尤其是排放和安全性能，所以二级维护保养作业应满足以下基本要求：

1）汽车二级维护保养的检测诊断。应全面完成汽车二级维护保养的各检测、诊断项目，这关系到对该车的技术状况能否真正掌握，关系到二级维护保养附加作业项目的确定是否合理、是否到位，关系到汽车潜在的故障隐患能否通过本次维护得到彻底的排除。

2）汽车维护作业过程检验。这是控制二级维护保养作业质量的重要环节。汽车二级维护保养是否达到预期目的，取决于二级维护保养的基本作业和附加维护作业项目是否到位，是否按技术要求完成作业任务。只有进行维护作业过程的检验，才能对汽车维护质量进行有效控制，达到维护的目的。

3）汽车维护竣工检验。企业应有明确的针对具体车型的汽车维护竣工检验技术标准，根据该标准配备相应的检测设备以及掌握现代汽车检测诊断技术的质量检验员。这是保证汽车维护质量的关键。

3. 汽车二级维护保养的工艺过程

汽车二级维护保养是现行维护制度中的最高级别维护，其目的是维持汽车各总成、系统和机构具有良好的工作性能，及时排除故障和隐患，保证汽车动力性、经济性、环保性、操

纵性及安全性能满足要求，确保汽车在二级维护保养间隔期内能够正常运行。

汽车二级维护保养首先要进行检测，汽车进厂后，根据汽车技术档案的记录资料（包括车辆运行记录、维修记录、检测记录、总成修理记录等）和驾驶人反映的车辆使用技术状况（包括汽车动力性、异响、转向、制动，以及燃、滑料消耗等）确定所需检测项目，依据检测结果及车辆实际技术状况进行故障诊断，从而确定附加作业项目。附加作业项目确定后与基本作业项目一并进行二级维护保养。

二级维护保养过程中需要进行过程检验，过程检验项目的技术要求应满足有关技术标准或规范；二级维护保养作业完成后，需要经过维修企业进行竣工检验，竣工检验合格的车辆，由维修企业填写《汽车维护竣工出厂合格证》后方可出厂。

二级维护保养作业的工艺流程如图 4-7 所示。

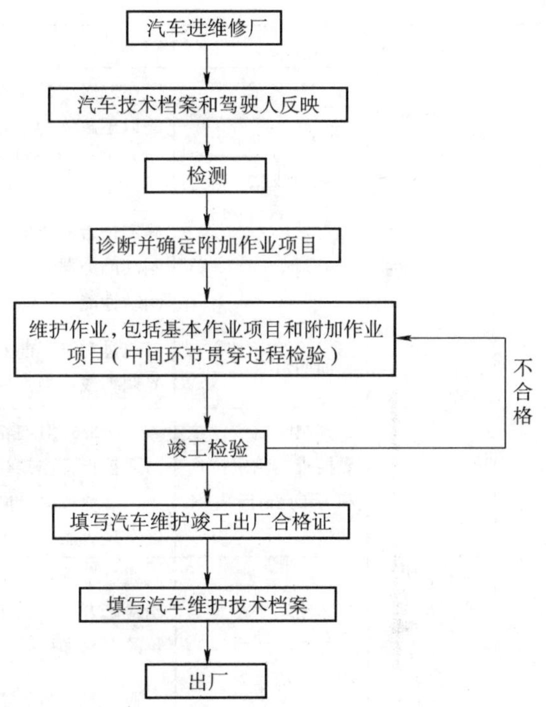

图 4-7　二级维护保养作业的工艺流程图

4. 汽车二级维护保养前的检测、诊断及附加作业项目的确定

（1）汽车二级维护保养前的检测项目及目的　汽车二级维护保养检测项目，按检测的目的和范围可归纳为以下 7 个大方面，共计 13 个小项目。其具体检测项目和检测目的见表 4-11。

表 4-11　汽车二级维护保养前的检测项目及目的

序号	检测项目		检测目的
1	发动机动力性能检测	发动机功率，气缸压力	在二级维护保养时，通过不解体检测“发动机功率”和“气缸压力”等技术参数，来判断气缸密封性和磨损情况，以及发动机工作性能，确定是否需要对影响发动机动力性的有关工作部件进行检修或更换，或进行发动机解体维护（如换活塞环、磨气门），或总成大修
2	排放净化性能检测	汽车排气污染物，三元催化转化器的作用	在二级维护保养时，通过对汽车排气污染物的检测，掌握汽车排放净化性能是否符合有关标准，判断发动机工作状况和三元催化转化器等排放净化装置的技术状况，以确定对发动机和排放净化装置的维护作业项目
3	电控燃油喷射系统检测	电控燃油喷射系统	电控发动机结构复杂，在实际维护中不解体检测电控燃油喷射系统工作性能主要有两个方面的要求：一是通过故障自诊断系统故障码的查询、电控燃油喷射系统各部件的相关工作参数的调取，来判断系统工作状况，确定传感器或执行器是否需要检修；二是通过检测电控燃油喷射系统的工作压力，确定燃油泵、燃油压力调节器、喷油器和燃油管道等是否完好，密封、工作正常，是否需要进行拆检、清洗或更换
4	柴油车工作性能检测	柴油车检查供油提前角，供油间隔角和喷油泵供油压力	在二级维护保养时，通过对柴油机供油提前角、供油间隔角和喷油泵供油压力的检测，判断柴油机供油系统的工作状况，确定是否需要拆检，喷油器是否需要拆洗并检测喷油雾化状况

（续）

<table>
<tr><th>序号</th><th colspan="2">检测项目</th><th>检测目的</th></tr>
<tr><td rowspan="2">5</td><td rowspan="2">安全性能检测</td><td>制动性能，检查制动力</td><td>在二级维护保养时，为保证制动性能，对制动器有拆检的要求，这是在新的以不解体为主导的维护技术规范中，特别强调要解体作业的内容
对于制动控制系统（气压制动系统或液压制动系统）的技术状况，必须通过制动力、制动力平衡和制动协调时间等制动性能参数的检测予以判断，以确定是否需要拆检维护有关部件。如液压制动系统的制动主缸、制动轮缸、制动助力器；气压制动系统的空气压缩机、制动阀、制动气室等，保证汽车制动性能</td></tr>
<tr><td>前照灯</td><td>通过对汽车前照灯发光强度和光轴照射位置的检测，确定是否需要进行灯光调整或更换部件，保证行驶安全性</td></tr>
<tr><td rowspan="3">6</td><td rowspan="3">操纵和行驶系统检测</td><td>转向轮定位，主要检查前轮定位角和转向盘自由转动量</td><td>一是通过对前轮定位角的检测，判断汽车前轴和传动杆系是否变形，是否需要校正，主销衬套或转向节等是否需要更换
二是通过对转向盘自由转动量的检测，判断转向器和转向轴的技术状况，确定是否需要进行转向器总成拆修</td></tr>
<tr><td>车轮动平衡</td><td>通过车轮动不平衡量的检测和调试，找到其动不平衡产生的原因，确定车轮检修方案，确保不会因车轮的不平衡而在旋转时产生离心力，从而引起车轮的振动和摇摆，影响汽车的操纵性能，加剧轮胎的磨损</td></tr>
<tr><td>操纵稳定性，有无跑偏、发抖、摆头</td><td>通过对操纵稳定性的路试，观察行驶时有无跑偏、转向盘发抖或摆头等现象，确定是否需要进行操纵系统拆修</td></tr>
<tr><td rowspan="4">7</td><td rowspan="4">底盘传动系统技术状况检测</td><td colspan="2">检查变速器技术状况，视检有无泄漏、异响、松动、脱落、裂纹等现象，换档是否轻便灵活，判断变速器总成工作是否良好，确定是否需要进行调整或总成拆修</td></tr>
<tr><td colspan="2">检查离合器技术状况，路试有无打滑、发抖现象，分离是否彻底，接合是否平稳，判断离合器总成工作是否良好，确定是否需要进行调整或总成拆修</td></tr>
<tr><td colspan="2">检查传动轴技术状况，视检有无泄漏、异响、松动、脱落、裂纹等现象，确定是否需要进行调整或总成拆修</td></tr>
<tr><td colspan="2">检查后桥和主减速器有无泄漏、异响、松动、过热等现象，确定是否需要进行调整或总成拆修</td></tr>
</table>

随着现代汽车技术的发展，其结构越来越复杂，新装置越来越多，技术含量越来越高，在维护前和维护过程中需要通过不解体检测来进行分析诊断的情况也越来越多。因此，汽车二级维护保养检测项目并不受上述标准给出的内容所限，在维护执行过程中应以“及时排除故障和隐患，保证汽车完好技术状态”为目标，结合实际需要进行合理的安排。

从汽车维护检测项目来看，有性能参数的检测，如发动机功率；有系统工作状态参数的检测，如气缸压力、供油提前角、制动力和车轮定位角等；有系统工作状况的检查，如各装置的作用、异响和操纵性能等；还有一些总成、部件的一般视检，如密封性、连接状况等。对不同项目有不同的要求，但汽车二级维护保养检测诊断在总体上有以下两个方面的要求：

1）对汽车二级维护保养检测诊断项目进行检测时，应使用该检测项目的专用检测仪器，仪器精度须满足有关规定，这主要是针对那些汽车性能技术参数的检测；如发动机功率、气缸压力、车轮定位角、车轮动平衡等。一是强调了一定要用仪器或设备进行检测，二是强调要合理选择符合技术要求的专用检测仪器，保证检测数据的准确性。

2）汽车二级维护保养检测项目的技术要求，应参照国家有关技术标准或原厂检测技术要求执行，即所检测项目应达到技术标准。这一要求明确了两个概念：一是这里所讲的“国家有关技术标准”，主要是指那些国家对车辆有统一要求的技术标准。例如：安全方面，对汽车制动性能（包括制动力等）；环境保护方面，对在用车排放污染物排量限制（俗称“排放标准”）。二是这里所讲的“原厂要求”，主要是指检测项目中除有国家标准统一要求外，应以“原厂要求”为标准。这一方面进一步明确了汽车维护的技术质量要求，体现了恢复原车技术状态这一汽车二级维护保养的基本宗旨；另一方面也进一步强调维修企业应重视汽车维修技术资料的收集和信息管理工作，否则维修就无技术标准可依，维修质量当然就无法保证。

汽车二级维护保养前的具体检测项目、主要检测仪器和精度要求及技术要求（以东风EQ1090型和解放CA1091型载货车为例），详见表4-12。

表4-12　汽车二级维护保养前检测项目、主要检测仪器和精度要求及技术要求

序号	检测项目	主要检测仪器及精度要求	技术要求		备　注
			EQ1090	CA1091	
1	点火提前角	发动机综合检测仪、电器检测仪±1°（曲轴转角）	800r/min时，9°±1° 1200r/min时，13°±1°	500r/min时，6°±1° 1200r/min时，17°±1°	点火提前角可随海拔、气温、汽油辛烷值、汽车技术状况做适当调整 以百分比表示的仪器精度要求是指相对值误差，以下同
2	分电器重叠角	发动机综合检测仪、电器检测仪≤1°	1200r/min时，≤3°		该角度反映各缸点火时刻的准确性
3	触点闭合角	发动机综合检测仪、电器检测仪±1°	1200r/min时，36°~42°	1200r/min时，38°~42°	对应的触点间隙为0.35~0.45mm
4	点火高压	发动机综合检测仪、电器检测仪±200V	1200r/min时，8~10kV	1200r/min时，7~9kV	该值反映火花塞电极间隙大小及高压线、分火头接触状况
			各缸差值≤2kV，点火波形应正常		
5	发动机功率	发动机综合检测仪、无负荷测功仪±5%	≥额定值的80%		发动机温度70℃以上，点火系统、供油系统工作正常。检测时，自怠速将加速踏板突然踏到底
6	单缸转速降	发动机综合检测仪、电器检测仪≤2%，转速表±10r/min	1200r/min时，下降值≥90r/min，各缸转速降相差值≤25%		该参数可判断各缸工作的均匀性，下降值越小说明该缸工作越差
7	气缸压力	气缸压力表±5%	发动机温度正常，转速为130~150r/min，气缸压力应≥规定值的85%，各缸压力差应≤规定值的10%		EQ1090：压缩比气缸压力 6.75∶1　0.83MPa 7.2∶1　0.88MPa CA1091：压缩比气缸压力 6.5∶1　0.78MPa 6.75∶1　0.83MPa 6.9∶1　0.88MPa 7.4∶1　0.93MPa 表中的压力值随海拔的变化而变化

（续）

序号	检测项目	主要检测仪器及精度要求	技术要求		备　注
			EQ1090	CA1091	
8	曲轴箱窜气量	曲轴箱窜气测量仪 ±6%	2000r/min 时，≤70L/min	1000r/min 时，≤40L/min	
9	气缸漏气量	气缸漏气量检测仪 ±6%	被检测缸置于静态压缩上止点，测量表气压值≥0.25MPa		可听察漏气声、对漏气部位进行诊断 发动机无异响、气缸压力和曲轴箱窜气量符合规定时，此项可不检测
10	进、排气歧管真空度	汽车发动机检测专用真空表 ±0.15kPa	怠速 500～600r/min 时，50～70kPa 波动值应≤5kPa		发动机温度 75～85℃，该值表明气缸密封性好坏，该值随海拔的变化而变化
11	气缸表面、活塞顶状况窥查	工业纤维内窥镜	发动机停机后，温度低于 50℃，窥视气缸应无损伤；活塞顶应无烧蚀及严重积炭、积垢		异常现象可拍片分析 发动机有异响或气缸活塞组件密封状况不良时检查
12	配气相位	发动机综合测试仪百分表 0.01mm	800r/min 时，气门间隙 0.25mm，进、排气门开闭角度误差≤2°		进气门排气上止点前开 EQ1090：20° CA1091：12° 进气门排气下止点后关 EQ1090：56° CA1091：48° 排气门做功下止点前开 EQ1090：38.5° CA1091：42° 排气门做功上止点后关 EQ1090：20.5° CA1091：18°
13	发动机异响	发动机综合检测仪、异响检测仪	曲柄连杆机构无异响 配气机构无异响		仪器检测可结合人工判断一并进行
14	冷却系统		无泄漏、异响，水泵轴不松旷，无过热现象，其他各处正常		外观检查
15	润滑系统		机油压力：怠速≥0.1MPa 中速≥0.3MPa		外观检查
16	起动前电压、起动电流、蓄电池内阻、稳定电压	发动机综合检测仪、电器检测仪 电压≤2% 电流≤5%	起动前电压≥12V 起动电流稳定值 100～150A 蓄电池内阻≤20MΩ 稳定电压≥9V		该参数可评价蓄电池性能的优劣及起动机技术状况的好坏
17	蓄电池充电电流、电压	发动机综合检测仪 电压≤2% 电流≤10% 电器检测仪	充电电流 10～25A 充电电压 13.8～14.2V		当从低速增加到高速时，充电电流应在 10～25A 范围内。随着转速的提高，电流明显上升，但中速以后，转速再升高电流应略下降；否则说明调节器工作不正常

（续）

序号	检测项目	主要检测仪器及精度要求	技术要求		备注
			EQ1090	CA1091	
18	机油污染指数	润滑油质量检测仪≤5%	污染指数<4.7（以用RZJ-2型仪测定为例） 污染指数<23（以用SRZ-1型仪测定为例）		1. 在通常情况下，当污染指数（或斑痕）、开口闪点、水分其中一项不符合技术要求时应更换机油。二级维护保养不换机油的，须在两次二级维护保养中间的一级维护保养作业中检测机油质量 2. 测得的机油含铁量值，可为考核发动机气缸、曲柄连杆机构各配合副的磨损情况和制订汽车维修计划提供部分依据 3. 凡本标准采用的机油简易测试仪和方法，均应符合GB/T 8028—2010《汽油机机油换油指标》换油指标
19	水分、开口闪点、含铁量等机油理化指标	润滑油分析仪	1. 水分（质量分数）≤0.20% 2. 开口闪点，单级油≥165℃，多级油≥150℃ 3. 含铁量 4. L-EQC≤250（μg/g） 5. L-EQD≤200（μg/g）		
20	斑痕	试纸	与标准斑痕图谱比较若好、中可用，若差则须换油		
21	齿轮油理化指标	润滑油分析仪	1. 水分（质量分数）≤0.20% 2. 含铁量增长值≤1000（μg/g）		各种齿轮油通用
22	前轮定位	前轮定位检测仪 前束尺	EQ1090： 前束值1~5mm 子午胎1~3mm 前轮外倾1° 主销内倾6° 主销后倾2°30′ CA1091（按轮胎顶中心线计）： 前束值2~4mm 子午胎1~3mm 前轮外倾1° 主销后倾1°30′		汽车平置，前轮摆正
23	转向盘自由转动量	转向盘自由转动量角度仪	15°~30°		转向盘自由转动量是转向系统传动部分各配合副间隙的综合反映
24	操纵稳定性		不跑偏，不发抖，不摆头		路试检查
25	轴距		左前后轮中心距和右前后轮中心距差≤10mm		测量时前轮摆正
26	离合器		不打滑，不发抖，分离彻底，接合平稳		路试检查
27	驻车制动器		制动蹄片与制动鼓的间隙为0.2~0.4mm 拉制动操纵杆3~5齿应能完全制动，各部位螺栓连接良好		外观检查和路试检查
28	变速器		换档应轻便灵活，无异响、自动跳档或乱档现象 变速器无漏油、裂纹，各部位螺栓紧固有效		路试检查和外观检查

（续）

序号	检测项目	主要检测仪器及精度要求	技术要求		备注
			EQ1090	CA1091	
29	传动轴		传动轴负荷变化时无异响，行驶中无反常振动 传动轴无裂纹、坑凹和弯曲，万向节十字轴轴向间隙及其他各部位间隙符合要求，中间支承托架、固定螺母及中间支承轴承无松旷，技术状况良好，支承托架油封无漏油		路试检查和外观检查
30	后桥		主减速器、差速器无异响 主减速器无漏油、过热现象，前凸缘螺母不松动		路试检查和外观检查
31	车架和悬架		无裂纹弯曲和扭曲变形，各部位连接无松动，钢板销与销套无松旷		外观检查
32	轮胎		轮胎无异常磨损		外观检查和仪器检查相结合

注：检测的次序和需要检测的项目，根据车辆技术档案、驾驶人反映和检测人员的初步观测而确定。其目的是为判断故障、技术评定和确定附加作业项目提供依据。

（2）汽车二级维护保养前的技术评定和附加作业项目的确定　汽车是一个复杂的运动机械，其技术性能与使用环境有着千丝万缕的联系。特别是配置电控系统的汽车，一个故障现象可能会牵涉很多方面的因素，而一个因素可能会引起多方面的故障。因此，通过维护前不解体检测，准确评定汽车技术状况，确定合适的附加作业项目，是一项技术难度较大的工作。应根据检测结果，结合汽车运行等各方面的信息（驾驶人反映、性能检查结果和车辆技术档案等），对汽车技术状况进行综合评价，确定合理的附加作业项目。

1）确定汽车二级维护保养附加作业项目的原则要求。

① 要根据检测结果确定汽车二级维护保养附加作业项目。通过仪器设备检测诊断或观察、路试所得到的结果，是汽车各部位运行技术状况的真实表现，是科学的、可靠的，应作为确定附加作业项目的最主要依据。驾驶人的某些反映受本人技术素质和判断能力的限制，有时还会是错觉，应作为确定附加作业项目的参考依据。

② 把恢复汽车的正常技术状况作为附加作业深度的原则标准来确定，以消除汽车故障为目的的二级维护保养附加作业项目和作业内容。若维护作业（包括附加作业）超出范围，不仅违背二级维护保养的宗旨，而且违背了“技术与经济相结合”的汽车维修技术管理的基本原则。

③ 附加作业项目确定后与基本作业项目一并进行二级维护保养作业。这里提出了维护作业执行的原则要求，同时也进一步表明，汽车二级维护保养附加作业项目是维护作业不可分割的一部分。应在实施过程中，通过维修合同、维修作业单、过程检验及竣工检验等充分体现，以确保汽车二级维护保养基本作业项目和附加作业项目全面落实，保证维护质量。

2）汽车二级维护保养附加作业项目的作业特点。

① 对发动机部分，二级维护保养附加作业项目大多是围绕恢复汽车的动力性和排放性

进行的。如研磨气门、更换活塞环，解决气缸与活塞环磨损，导致气缸压力达不到要求，影响动力性和燃烧质量的问题；又如拆检机油泵，解决发动机润滑系统油压达不到要求，导致气门液压挺杆异响的问题。

② 对底盘部分，二级维护保养附加作业项目大多是围绕拆检、更换汽车转向、制动等安全机构部件进行的。根据需要对部分总成附件进行解体维护，如拆检、更换制动主缸和轮缸（制动器部分在基本作业项目中要求解体维护），更换前驱动轿车的驱动轴、万向节球笼等。

③ 对车身、电器部分，二级维护保养附加作业项目一般围绕发电机、起动机等电器附件的检修进行。另外还进行蓄电池补充充电，门窗摇机拆检，车身车架整形、检修等。作为汽车二级维护保养附加作业项目确定的依据，以东风 EQ1090 型和解放 CA1091 型载货车为例，见表 4-13。

表 4-13　汽车二级维护附加作业项目的确定

序号	项　　目	检 测 结 果	相关故障诊断	附加作业项目
1	点火系统	1. 闭合角 >42°或 <36° 2. 分电器重叠角 >3° 3. 点火提前角失准 4. 点火高压、点火波形	1. 分电器调整不当 2. 分电器轴及凸轮磨损松旷 3. 点火系统元件工作性能变差	检修分电器 视情况更换有故障的元件
2	发动机动力性	1. 发动机功率低于生产厂家额定值的 80% 2. 单缸转速降 <90r/min，各缸转速降相差 >25%	1. 气门与气门座密封性差 2. 气缸垫、进、排气歧管衬垫漏气 3. 气缸与活塞磨损，配合间隙过大 4. 活塞环磨损，黏结，断裂 5. 正时齿轮，凸轮轴磨损 6. 化油器、油泵及管路故障 7. 点火系统故障	研磨气门 更换损坏衬垫 更换活塞或视情镗缸 更换活塞环 更换正时齿轮或凸轮轴 检修，调整 检修，调整或更换有故障元件
3	气缸压力	压力 < 规定值的 85%，或各缸压力差 > 各缸规定值的 10%，如压缩比 6.75：1 的压力值 <0.70MPa	1. 气门与气门座密封性差 2. 气缸垫窜气 3. 气缸与活塞配合间隙过大 4. 活塞环磨损或断裂 5. 正时齿轮、凸轮轴磨损或配气正时失准	研磨气门 视情更换 视情镗缸或更换活塞 更换活塞环 更换磨损零件或调整配气正时
4	曲轴箱窜气量	窜气量 发动机转速为 1000r/min 时，（CA1091） >40L/min 发动机转速为 2000r/min 时，（EQ1090） >70L/min	1. 气缸、活塞磨损，配合间隙过大 2. 活塞环磨损、黏结、断裂 3. 活塞烧顶，严重拉缸	视情镗缸或更换活塞 更换活塞环 更换活塞或视情镗缸
5	气缸漏气量	测量表压力值 <0.25MPa	1. 气缸、活塞磨损，配合间隙过大 2. 活塞环磨损、黏结、断裂 3. 活塞烧顶，严重拉缸 4. 气门密封性差	视情镗缸或更换活塞 更换活塞环 更换活塞或视情镗缸 研磨气门

（续）

序号	项　目	检测结果	相关故障诊断	附加作业项目
6	进气歧管真空度	真空度<57kPa 波动值>5kPa	1. 气缸、活塞磨损，配合间隙过大 2. 活塞环磨损、黏结、断裂 3. 气门杆与导管磨损，气门密封性差 4. 气缸垫窜气，进、排气歧管衬垫漏气	视情镗缸或更换活塞 更换活塞环 视情修理 更换气缸垫
7	气缸内部窥查	活塞烧顶，气缸壁拉伤		更换活塞，视情镗缸
8	配气相位	配气相位角度偏移>规定值2°	1. 正时齿轮安装、调整不当 2. 正时齿轮、凸轮轴磨损 3. 气门间隙调整不当	重新安装，调整 更换磨损零件 重新调整
9	发动机异响	1. 曲柄连杆机构异响 2. 曲轴主轴承、连杆轴承异响 3. 活塞销响	1. 轴承与轴颈磨损、烧蚀 2. 活塞与气缸磨损，间隙增大，气缸体、曲轴及连杆变形 3. 活塞销与活塞、连杆衬套间隙过大	视情修理 视情修理 视情修理
		配气机构异响	1. 气门间隙调整不当 2. 摇臂与轴，气门挺杆与凸轮轴磨损 3. 凸轮轴轴承间隙过大 4. 气门座圈脱落 5. 气门弹簧折断 6. 正时齿轮损坏	视情拆检相关部位 更换磨损或损坏零件
10	发动机其他部位	水泵异响，渗漏	水泵轴轴承损坏或水泵轴断裂及各部位密封差	检修水泵 视情检修或更换密封件
		空气压缩机异响，漏油	1. 活塞、气缸磨损，配合间隙过大 2. 轴承损坏或配合间隙过大	视情更换活塞或气缸 视情修理
		曲轴前、后油封漏油	油封失效	更换油封
		发动机过热	1. 冷却系统工作不良 2. 配气相位调整不当 3. 点火正时调整不当	拆检冷却系统相关零件 调整
		排气歧管及消声器工作状况不良	连接松动、开裂或阻塞	视情修理
		机油压力低 怠速<0.1MPa 中速<0.3MPa	1. 机油泵磨损 2. 曲轴主轴承、连杆轴承、凸轮轴轴承配合间隙大 3. 油道漏油，调压阀失准，仪表、感应器不正常	拆检有关部位 视情修理
11	机油分析	污染指数、斑痕图谱和理化性能指标超标		

（续）

序号	项　目	检 测 结 果	相关故障诊断	附加作业项目
12	齿轮油分析	水分（质量分数）、含铁量增长值和100℃运动黏度变化率超标		
13	前轮定位	前轮定位超过规定值	1. 转向节主销及衬套磨损松旷 2. 车架、前轴变形 3. 悬架、转向机构异常	
14	转向器	转向盘自由转动量 > 30° 转向卡滞、沉重	1. 啮合间隙过大 2. 各配合副磨损、卡滞 3. 轴承锈蚀 4. 转向器、转向传动机构调整不当	
15	驻车制动器	驻车制动器不能有效制动（调整无效）	制动鼓、摩擦片磨损或油污	
16	离合器	离合器分离轴承异响 离合器工作不良	1. 轴承润滑不良 2. 轴承损坏 3. 离合器打滑 4. 离合器分离不彻底 5. 离合器接合不平顺	
17	变速器	异响，乱档，跳档，换档困难	1. 齿轮、轴、轴承磨损，间隙过大 2. 齿轮啮合不良或崩齿 3. 各轴承也同轴度、平行度超限 4. 变速操纵机构失效 5. 同步器失效	拆检变速器，视情修理 视情修理 视情修理 视情修理 更换同步器
		漏油	油封老化失效，衬垫损坏	更换
18	传动轴	异响、发抖、松旷	1. 中间轴承、万向节轴承松旷 2. 凸缘叉、滑动叉与花键配合不当或松旷 3. 传动轴不平衡	拆检，视情更换 拆检，视情更换磨损零件 视情修理
19	后桥	主减速器或差速器有异响	1. 齿轮崩齿，轴承损坏 2. 齿轮磨损，啮合间隙不当	更换损坏零件
		后桥壳有裂纹		修复或更换
20	车架、悬架、轮胎	车架裂纹、变形，铆钉松动		焊补，重铆，校正
		悬架机构异常	1. 钢板弹簧座孔磨损 2. 钢板弹簧错位、断裂，钢板弹簧销、衬套、滑板磨损、断裂	视情修理
		轮胎异常磨损	1. 前轮定位不符合规定 2. 车架、前桥、后桥变形 3. 悬架机构异常 4. 差速器功能不良	视情调校或修理

（续）

序号	项　目	检 测 结 果	相关故障诊断	附加作业项目
21	车身货箱	1. 钣金件开裂、锈蚀、变形 2. 脱漆		修整，补灰，喷漆
22	轴距	左右值之差 >10mm	1. 钢板中心螺栓折断，钢板错位 2. 钢板中定位孔磨损，前桥或后桥移位 3. 悬架机构、车架变形	拆检，更换中心螺栓 视情修理

（3）汽车二级维护保养的注意问题　在汽车二级维护保养具体实施过程中，如何将上述附加作业项目与汽车二级维护基本作业项目结合一并进行，需要解决好以下几个方面的问题：

1）附加作业项目的技术规范问题。由于附加作业项目是检修或总成修理，部件更换，因此附加作业项目应严格按有关车型维修手册的要求进行。《维修手册》中的相关内容，也应成为行业技术管理与质量监督的依据。

2）附加作业项目如何安排的问题。要将基本作业项目和附加作业项目一并进行，有些项目是可行的，如更换零部件和局部检修，可以通过适当延长维护作业时间的办法，将附加作业项目穿插在基本作业项目过程中进行。例如：桑塔纳轿车经检查发现驱动轴、防尘罩损坏，内外万向节球笼松旷，需要更换球笼和防尘罩，由于该项附加作业项目不是很费时，就可以在二级维护保养过程中结合底盘部分的维护作业项目一并进行。但如拆检变速器总成、换活塞环和研气门等主要总成拆检的附加作业项目，要安排在基本作业项目进行过程中一并进行就不太容易现实了，况且这些总成拆下以后，会使其他部分的维护作业无法进行，如当发动机气缸盖拆下研磨气门时，对发动机检查调整点火提前角、怠速、气门间隙等项目根本就进行不了。因此，在维护作业安排时，应将总成拆修和基本维护作业的内容合理安排好，尤其是相互关联的作业项目。

总之，只有将附加作业项目合理安排好，并穿插在二级维护保养基本作业项目过程中进行，而且真正按技术要求作业，才能达到汽车二级维护保养所应达到的目的。表4-14所示为桑塔纳轿车二级维护保养附加作业项目确定的依据。

表4-14　桑塔纳轿车二级维护保养附加作业项目确定的依据

序号	项　目	检 测 结 果	相关故障诊断	附加作业项目
1	点火系统	1. 闭合角、点火提前角失准 2. 点火高压达不到规定值，点火波形失常	1. 霍尔信号发生器气隙失准 2. 点火系统部件工作性能变差 3. 点火控制器工作不良	检修分电器、霍尔信号发生器总成，视情更换有故障的元件
2	发动机动力性	1. 发动机功率 < 生产厂家额定值的80% 2. 单缸转速降 <90r/min，各缸转速降相差 >25% 3. 气缸压力 < 规定值的80%或各缸压力差 >300kPa 4. 供油系统供油压力 >280kPa	1. 气门与气门座密封性差 2. 气缸垫、进气歧管衬垫、排气歧管衬垫漏气 3. 气缸与活塞磨损，配合间隙过大 4. 活塞环磨损、黏结、断裂 5. 正时齿轮、凸轮轴磨损或配气正时失准 6. 化油器、油泵及管路故障或燃油喷射系统部件故障 7. 点火系统故障	研磨气门 更换损坏的气缸垫、进、排气歧管衬垫 调整或更换磨损零件 调整配气相位 更换活塞环 检修、调整或更换供油系统有关部件

（续）

序号	项　　目	检 测 结 果	相关故障诊断	附加作业项目
3	进气歧管真空度	真空度 < 57kPa（怠速时） 波动值 > 5kPa	1. 气缸、活塞磨损，配合间隙过大 2. 活塞环磨损、黏结、断裂 3. 气门杆与导管磨损，气门密封性差 4. 气缸垫窜气，进、排气歧管衬垫漏气	视情大修 更换活塞环 视情修理气门杆、气门、导管 更换气缸垫、进气歧管衬垫、排气歧管衬垫
4	气缸漏气量	测量表压力值 < 0.25MPa	1. 气缸、活塞磨损，配合间隙过大 2. 活塞环磨损、黏结、断裂 3. 活塞烧顶，严重拉缸 4. 气门密封性差	视情镗缸或更换活塞 更换活塞环 更换活塞或视情镗缸 研磨气门
5	发动机异响	1. 曲柄连杆机构异响 2. 曲轴主轴承、连杆轴承响 3. 活塞敲缸 4. 活塞销响	1. 轴承与轴颈磨损、烧蚀 2. 活塞与气缸磨损间隙增大，曲轴及连杆变形 3. 活塞销与活塞、连杆衬套间隙过大	视情修理
		配气机构异响	1. 气门间隙调整不当，液压气门挺杆工作不良 2. 摇臂与轴、气门挺杆与轴承孔磨损 3. 凸轮轴轴承间隙超差 4. 气门座圈脱落 5. 气门弹簧折断 6. 正时齿轮磨损	视情拆检相关部位 更换磨损或损坏零件 不解体清洗润滑油道
6	冷却系统	发动机过热	1. 散热器结垢严重，散热片变形，节温器工作不正常，风扇热敏开关失灵，电动机损坏 2. 配气相位调整不当 3. 点火正时调整不当	拆检冷却系统相关零件 调整配气相位、点火正时
		水泵异响、渗漏	水泵轴轴承损坏或各部位密封不良	检修水泵 视情检修更换密封件
7	润滑系统	机油压力： 低压段 < 30kPa 高压段 < 180kPa 油压警告灯亮	1. 机油泵磨损 2. 曲轴主轴承、连杆轴承、凸轮轴轴承配合间隙大 3. 油量不足，油道泄漏，调压阀失准，仪表、感应器相应的机油压力开关不正常 4. 油道、集滤器滤网或滤清器堵塞	拆检有关部位 视情修理更换有关部件 拆洗油底壳、集滤器，清洗油道

（续）

序号	项　目	检测结果	相关故障诊断	附加作业项目
8	燃烧效果	排放污染物： CO（质量分数）>4.5% HC（质量分数）>1200×10^{-6}	1. 活塞、气缸磨损，间隙过大 2. 活塞环磨损、黏结、断裂 3. 气门密封不严 4. 化油器油道、量孔不畅 5. 喷油器工作不良，供油系统性能差	检修活塞、活塞环、气缸 研磨气门 拆洗化油器 拆检、调试喷油泵和喷油器
9	离合器	分离轴承异响	分离轴承损坏	更换分离轴承
		打滑 分离不彻底 接合不平顺	1. 离合器摩擦片烧蚀、有油污或材质过硬 2. 摩擦片磨损过度，分离叉轴、传动臂变形，花键过度磨损 3. 离合器压盘、膜片弹簧工作面不平整	拆检离合器 检查、更换离合器片或离合器压盘总成
10	变速器、差速器	异响 乱档 跳档 换档困难	1. 齿轮、轴、轴承磨损，间隙过大 2. 齿轮啮合不良或损坏 3. 各轴承孔同轴度、平行度超限 4. 变速操纵机构失效 5. 同步器失效	拆检变速器 视情更换或修理有关零部件
		漏油	1. 油封老化、失效，衬垫损坏 2. 油面过高或通气孔堵塞	更换油封或衬垫 调整油面，疏通气孔
11	驱动轴	异响 发抖 松旷	1. 驱动轴有损伤、变形 2. 等速万向节磨损、损坏	视情更换或修理有关零部件
12	制动系统	驻车制动器生效齿数>2 液压主缸渗漏油 真空助力器泄漏气	1. 棘爪、棘轮磨损过度，支架损坏 2. 总泵皮碗老化，密封不良，活塞磨损过度 3. 真空助力器密封不良	拆检、更换驻车制动有关零件 更换液压制动主缸 更换真空助力器
13	前轮定位转向系统	前轮定位超过规定值 转向盘有游隙 转向卡滞、沉重 方向跑偏 方向振抖	1. 悬架支柱变形、球形节磨损松旷 2. 车身承载部位、摆臂、稳定杆变形、开裂 3. 转向机构连接不当 4. 齿轮、齿条啮合间隙过大 5. 各配合副磨损、卡滞 6. 转向助力泵漏油、失效 7. 转向减振器失效	更换磨损零件 校正变形部位，焊接损坏部位 拆检、修理转向器 调整转向传动机构部件
14	悬架与轮胎	轴距失准	前横梁、后桥体撞击变形或疲劳损伤	焊补、校正或更换

（续）

序号	项　　目	检 测 结 果	相关故障诊断	附加作业项目
14	悬架与轮胎	悬架机构异响	1. 摆臂、稳定杆、侧向杆变形 2. 减振器漏油 3. 减振器弹簧疲劳损伤、定位失准	整修变形杆 更换减振器、减振弹簧
		轮胎异常磨损	1. 前轮定位不符合规定 2. 车身承载部位、前悬架、后桥体变形	视情调校或修理有关零部件 整修变形件
15	车身	钣金件开裂、锈蚀、变形、脱漆		修整，补漆
16	电器与电子设备	起动困难、起动机负载电流 > 110A，起动时蓄电池电压 <9V	1. 蓄电池电压不足 2. 起动线路接头松动 3. 起动机故障 4. 发动机曲轴转动阻力大	蓄电池充电 紧固起动线路接头 拆检起动机 视情检修发动机相关部件
		电脑控制系统有故障码	传感器、控制线路或电控单元有故障	视情更换有关零部件

5. 汽车二级维护保养的基本作业项目及技术要求

汽车二级维护保养基本作业项目是汽车行驶到一定里程或使用一定时间后，不管汽车的技术状况如何都必须完成的内容。它真正体现了“强制维护”的原则，适用于所有汽车二级维护保养的技术规范。其规定的基本作业项目和要求是有原则性的，具有实际指导意义。汽车二级维护保养的基本作业项目及技术要求（分别以 EQ1090 型、CA1091 型载货车和桑塔纳轿车为例），详见表 4-15 和表 4-16。

表 4-15　汽车二级维护基本作业项目及技术要求

序号	维 护 项 目	操 作 要 领	技 术 要 求	
			EQ1090	CA1091
1	机油粗滤器	拆检、清洗粗滤器，更换滤芯	1. 密封圈应完好有效 2. 更换滤芯 3. 压紧弹簧应完好有效 4. 内油道无堵塞 5. 滤芯更换，指示器（旁通阀）完好有效	
2	机油细滤器	拆检细滤器	1. 清除转子罩内壁脏物 2. 清洗转子 3. 喷孔畅通 4. 密封圈应无损坏变形 5. 装复时装配标记要对齐 6. 发动机熄火后，在 2 ~3s 内应能听到转子正常运转的响声	

（续）

<table>
<tr><th rowspan="2">序号</th><th rowspan="2">维护项目</th><th rowspan="2">操作要领</th><th colspan="2">技术要求</th></tr>
<tr><th>EQ1090</th><th>CA1091</th></tr>
<tr><td rowspan="2">3</td><td rowspan="2">油底壳</td><td rowspan="2">1. 拆检、清洗油底壳、集滤器
2. 检查曲轴轴承松紧度，校紧曲轴轴承和连杆轴承螺栓、螺母
3. 加注机油</td><td>校紧曲轴轴承和连杆轴承螺栓，扭紧力矩分别为 167 ~ 186N · m 和 98 ~ 118N · m</td><td>校紧曲轴轴承螺栓（前、中间扭紧力矩为 138 ~ 157N · m；中、后间扭紧力矩为 98 ~ 118N · m）和连杆轴承螺栓（扭紧力矩为 113 ~ 123N · m）</td></tr>
<tr><td colspan="2">1. 清洗油底壳和集滤器沉积物
2. 紧固机油管路螺栓
3. 油底壳衬垫完好有效
4. 曲轴箱油面高度符合要求</td></tr>
<tr><td>4</td><td>油滤清器</td><td>检查、清洗</td><td colspan="2">1. 清洗滤清器，清除脏物
2. 检查滤芯，必要时更换</td></tr>
<tr><td>5</td><td>汽油泵及管路</td><td>检查汽油泵及管路</td><td colspan="2">1. 汽油泵工作正常
2. 管路畅通，无凹陷、裂损，接头不漏油</td></tr>
<tr><td rowspan="2">6</td><td rowspan="2">火花塞</td><td rowspan="2">检查、清洁</td><td>1. 清除积炭，校正电极间隙为 0. 65 ~ 0. 90mm</td><td>1. 清除积炭，校正电极间隙为 0. 60 ~ 0. 70mm</td></tr>
<tr><td colspan="2">2. 工作良好，无漏电现象</td></tr>
<tr><td>7</td><td>分电器</td><td>清洁、检查、调整</td><td colspan="2">1. 清洁分电器壳、分电器盖、分火和分电器触点
2. 触点间隙：0. 35 ~ 0. 45mm
3. 各线路接头牢固可靠，无漏电
4. 各连接轴无松旷和轴向窜动</td></tr>
<tr><td>8</td><td>气门间隙</td><td>检查、调整</td><td>气门间隙为 0. 25 ~ 0. 30mm</td><td>气门间隙为 0. 20 ~ 0. 25mm</td></tr>
<tr><td>9</td><td>进、排气歧管</td><td>检查、紧固</td><td colspan="2">1. 紧固进、排气歧管螺栓、螺母
2. 进、排气歧管无裂纹，衬垫完好，无漏气</td></tr>
<tr><td>10</td><td>空气滤清器</td><td>清洁发动机空气滤清器和曲轴箱通风空气滤清器，取出滤芯进行清洗或吹净</td><td colspan="2">1. 各滤芯清洁无破损，上下衬垫密封良好
2. 外壳清洁，卡固牢靠</td></tr>
<tr><td>11</td><td>曲轴箱通风单向阀及管路</td><td>检查、清洁</td><td colspan="2">1. 阀体及弹簧清洁，通风孔（2mm）应畅通
2. 管路连接无松动，不漏气（连接胶管不失效）
3. 无堵塞，无卡滞</td></tr>
<tr><td rowspan="2">12</td><td rowspan="2">水泵风扇传动带</td><td rowspan="2">1. 校紧各部位螺栓、螺母
2. 检查传动带，调整传动带松紧度</td><td colspan="2">1. 紧固水泵连接部位螺栓、螺母，密封垫应完好有效</td></tr>
<tr><td>2. 传动带完好有效，松紧度应符合下列要求：在中间位置施加 29 ~ 49N</td><td>2. 传动带完好有效，松紧度应符合下列要求：在中间位置施加 39N 时（单根），其挠度应为 10 ~ 15mm</td></tr>
<tr><td>13</td><td>气缸盖螺栓</td><td>按规定次序和力矩校紧</td><td>缸盖螺栓齐全完好，扭紧力矩为 167 ~ 196N · m</td><td>缸盖螺栓齐全完好，扭紧力矩为 98 ~ 118N · m</td></tr>
<tr><td>14</td><td>化油器</td><td>1. 拆洗化油器进油口滤网
2. 清洁化油器外壳
3. 检查联动机构
4. 紧固连接螺栓</td><td colspan="2">1. 滤网清洁，作用良好
2. 外部清洁，无泥污
3. 节气门、阻风门开闭完全，联动机件运动灵活，不松旷，垫圈、锁销齐全有效</td></tr>
</table>

（续）

序号	维护项目	操作要领	技术要求	
			EQ1090	CA1091
15	发动机支架	检查发动机支架的连接及损坏情况	支架无断裂，发动机支承扩建齐全完好，螺栓、螺母紧固	
16	散热器及百叶窗	检查、紧固、调整	1. 散热器软管无变形、破损及漏水现象，紧固可靠 2. 散热器不漏水 3. 散热器螺栓紧固，锁止可靠，胶垫齐全完好 4. 百叶窗各部连接牢固，开闭灵活	
17	汽油箱及油管	检查、紧固	1. 油箱胶垫完好，紧固可靠，无磨损，不漏油 2. 油管紧固可靠，无碰擦，接头不漏	
18	排气歧管及消声器	检查、紧固	1. 排气歧管连接螺栓紧固，衬垫完好，不漏气 2. 排气歧管固定可靠，支架完好 3. 消声器固定可靠，性能良好	
19	燃烧效果	检测、调整	1. 各缸均工作 2. 转速为 500r/min 时，尾气中含氧量为 9% ~15%（暂定值）；转速为 1500r/min 时，尾气中含氧量为 4.7% ~6.3%	
20	离合器	1. 拆检飞轮底壳 2. 检查离合器片 3. 检查分离轴承 4. 检查分离杠杆，并调整其与分离轴承的间隙 5. 调整离合器踏板自由行程 6. 润滑变速器第一轴前轴承和分离轴承 7. 装复飞轮底壳	1. 离合器应完好无损 2. 分离轴承应完好无损 3. 分离杠杆端头不损坏，与分离轴承的间隙为 3 ~4mm，各分离杠杆高低差≤0.20mm 4. 踏板自由行程为 30 ~40mm 5. 各操纵机件连接可靠，锁止紧固 6. 回位弹簧齐全有效 7. 润滑变速器第一轴前轴承和分离轴承 8. 飞轮底壳无破损，螺栓、垫圈齐全紧固 9. 中间压板与 3 个调整螺栓的间隙为 1 ~1.25mm（即螺栓旋紧后回松 5 次响声）	
21	转向节衬套与主销	1. 未拆轮胎前先撬动车轮，检查转向节衬套与主销的配合松旷程度 2. 校紧主锁横销螺栓	1. 转向节衬套不松旷（撬动车轮，在轮胎下侧面中心测量摆动量≤5mm，相当于转向节衬套与主销配合间隙≤0.20mm） 2. 转向节与前轴配合端间隙≤0.50mm 3. 主销横销螺栓锁止可靠，螺母紧固	
22	前轮制动器调整臂	检查前轮制动器调整臂的作用	1. 前轮制动器调整臂不跳牙，作用正常	1. 锁止套运动灵活，防尘罩齐全完好
			2. 开口销齐全有效	
23	前轮毂及内部机件	1. 拆卸前轮毂总成、制动蹄、支承销；清洗转向节、轴承、支承销；清洁制动底板等零件	各零件及转向节、制动盘应清洁无油污	
		2. 检查制动盘、制动凸轮轴；校紧装置螺栓	1. 制动底板不变形，无裂纹，装置螺栓紧固（扭紧力矩为 137 ~167N·m）	1. 制动底板不变形，无裂纹，装置螺栓紧固（扭紧力矩为 98 ~118N·m）
			2. 凸轮轴转动灵活无卡滞，轴向间隙≤0.70mm，径向间隙≤0.60mm	

（续）

<table>
<tr><th rowspan="2">序号</th><th rowspan="2">维护项目</th><th rowspan="2">操作要领</th><th colspan="2">技术要求</th></tr>
<tr><th>EQ1090</th><th>CA1091</th></tr>
<tr><td rowspan="11">23</td><td rowspan="11">前轮毂及内部机件</td><td>3. 检查转向节及螺母
检查保险片及油封检查转向节臂，校紧装置螺栓</td><td colspan="2">1. 转向节无裂纹，螺纹完好，与螺母配合应无径向松旷
2. 调整螺母端面不起槽，加工后的厚度≥7mm
3. 锁紧螺母，六角完好无毛刺
4. 保险片作用良好
5. 油封完好不漏油
6. 转向节轴颈与轴承的配合间隙≤0.10mm
7. 转向节臂装置螺栓、螺母紧固，扭紧力矩为120～140N·m</td></tr>
<tr><td>4. 检查内外轴承</td><td colspan="2">1. 滚柱保持架无断裂，滚柱不脱落、无裂损和烧蚀
2. 轴承内圈无裂纹、烧蚀</td></tr>
<tr><td>5. 检查制动蹄及支承销</td><td colspan="2">1. 制动蹄无裂纹及明显变形，摩擦片不破裂，铆接可靠，铆钉头距片表面≥0.80mm，片厚度≥9mm
2. 支承销与制动蹄承孔衬套配合间隙≤0.40mm
3. 支承销无过量磨损，螺纹完好</td></tr>
<tr><td rowspan="2">6. 检查制动蹄回位弹簧</td><td colspan="2">1. 回位弹簧应无明显变形</td></tr>
<tr><td>2. 自由长度130mm
3. 拉长至179mm时，拉力为590～785N</td><td>2. 自由长度138mm
3. 拉长至179mm时，拉力为1030～1225N</td></tr>
<tr><td rowspan="2">7. 检查前轮毂、制动鼓及轴承外座圈，校紧轮胎螺栓内螺母</td><td colspan="2">1. 前轮毂无裂损
2. 轴承外座圈不走外圆，无裂纹，无麻点，无烧蚀
3. 制动鼓无裂纹，不起槽
4. 内径≤426mm，圆度误差≤0.125mm，左右内径差≤2mm，外边缘不得高出工作表面，制动鼓检视孔完整</td></tr>
<tr><td>5. 轮胎螺栓齐全完好，规格一致，螺母紧固（扭紧力矩为274～314N·m）</td><td>5. 轮胎螺栓齐全完好，规格一致，螺母紧固（扭紧力矩为343～392N·m）</td></tr>
<tr><td rowspan="4">8. 装复前轮毂，调整前轮轴承松紧度及制动间隙</td><td colspan="2">1. 装复支承销，制动蹄、支承销孔均应涂润滑脂；开口销或卡簧齐全可靠
2. 润滑轴承
3. 转向节轴颈表面涂机油后，方能装上轴承
4. 制动片、制动鼓表面清洁，无油污</td></tr>
<tr><td>5. 制动片与制动鼓的间隙：凸轮端0.40～0.55mm，支承销端0.25～0.40mm，同一端两蹄间隙之差≤0.10mm，转动无碰擦或声响；检视孔挡板齐全紧固</td><td>5. 制动片与制动鼓的间隙：凸轮端0.40～0.70mm，支承销端0.2～0.50mm，同一端两蹄间隙之差≤0.10mm，转动无碰擦或声响；检视孔挡板齐全紧固</td></tr>
<tr><td colspan="2">6. 轮毂转动灵活，用拉力计测量（拉轮胎螺栓）拉力≤15N时可转动，且无感觉到轴向间隙</td></tr>
<tr><td>7. 锁紧螺母为扭紧力矩176～216N·m</td><td>7. 锁紧螺母为扭紧力矩196～245N·m</td></tr>
</table>

（续）

<table>
<tr><th rowspan="2">序号</th><th rowspan="2">维 护 项 目</th><th rowspan="2">操 作 要 领</th><th colspan="2">技 术 要 求</th></tr>
<tr><th>EQ1090</th><th>CA1091</th></tr>
<tr><td>23</td><td>前轮毂及内部机件</td><td>8. 装复前轮毂，调整前轮轴承松紧度及制动间隙</td><td colspan="2">8. 保险可靠；防尘盖、衬垫完好，螺栓垫圈齐全紧固（螺栓规格一致）</td></tr>
<tr><td rowspan="2">24</td><td rowspan="2">转向器、转向传动机构</td><td>1. 检查转向器的工作状况和密封性及油面高度，校紧装置螺栓</td><td colspan="2">1. 转向盘自由转动量≤30°
2. 垂臂处在垂直位置时应无感觉到轴向间隙
3. 轴承应无明显的松旷
4. 转动转向盘应轻便灵活，无卡滞
5. 油封无漏油
6. 各装置螺栓紧固
7. 转向器油面应不低于检视口下沿15mm
8. 垂臂及转向节臂无弯曲及裂损</td></tr>
<tr><td>2. 检查转向传动机构，校紧装置螺栓及横销螺栓</td><td colspan="2">1. 转向盘大螺母紧固，支承轴承完好无松旷，柱管装置稳固，无断裂，装置螺栓紧固
2. 转向转动轴、万向节不松旷，滑动叉扭转间隙≤0. 30mm，接合长度≥60mm
3. 各横销螺栓紧固，弹簧防松垫齐全，防尘套完好</td></tr>
<tr><td rowspan="2">25</td><td rowspan="2">转向横直拉杆</td><td>1. 解体转向横直拉杆，清洗、检查各零件</td><td colspan="2">1. 各零件清洗无泥垢和油污
2. 横拉杆杆体无裂纹，不弯曲，两端的螺纹完好
3. 直拉杆8字螺纹完好，磨损≤2mm，两端螺纹良好，与螺塞配合不松旷
4. 横直拉杆球头销、球座体及钢碗无裂纹，不起槽，横直拉杆球头销颈部磨损≤1mm，球面磨损失圆≤0. 50mm，螺纹完好
5. 弹簧不折断，作用良好</td></tr>
<tr><td>2. 装复转向横直拉杆</td><td colspan="2">1. 球头扳动灵活不卡死，不松旷
2. 防尘毡、保险片、开口销齐全有效</td></tr>
<tr><td rowspan="3">26</td><td rowspan="3">前束及转向角</td><td>1. 检查、调整前束及转向角</td><td colspan="2">1. 前束值应为2~4mm，装的是子午胎时为1~3mm
2. 转向横拉杆两个接头应在同一平面，横销螺栓紧固，锁止可靠</td></tr>
<tr><td rowspan="2">2. 用汽车转向角测量仪或直尺检查，调整转向角度</td><td>1. 转向角度为测量前钢板销中心至轮胎内边缘的水平直线距离为：左边680~700mm，右边680~690mm，或内轮37°30′，外轮30°30′</td><td>1. 转向角度为测量前钢板销中心至轮胎内边缘的水平直线距离为：左边≥620mm，右边≥655mm，或内轮38°，外轮32°</td></tr>
<tr><td colspan="2">2. 转向角度限位螺栓紧固</td></tr>
<tr><td>27</td><td>转向器齿轮油</td><td>检查转向器齿轮油平面</td><td colspan="2">1. 拆卸加油螺塞时，应将油口泥污除净
2. 油平面至加油口下边缘</td></tr>
<tr><td rowspan="2">28</td><td rowspan="2">变速器</td><td rowspan="2">1. 检查传动轴、万向节、中间支承有无松旷
2. 检查、紧固变速器第二轴凸缘螺母
3. 拆检、清洗变速器、通气塞</td><td>1. 变速器第二轴凸缘螺母校紧时，扭紧力矩为196~245N·m</td><td>1. 变速器第二轴凸缘螺母校紧时，扭紧力矩为196N·m</td></tr>
<tr><td colspan="2">2. 油面以螺塞边的下缘为准，不足时添加
3. 通气塞清洁无损坏
4. 校紧变速器各部位紧固螺栓</td></tr>
</table>

（续）

序号	维护项目	操作要领	技术要求	
			EQ1090	CA1091
29	检查传动轴	1. 检查传动轴、万向节、中间轴承有无松旷 2. 检查传动轴凸缘、连接螺栓、螺母和中间支承U形支架是否紧固	1. 万向节、中间轴承、花键轴无松旷（无明显径向、轴向间隙） 2. 花键套、防尘罩完好	
			3. 支架无断裂，螺栓紧固，紧固传动轴凸缘连接螺栓螺母，扭紧力矩为88～108N·m	3. 支架无断裂，螺栓紧固，紧固传动轴凸缘连接螺栓螺母，扭紧力矩为127～147N·m
30	主减速器	1. 拆下桥壳后盖，清除壳体内沉积物，视检减速器齿轮，校紧减速器壳连接螺栓螺母，速轴承盖紧固螺母 2. 检查并调整主、从动锥齿轮啮合间隙 3. 检查、校紧主动锥齿轮凸缘螺母 4. 拆洗通气孔 5. 加注润滑油	1. 各齿轮工作表面轻微剥落或点蚀面积≤总面积25%，齿轮损伤≤齿高的1/3和齿长的1/5，数量≤3齿	
			2. 差速器壳连接螺栓、螺母，扭紧力矩为137～156N·m 3. 差速器轴承盖紧固螺母，扭紧力矩为196～235N·m 4. 主、从动锥齿轮啮合间隙为0.15～0.40mm 5. 主动锥齿轮凸缘螺母，扭紧力矩为392～490N·m 6. 加注润滑油（4.7L）	2. 差速器壳连接螺栓、螺母，扭紧力矩为88～147N·m 3. 差速器轴承盖紧固螺母，扭紧力矩≥167N·m 4. 主、从动锥齿轮啮合间隙为0.15～0.40mm 5. 主动锥齿轮凸缘螺母，扭紧力矩为196～294N·m 6. 加注润滑油（4.5L）
			7. 推动传动轴，凸缘应无摆动 8. 通气孔清洁畅通，工作正常，装置紧固	
31	后轮制动器调整臂	检查后轮制动器调整臂的作用	1. 制动器调整臂不跳牙，作用正常 2. 各部位开口销齐全有效 3. 锁止套运动灵活 4. 防尘罩齐全完好	
		1. 拆下半轴、轮毂总成、制动蹄、支承销；清洗零件及制动底板、半轴套管	1. 轮毂通气孔畅通 2. 使零件、制动盘、后桥套管清洁无油污	
		2. 检查制动底板、制动凸轮轴，校紧连接螺栓	1. 制动底板不变形，连接螺栓紧固（扭紧力矩为70～80N·m）	1. 制动底板完整无裂纹，铆钉无松动
			2. 凸轮轴转动灵活无卡滞，轴向间隙≤0.70mm，径向间隙≤0.60mm 3. 凸轮轴支座固定螺栓、保险钢丝齐全可靠	
		3. 检查后桥半轴套管、螺母及油封	1. 套管无裂纹及明显松动，丝扣完好，与螺母配合无径向松旷 2. 调整螺母端面不起槽，加工后的厚度≥7mm，六角完好无毛刺，锁止垫圈完好 3. 油封完好无损坏，无漏油 4. 套管颈与轴承配合间隙≤0.12mm	
		4. 检查内外轴承	1. 轴承保持架无断裂，滚柱不脱落，无裂损和烧蚀 2. 轴承内座圈无裂纹、烧蚀	

（续）

<table>
<tr><th rowspan="2">序号</th><th rowspan="2">维护项目</th><th rowspan="2">操作要领</th><th colspan="2">技术要求</th></tr>
<tr><th>EQ1090</th><th>CA1091</th></tr>
<tr><td rowspan="9">31</td><td rowspan="9">后轮制动器调整臂</td><td>5. 检查制动蹄及支承销</td><td colspan="2">1. 制动蹄无裂纹及明显变形，摩擦片不破裂，铆接可靠，铆钉头离弧面距离≥0.80mm，摩擦片厚度≥9mm
2. 支承销与制动蹄承孔衬套配合间隙≤0.40mm
3. 支承销无过量磨损，螺纹完好</td></tr>
<tr><td rowspan="2">6. 检查制动蹄回位弹簧</td><td colspan="2">1. 回位弹簧无明显变形</td></tr>
<tr><td>2. 自由长度为 130mm
3. 拉力良好（拉长至 179mm 时，拉力为 590～785N）</td><td>2. 自由长度为 138mm
3. 拉力良好（拉长至 179mm 时，拉力为 1030～1225N）</td></tr>
<tr><td rowspan="2">7. 检查后轮毂、制动鼓及轴承外座圈，检查扭紧半轴螺栓，检查轮胎螺栓，校紧内螺母</td><td colspan="2">1. 轮毂无裂损
2. 轴承外座圈不松动，无裂纹，无麻点，无烧蚀
3. 制动鼓无裂纹，不起槽，内径≤426mm，圆度误差≤0.125mm，左右内径差≤2mm，外边缘不得高出工作表面，制动毂检视孔完整
4. 半轴螺栓齐全无折断，无滑牙，螺栓必须拧紧，不允许螺栓、螺母一道装复半轴</td></tr>
<tr><td>5. 轮胎螺栓齐全完好，规格一致；螺母紧固（扭紧力矩为 280～320N · m）锁止可靠</td><td>5. 轮胎螺栓齐全完好，规格一致；螺母紧固（扭紧力矩为 340～390N · m）锁止可靠</td></tr>
<tr><td>8. 检查半轴</td><td colspan="2">半轴无明显弯曲，不磨套管，无裂纹，花键无过量磨损或扭曲变形</td></tr>
<tr><td rowspan="3">9. 装复后轮毂，调整制动间隙</td><td colspan="2">1. 装复支承销、制动蹄片时，轴承也均应涂润滑脂；开口销或卡簧齐全可靠
2. 润滑轴承
3. 套管轴颈表面应涂机油后方能装上轴承
4. 制动蹄片、制动鼓面用砂布打磨干净，无油污</td></tr>
<tr><td>5. 制动蹄片与制动鼓的间隙：靠凸轮端 0.40～0.55mm，靠支承销端 0.25～0.4mm，同一端两蹄间隙之差≤0.10mm，转动无碰擦情况或声响，检视孔挡板齐全紧固</td><td>5. 制动蹄片与制动鼓的间隙：靠凸轮端 0.40～0.70mm，靠支承销端 0.20～0.50mm，同一端两蹄间隙之差≤0.10mm，转动无碰擦情况或声响，检视孔挡板齐全紧固</td></tr>
<tr><td colspan="2">6. 轮毂转动灵活，用拉力计测量（拉轮胎螺栓）拉力≤20N 时可转动，且不感觉到轴向间隙
7. 锁紧螺母以 196～245N · m 力矩扭紧
8. 半轴衬垫不多于 2 张，锥形垫圈、弹簧垫齐全，螺母紧固，丝杆长出螺母不多于 5 牙，不少于 1 牙</td></tr>
<tr><td>32</td><td>空气压缩机</td><td>1. 拆洗空气压缩机滤清器
2. 擦净空气压缩机外表，检查底座是否有裂损</td><td colspan="2">1. 清洗空气滤芯
2. 空气压缩机外表清洁，空气压缩机底座无断裂，校紧各装置螺栓</td></tr>
</table>

（续）

序号	维护项目	操作要领	技术要求	
			EQ1090	CA1091
33	制动阀和制动管路	1. 检查制动阀和各管路接头是否漏气和紧固	1. 制动阀无漏气，作用正常，排气迅速（不超过3s） 2. 各管路无损伤，接头不漏气，连接紧固 3. 橡胶管路不老化、龟裂	
		2. 拆检制动气室及检查制动踏板行程	1. 制动气室皮膜不漏气 2. 制动气室壳体不破裂 3. 制动气室推杆孔无明显磨损，推杆无变形 4. 制动踏板行程应为10～15mm	
		3. 检查挂车阀、分离开关、连接头和管路	1. 挂车阀无漏气，工作正常 2. 分离开关密封性能好，无漏气 3. 连接头无漏气，作用可靠，装置正确、牢固 4. 管路装置牢固，无漏气，气路畅通	
34	储气筒	检查储气筒装置是否稳固	1. 储气筒安装稳固，放水阀作用正常 2. 安全阀作用良好，无漏气，单向阀清洁无卡死，作用正常	
35	车头	检查紧固翼子板、发动机罩、散热器罩、挡泥板等	1. 各部位螺栓紧固可靠 2. 各部位无破裂、凹陷、缺漆 3. 发动机罩开启灵活，锁止可靠 4. 车头安全钩完好，扭杆翻转助力机构良好，翻转灵活，前翻角度50°，不与前照灯护罩碰触 5. 车头支撑杆完好，支撑有效	
36	驾驶室	1. 检查驾驶室的紧固情况 2. 检查并调整车门、玻璃升降器、门锁及止冲器	1. 驾驶室连接紧固可靠，无破裂、凹陷、缺漆 2. 车门开闭转动灵活，无下沉，铰链螺栓紧固 3. 门玻璃升降自如，不自行下滑和上下跳动 4. 门锁和止冲器性能可靠 5. 驾驶室与车头间隙均匀，紧固可靠，无破裂、凹陷、缺漆 6. 车门三角窗开闭及定位良好	
37	气动刮水器	检查、调整、紧固	1. 刮水器连杆球头销连接良好 2. 刮臂与刮轴连接紧固，刮片良好 3. 刮摆片摆角符合要求（左120°，右110°） 4. 各部位连接不松动	
38	车厢	1. 检查车厢状况 2. 校紧各部位螺栓	1. 车厢栏板、底板无明显变形，无断裂、脱焊，外部无明显凹陷，不缺漆 2. 挂钩和铰链连接牢固，无断裂 3. 穿销齐全完好 4. 连接车厢的U形螺栓及其他外露螺栓紧固	
39	车架	1. 检查车架铆钉 2. 检查保险杠，校紧螺栓 3. 检查、校紧前后拖车钩 4. 检查、校紧车架上各支架螺栓	1. 车架铆钉无松动 2. 保险杠无变形，连接螺栓紧固 3. 拖钩磨损≤5mm，拖钩缓冲弹簧良好，拖钩与衬套配合间隙≤3mm 4. 车架上各支架固定可靠，无断裂	

（续）

<table>
<tr><th rowspan="2">序号</th><th rowspan="2">维护项目</th><th rowspan="2">操作要领</th><th colspan="2">技术要求</th></tr>
<tr><th>EQ1090</th><th>CA1091</th></tr>
<tr><td rowspan="3">40</td><td rowspan="3">悬架</td><td rowspan="3">1. 检查钢板弹簧吊耳
2. 检查钢板弹簧
3. 检查、紧固钢板弹簧卡子
4. 检查、紧固 U 形螺栓
5. 检查、紧固减振器固定螺栓及支架</td><td colspan="2">1. 钢板弹簧吊耳不松动、无裂纹
2. 钢板弹簧无断片，片间错位≤2.5mm
3. 钢板弹簧卡子固定可靠</td></tr>
<tr><td>4. U 形螺栓按规定力矩扭紧为前 196 ~ 245N · m，后 294 ~ 343N · m</td><td>4. U 形螺栓按规定扭紧力矩扭紧为前 294 ~ 343N · m，后 392 ~ 411N · m</td></tr>
<tr><td colspan="2">5. 减振器固定可靠，支架无裂纹，紧固可靠有效</td></tr>
<tr><td>41</td><td>车轮</td><td>1. 分解挡圈及轮辋并清洁、检查
2. 分解、清洁、检查轮胎
3. 轮胎装合，按规定充气</td><td colspan="2">1. 轮辋挡圈上的污锈应清除干净，防锈处理
2. 轮辋及挡圈无变形、裂纹、脱焊，螺孔处磨损不应≤1.5mm
3. 外胎胎面、胎肩、胎侧、胎里主尖无气鼓、裂伤、脱空、破洞、扎钉、跳线及胶质老化等，趾口应无磨损
4. 内胎无漏气老化，气门嘴完好
5. 垫带完好
6. 装合轮胎时滑石粉要适量
7. 按规定气压充气</td></tr>
<tr><td>42</td><td>备胎</td><td>检查、补气</td><td colspan="2">1. 备胎外部清洁干净
2. 备胎架完好，不磨胎
3. 气压应符合规定</td></tr>
<tr><td>43</td><td>换位</td><td></td><td colspan="2">1. 整车轮胎同规格、同层级、同花纹且行驶里程相同时，按循环换位法或交叉换位法进行换位
2. 装用不同成色轮胎，若不能满足上述条件的，则按下述原则合理换位：
① 按内小外大的原则搭配换位
② 前轮不允许装翻新胎和修补胎
③ 子午胎和斜交胎不许同轴混装</td></tr>
<tr><td>44</td><td>发电机</td><td>1. 清除滑环表面油污
2. 清洗检查轴承
3. 填充润滑脂
4. 检查二极管</td><td colspan="2">1. 滑环表面光滑，无油污
2. 电刷磨损≤基本尺寸的 1/2，与滑环接触面≥75%
3. 晶体管电阻值，正向：8 ~ 10Ω，反向：10000Ω 以上；6 只二极管阻值应相近，相差应≤10%
4. 轴承无明显松旷
5. 弹簧压力应正常
6. 常温下进行台架试验应符合下列要求：
① 空载时在转速≤1150r/min 的条件下，电压为 14V
② 满载时在转速≤2500r/min 的条件下，电压为 14V，输出电流为 36A</td></tr>
<tr><td>45</td><td>发电机调节器</td><td>检查、调整</td><td colspan="2">1. 触点无氧化、烧蚀，上、下触点应对齐，其接触面积≥80%，触点支架及线圈接头无松动、脱落及断路
2. 常开触点间隙为 0.25 ~ 0.30mm
3. 衔铁间隙为 1.28 ~ 1.32mm
4. 调节器工作正常，调节电压为 13.9 ~ 14.3V</td></tr>
</table>

（续）

序号	维护项目	操作要领	技术要求	
			EQ1090	CA1091
46	起动机	1. 清洁整流子 2. 清洗轴承 3. 填充润滑脂	1. 起动机运转灵活，起动有力，不打滑，无异响 2. 电刷良好 3. 轴承无明显松旷 4. 起动机电流、电压符合要求 5. 各部位螺栓紧固可靠	
47	蓄电池	1. 清洁蓄电池表面及极桩接线头应涂润油脂 2. 检查电解液相对密度 3. 电解液不足时应加注蒸馏水	1. 蓄电池清洁 2. 通气孔畅通 3. 蓄电池安装牢靠，支架无断裂 4. 电解液相对密度，夏季为1.25~1.27，冬季为1.27~1.30 5. 液面应高出极板15~20mm	
48	灯光、仪表、信号、暖风装置及喇叭、全车线路		1. 照明和信号装置应符合《汽车及挂车外部照明和信号装置的安装规定》（GB 4785—2007）的要求 2. 各仪表工作正常 3. 灯光继电器及开关工作性能良好 4. 暖风机固定牢靠，电机工作良好 5. 喇叭声响悦耳，其声级应符合规定 6. 全车线路整洁，接线柱不松动，卡固牢靠，不漏电	
49	水泵轴承	用润滑脂加注器加注	滑脂嘴齐全有效，润滑良好	
50	离合器与制动踏板轴			
51	变速器第一轴前轴承	用润滑脂加注器加注	滑脂嘴齐全有效，润滑良好	
52	制动调整臂			
53	传动轴十字轴轴承			
54	传动轴滑动叉			
55	传动轴中间支承轴承			
56	转向节上下轴承			
57	前、后钢板弹簧销			
58	转向横拉杆球头销			
59	转向直拉杆球头销			
60	转向传动轴滑动叉及十字轴轴承			
61	前、后制动凸轮轴			
62	驻车制动蹄片轴			

桑塔纳轿车二级维护基本作业项目规程。见表 4-16。

表 4-16 桑塔纳轿车二级维护基本作业项目规程表

序号	维护项目	作业内容	技术要求
1	发动机润滑油、机油滤清器	1. 更换机油 2. 更换机油滤清器 3. 检查机油压力及报警装置	1. 机油规格：JV 型发动机为 APISF 以上；AFE 发动机为 APISG 以上；AJR 型发动机为 APISJ 以上；机油黏度等级（SAE 标准）根据环境温度选择 2. 机油总量为 3L，液面高度（冷车时）应在油尺标记 max 与 min 之间 3. 机油滤清器在安装前应先注入机油，并在密封圈上抹一层机油；总成安装固定可靠，密封良好 4. 发动机预热后，在冲击载荷作用下，各部位不应有渗、漏油现象 5. 机油压力应为：怠速时低压处≥30kPa，高压处≥180kPa；机油压力和报警装置性能良好，可靠
2	空气滤清器、进气预热装置	1. 检查冷却液预热加热导管和热敏开关（JV 型发动机） 2. 检查进气歧管电加热器电器线路和热敏开关（JV 型发动机）	1. 空气滤清器清洁，密封良好，安装可靠 2. 恒温进气装置温控开关真空软管无破损，连接可靠，冷热空气转换开关工作灵敏、准确 3. 加热导管无老化、破损，连接可靠，当冷却液温度 < 60℃ 时，进气歧管电加热器电器开始工作；当冷却液温度 > 70℃ 时停止工作
3	燃油系统	1. 检查燃油箱 2. 检查燃油管及接头 3. 更换清洁燃油滤清器 4. 检查燃油泵 5. 检测燃油压力和系统保持压力（电喷发动机）	1. 油箱、盖及垫完好，安装可靠，密封良好 2. 燃油管无老化、裂损；接头无破损、渗漏，紧固可靠 3. 燃油滤清器连同卡箍一起更换（电喷发动机每 3 万 km 更换），安装可靠，密封良好 4. 燃油泵工作正常，无异响 5. 燃油压力标准值（电喷发动机）：怠速时为 230 ~ 250kPa，急加速时为 260 ~ 280kPa；当油泵停止工作 10min 时，系统保持压力 > 150kPa
4	化油器及联动机构	1. 拆洗化油器 2. 检查化油器联动装置，紧固螺栓 3. 检查手动阻风门开度，调整怠速及排放情况	1. 化油器各部位清洁，油路畅通 2. 节气门、手动阻风门开闭自如，各阀门关闭严密，联动机构运动灵活，不松旷，垫圈、锁销齐全有效 3. 各部位连接牢固，密封良好 4. 各工作系统和附加装置工作正常 5. 怠速平稳，加速良好，怠速转速为（800 ± 50）r/min，排放符合国家标准
5	喷油器	1. 检查喷油器的作用 2. 每运行 6 万 km 清洗喷油器，检查喷油器开启压力 3. 检查怠速及排放	1. 喷油器清洁，动作灵敏，无滴油、漏油现象，开启压力标准值为 280 ~ 320kPa 2. 在热机、点火正时准确、PCV 阀取下并堵住时调整怠速；怠速平稳，加速良好，怠速转速为（900 ± 50）r/min，排放符合国家标准
6	燃油蒸发控制装置	1. 检查软管及接头 2. 检查活性炭罐电磁阀动作情况	1. 软管无老化、裂损，连接可靠，无泄漏 2. 活性炭罐电磁阀动作灵敏

（续）

序号	维护项目	作业内容	技术要求
7	曲轴箱通风（PCV）装置	检查、清洁PCV阀、PCV滤清器、通气软管	1. 各阀门无堵塞、卡滞现象，灵敏有效 2. PCV滤清器清洁，工作正常 3. 通风系统管路清洁、畅通，连接可靠，不漏气
8	三元催化转化器、氧传感器	1. 检查外观及连接情况 2. 检查三元催化转化器内部是否破损、堵塞 3. 检查三元催化转化器的作用	1. 氧传感器完好，工作有效 2. 三元催化转化器上的保护壳应完整，连接牢固，内部无破损，不堵塞，工作有效 3. 各连接导管连接完好，无泄漏 4. 每运行8万~10万km更换氧传感器，运行6万~8万km更换三元催化转化器
9	发动机传动带及带轮	1. 检查传动带及带轮外观 2. 调整传动带挠度	1. 传动带应无龟裂和过量磨损，表面无油污 2. 带轮无明显端面圆跳动，轮槽无明显磨损，运转无异响 3. 以约98N下压传动带，各部位挠度应为：交流发电机处12mm，水泵处10mm，转向助力泵处5mm 4. 正时带松紧度要求：用拇指和食指应能将其翻转90°；每8万km更换
10	配气机构	检查液压挺杆工作状况	发动机正常运转时，液压挺柱处不应有异响
11	冷却系统	1. 检查散热器、膨胀水箱、箱盖压力阀及水管 2. 检查冷却液品质及液面高度 3. 检查水泵 4. 检查节温器工作状况 5. 检查冷却风扇工作状况	1. 冷却系统各部位无变形、破损及渗漏 2. 散热器盖、膨胀水箱盖结合表面良好，密封，箱盖压力阀清洁，不堵塞，能正常开启 3. 冷却液液面高度应在储液罐上、下标线之间，冷却系统容量为6L 4. 水泵无异响、渗漏 5. 节温器工作灵敏、准确，在（87±2）℃开启，冷却液温度表指示正常（系统正常工作温度为90~105℃） 6. 冷却风扇运转平稳，高、低档转速有明显变化，无异响；热敏开关工作灵敏、准确，低速档在95℃开启，高速档在105℃开启
12	分电器、高压线	1. 清洁分电器 2. 检查分电器各电极 3. 检查分电器高压线及电阻 4. 检查分电器轴与壳配合状况，并润滑 5. 检查霍尔信号发生器转子，检查转子叶轮间隙 6. 检查、调整点火提前角	1. 分电器无油污，分电器盖无破损，无裂纹 2. 各电极无烧蚀，中心电极长度若比标准长度<2mm，则应更换 3. 高压线无破损，不漏电，接线端无缺陷，阻值符合规定 4. 分电器轴与壳配合无明显松旷，径向间隙<0.1mm 5. 转子叶轮无变形，气隙标准为0.2~0.4mm 6. 点火提前角：JV型发动机6°±1°，AFE型发动机12°±1°，AJR型发动机12°±4.5°
13	火花塞	1. 清洁、检查或更换火花塞 2. 调整火花塞电极间隙	1. 电极表面清洁，间隙：JV、AFE型发动机0.7~0.8mm；AJR型发动机0.9~1.1mm 2. 非长效型火花塞3万km更换；长效型火花塞6万km更换

（续）

序号	维护项目	作业内容	技术要求
14	进气歧管、排气歧管、消声器	检查并紧固进、排气歧管及消声器	1. 进、排气歧管和消声器各部位完好，无裂纹，无漏气，消声器性能良好，胶垫齐全 2. 进、排气歧管固定可靠 3. 进、排气歧管螺母拧紧力矩为24N·m
15	发动机支架	检查、紧固	发动机支架无变形和裂纹，支架胶垫无老化、开裂，支架螺栓连接牢，拧紧力矩为70N·m
16	离合器	1. 检查、调整离合器踏板自由行程 2. 检查离合器的工作状况	1. 离合器踏板自由行程：15～25mm 2. 离合器结合平稳，不打滑，无异响，分离彻底，回位灵活
17	手动变速器、差速器	1. 检查手动变速器密封状况，紧固各部位螺栓 2. 检查手动变速器齿轮油油面高度及油质 3. 清洁通气孔塞 4. 检查、润滑手动变速器换档操纵机构	1. 手动变速器外部清洁、无裂纹，各部位连接紧固，密封良好，无渗漏油 2. 齿轮油清洁、不变质，无焦味；齿轮油规格为：APIGL-5，油面应在加油口下边缘 3. 通气孔塞清洁、畅通 4. 换档机构操纵灵活、轻便，作用正常，无异响、跳动、乱档现象
18	自动变速器	1. 检查自动变速器油油面高度及油质 2. 检查自动变速器油冷却器密封性 3. 检查各传感器，测试主油路压力 4. 检查换档操纵机构	1. 自动变速器油油面应在油尺FULL标记处；自动变速器油规格为DexromⅡ，每运行6万km更换，同时更换滤芯 2. 自动变速器油冷却器无损坏、渗漏，液压系统主油路压力符合原厂规定 3. 换档机构操纵灵活、轻便，作用正常，无异响、跳动、乱档现象
19	驱动轴	1. 检查防尘罩情况 2. 检查驱动轴内外万向节	1. 防尘罩不得有裂纹、损坏，卡箍可靠 2. 安装新防尘罩时不得使防尘罩内产生真空 3. 万向节不松旷，无卡滞，无异响
20	转向器、液压助力泵、转向减振器	1. 检查转向器、液压助力泵、储液罐等部件的密封性 2. 检查液压助力泵油质及油面高度 3. 检查转向减振器 4. 检查液压助力泵工作状况	1. 转向器、液压助力泵、储液罐密封良好，无渗漏；油管不变形，无阻滞 2. 储液罐液面应在规定标线内 3. 转向器防尘罩无裂纹、损坏，卡箍可靠 4. 液压助力泵油品质良好，油面保持在刻度上线，液压助力泵油规格为ATF或DexromⅡ，每运行6万～10万km更换 5. 转向助力装置工作良好，无异响
21	转向传动机构、车轮定位及转向角	1. 检查转向传动机构的工作状况，校紧各部位螺栓 2. 检查转向盘自由转动量 3. 检查车轮定位，调整前束或校正、更换有关部件 4. 检查、调整前轮转向角	1. 转向拉杆衬套不松旷，各杆件无明显变形，球头不松旷，各部位螺栓连接可靠 2. 转向盘位置正确，转向轻便、灵活，无自由转动量 3. 车轮定位值标准如下： 前轮车轮外倾角为－50′±15′，左右轮最大允差为10′。主销后倾角：机械转向为－50′±30′，动力转向为－1°30′±30′，左右轮最大允差为30′。主销内倾角为13°47′，总前束角为－8′±8′ 后轮车轮外倾角为－1°30′±30′，左右轮最大允差为30′。总前束角为－12′±20′，左右轮最大允差为20′（在2000年9月VIN代号为LS-VACFD07YB103826之前的车辆，后轮前束角为－25′±15′，外倾角为－1°40′±20′） 4. 转向角值：内轮为40°18′，外轮为35°36′

（续）

序号	维护项目	作业内容	技术要求
22	前轮制动器	1. 拆卸、清洁各零部件 2. 检查各件磨损情况 3. 装复并润滑前轮制动器总成，调整轮毂间隙	1. 各零部件完好、清洁 2. 制动盘表面不得有裂纹、沟槽；制动盘厚度不逾限：LX系列为10mm，2000系列为17.8mm；端面圆跳动（外缘最大处）<0.05mm 3. 制动摩擦块表面无油污，无裂损；厚度极限值：2.5mm（不含制动块） 4. 制动轮缸密封良好，回位自如 5. 制动钳固定螺栓拧紧力矩：70N·m 6. 轮毂转动灵活，无异响；轴向间隙<0.1mm
23	后轮制动器	1. 拆卸、清洁各零部件 2. 检查各件磨损情况 3. 装复并润滑后轮制动器总成，调整轮毂间隙	1. 各零部件完好、清洁 2. 制动鼓表面无油污，不得有裂纹、沟槽；制动鼓直径方向的磨损量<1mm，圆度误差<0.10mm 3. 制动摩擦片表面无油污，无裂损；厚度标准值为5mm，磨损极限值<2.5mm 4. 轮毂转动灵活，无异响；轴向间隙<0.1mm
24	制动操纵系统	1. 检查制动液品质、液面高度及制动液面指示灯开关 2. 检查制动管路及接头 3. 检查制动主缸和真空助力器工作状况 4. 排除系统内空气 5. 检查制动踏板自由行程	1. 制动液不变质，液面高度应与储液罐液面标记平齐，制动液规格为NO52766XO，每2年或运行超过5万km更换制动液 2. 制动管路无破损、老化、不扭曲，汽车行驶时不碰擦汽车任何部件，连接牢固，各部位无渗漏 3. 制动主缸、轮缸及真空助力器密封良好，真空助力器工作有效 4. 系统内无空气，制动效能良好，指示灯开关灵敏、有效 5. 制动踏板自由行程应<制动总行程的1/3
25	驻车制动器	1. 检查驻车制动器拉索及锁止状况 2. 检查驻车制动器自由行程 3. 检查驻车制动灯开关	1. 驻车制动器支架及各杆件、拉臂无明显变形，连接可靠；驻车制动器拉索不得有断裂或锈蚀，运动灵活 2. 驻车制动器生效齿数为2~3齿，20%正反坡驻车有效 3. 驻车制动灯开关灵敏、有效
26	悬架	1. 检查减振器密封及连接状况 2. 检查摆臂与球头 3. 检查减振弹簧 4. 紧固各部位螺栓	1. 减振器不漏油，上部连接支套无凸起、开裂，紧固可靠，减振作用良好 2. 当上下晃动前悬架时，摆臂球头与制动器底板间的距离变化<0.8mm，下摆臂衬套完好，配合无松动 3. 减振弹簧无损伤，定位可靠 4. 各部件无变形、开裂，连接可靠，拧紧力矩为：前悬架下摆臂与车架连接自锁螺母60N·m，减振器与车身连接自锁螺母60N·m；后悬架下摆臂与车架连接自锁螺母70N·m，减振器与车身连接自锁螺母35N·m

（续）

序号	维护项目	作业内容	技术要求
27	车轮	1. 清洁、检查轮辋及轮胎胎面 2. 进行轮胎换位 3. 检查、补充轮胎气压 4. 进行车轮动平衡	1. 轮辋无变形和裂纹 2. 车轮清洁，胎面无气鼓、裂伤、老化、变形或扎钉，胎面花纹深度 >1.6mm（不露出花纹磨损指示凸台），气门嘴完好 3. 轮胎气压标准（空载）： 前轮 180kPa，后轮 190kPa，备胎 230kPa 4. 两前轮转动无明显偏摆，动不平衡质量 <5g 5. 轮胎的装用符合要求，轮胎螺栓拧紧力矩为 110N · m
28	车门、玻璃升降器、发动机盖、行李箱盖	1. 检查、润滑车门、发动机盖铰链、拉索 2. 检查玻璃升降器工作状况	1. 车门、发动机盖和行李箱盖开闭灵活，锁止可靠 2. 车门玻璃完好、清晰，无裂纹，安装牢固，密封良好 3. 玻璃升降器升降自如，定位可靠，无卡滞，不自行下滑或上下跳动
29	车身、车架、安全带	1. 检查紧固各部位螺栓 2. 检查安全带	1. 车身承载部位无裂纹，无变形，车身外壳、底板各部位无严重锈蚀、损伤和变形 2. 安全带齐全有效
30	座椅、车身内饰	检查、紧固	1. 座椅移位方便，锁止可靠 2. 后视镜等其他车身内饰齐全、完好
31	蓄电池	1. 清洁外表及桩头、通气孔 2. 检查电解液液面高度 3. 测量端电压，补充充电	1. 蓄电池清洁，支架完好，安装牢固，桩头无腐蚀，连接可靠，通气孔清洁、畅通 2. 电解液液面高度符合规定 3. 蓄电池放电电流 >110A 时，端电压不低于 9.6V
32	发电机及调节器	1. 检查发电机运转情况 2. 测试发电机输出电压	1. 发动机运转平稳，无异响，连接可靠 2. 发电机 1000r/min 时（用电器全负荷）输出电压应 >12.5V 3. 每运行 6 万 km 应解体维护发电机
33	起动机	1. 检查外观，紧固连接螺栓 2. 检查起动机工作状况	1. 起动机外壳、整流子端盖无裂损、变形，与发动机连接紧固 2. 起动电磁开关工作灵敏、可靠，无异响 3. 每运行 6 万 km 应解体维护起动机
34	照明设备、仪表、信号装置、喇叭、刮水器、洗涤装置、全车电器线路	检查各部件是否齐全，工作是否正常	1. 前照灯照射位置和发光强度符合 GB 7258—2004/XG3—2008《机动车安全运行技术条件》中的有关规定 2. 其他灯光、喇叭、仪表、信号装置齐全，功能有效 3. 刮水器电动机运转无异响，刮水片安装可靠，动作位置正确，档位清楚、可靠 4. 洗涤装置完好、有效 5. 各电器线路完好，连接正确，绝缘良好，不漏电，卡位可靠
35	空调装置	检查空调系统工作状况、密封状况	1. 制冷系统清洁、密封，制冷效果良好 2. 暖气装置工作正常 3. 控制装置工作正常

（续）

序号	维护项目	作业内容	技术要求
36	电子控制系统	检视电子控制系统仪表显示（包括 ABS、安全气囊、防盗器等）	电子控制系统仪表显示正常，否则应使用 VGA1551/1552 进行故障查询和数据阅读，并排除故障，然后清除故障码

注：1. 技术参数参照《上海大众汽车维修手册》

2. 适用车型：桑塔纳 LX、2000GLs、2000GLi、2000GSi、2000GSi-AT。

3. 桑塔纳轿车二级维护保养周期：1.5 万 km。

4. 桑塔纳轿车二级维护保养基本作业项目规程。

汽车二级维护保养的基本作业项目，体现的是现代汽车维护作业的深度。汽车二级维护保养作业的中心内容是检查和调整，同时还要进行清洁、润滑、补给和紧固等作业，并重点检查有关制动、操作等安全部件，即二级维护保养应以不解体维护作业为中心，强调对部分安全部件进行拆检的要求。

汽车二级维护保养基本作业项目的技术要求，即维护作业项目所应达到的技术标准，是维护作业的质量要求。从以上作业内容可知，《汽车维护、检测、诊断技术规范》的作业项目中凡涉及有关检查、调整数据以及一些部件工作状态检查的内容，都以“符合出厂规定”或“符合规定”作为标准，这充分体现了“通过维护，保持原车应有技术状态”这一基本出发点，同时也明确了二级维护保养基本作业项目在具体执行过程中，只有紧密结合具体车型数据，才能有效保证维护质量。

1）上海大众桑塔纳系列（桑塔纳 2000 和普通桑塔纳）90000km 保养和 105000km 保养，见表 4-17 和表 4-18。

表 4-17　上海大众桑塔纳系列 90000km 保养

<table>
<tr><td rowspan="8">检查</td><td rowspan="8">照明、警告闪光装置、喇叭
刮水器清洗装置性能
离合器行程，必要时调整（非自动调整）
前轮前束、前轮外倾进行调整（从 0km 开始计算）
发动机目测（机油、冷却液、燃油及空调系统）
用 VAG1552 进行故障诊断
冷却系统的冷却液液面高度及防冻能力，必要时更正
气压检测
波纹管有无渗漏及损坏
制动装置有无渗漏及损坏
底板保护有无损坏
排气装置有无损坏
转向横拉杆的间隙、固定程度及防尘罩
液压助力转向系统各接头有无渗漏</td><td>检查</td><td>传动轴防尘罩有无损坏
变速器、主减速器、轴护套目测有无渗漏及损坏
制动摩擦片：厚度检查
驻车制动：检查，必要时调整
轮胎气压
制动液状态：摩擦片衬面磨损
点火提前角：检查，必要时调整
前照灯灯光：检查，必要时调整</td></tr>
<tr><td>固定</td><td>车轮固定螺栓根据力矩标准拧紧</td></tr>
<tr><td>清洗</td><td>空气滤清器</td></tr>
<tr><td>润滑</td><td>发动机盖
门盖铰链、门拉带</td></tr>
<tr><td>更换</td><td>机油
机油滤清器
更换正时带
空气滤清器</td></tr>
</table>

表 4-18 上海大众桑塔纳系列 105000km 保养

类别	项目	类别	项目
检查	照明、警告闪光装置、喇叭	检查	驻车制动：检查，必要时调整
	离合器行程，必要时调整（非自动调整）		轮胎气压
	前轮前束、前轮外倾进行调整（从 0km 开始计算）		点火提前角：检查，必要时调整
	发动机目测（机油、冷却液、燃油及空调系统）		前照灯灯光：检查，必要时调整
	冷却系统的冷却液液面高度及防冻能力	固定	车轮固定螺栓根据力矩标准拧紧
	燃油喷射发动机燃油滤清器	润滑	发动机盖
	操纵检查波纹管有无渗漏及损坏		门盖铰链、门拉带
	制动装置有无渗漏及损坏	清洗	刮水器和洗涤器装置
	底板保护有无损坏	更换	发动机机油
	排气装置有无损坏		发动机机油滤清器
	转向横拉杆间隙、固定程度及防尘罩		空气滤清器
	传动轴有无损坏		制动液
	变速器、主减速器轴护套目测有无渗漏及损坏		火花塞

2）上海大众桑塔纳 3000 系列快速维护保养项目，见表 4-19。

表 4-19 上海大众桑塔纳 3000 系列快速维护保养项目

检 修 项 目	里程/ $\times 10^3$km			
	7.5	15	30	60
1. 照明、警告闪光装置、喇叭：检查性能		I		
2. 刮水器和清洗装置：检查性能，必要时注入清洗液		I		
3. 离合器：检查行程，必要时调整（非自动调整）		A		
4. 蓄电池：检查蓄电池电解液，必要时加入蒸馏水		I		
5. 发动机：目测有无渗漏（机油、冷却液、燃油及空调系统）	I	I		
6. 冷却系统：检查冷却液液面高度，必要时更正并进行压力测试	I	I		
7. V 带：检查静止状态张紧度，必要时张紧或更换		A		
8. 凸轮轴传动带：检查静止状态与张紧度，必要时张紧或更换（柴油机）			I	
9. 火花塞：更换（非长时间火花塞）。30000km 后采用长时间火花塞		R		
10. 气门间隙：检查，必要时调整，更换气缸盖衬垫（非液压式挺杆发动机）		A	A	A
11. 空气滤清器：清洗外壳，更换滤芯		I		
12. 燃油滤清器：更换			R	
13. 燃油滤清器：排水（柴油机）	I	I		
14. 发动机盖：上、下部润滑（包括搭钩）	L	L		
15. 门盖铰链、门拉带：润滑	L	L		
16. 机油：更换	R	R		
17. 机油滤清器：更换		R		
18. 操纵：检查波纹管有无渗漏与损坏		I		
19. 制动装置：目测有无渗漏与损坏				
20. 底板保护层：目测有无损坏			I	
21. 排气装置：检查有无损坏		I		

（续）

检修项目	里程/×10³km			
	7.5	15	30	60
22. 转向横拉杆头：检查间隙、固定程度及防尘罩				
23. 传动轴：检查防尘罩有无损坏				
24. 变速器、主减速器、轴护套：目测有无渗漏与损坏	I	I		
25. 制动摩擦片：厚度检查	I			
26. 驻车制动：检查，必要时调整（非自动调整）		R		
27. 轮胎：检查花纹深度、花纹类型，调整轮胎压力（包括备用胎）		I		
28. 制动液状态：检查摩擦片衬面摩擦		I		
29. 车轮固定螺栓：根据力矩检查		I		
30. 液压助力转向系统：液压油检查，必要时加入液压油，更换滤网		I		
31. 液压系统：检查液压油状态，必要时加入液压油		I		
32. 自动变速器：检查自动变速器油状态，必要时注入自动变速器油		I		
33. 白金点火：更换（非晶体管点火车辆）		R		
34. 闭合角：检查，必要时调整		A		
35. 点火时刻（提前或延迟）：检查，必要时调整		A		
36. 怠速：检查，必要时调整		A		
37. 怠速时CO含量：检查并调整		A		
38. 前照灯灯光：检查，必要时调整		A		
39. 试车：检查行车制动、驻车制动、开关操纵及空调的性能		I		
40. 更换制动液	每2年一次			

注：I—检查　R—更换　A—调整。

6. 汽车二级维护保养的过程检验

对汽车二级维护保养进行过程检验的目的就是为了实现维护过程的质量控制。根据《汽车维护、检测、诊断技术规范》规定：过程检验要贯穿于二级维护保养的全过程，并作检验记录。过程检验中各维护项目的技术要求，须满足相应的有关技术标准或出厂说明书的有关规定。

汽车二级维护保养过程检验是一项维护作业过程中的质量管理工作，是确保汽车维护质量的重要环节，汽车二级维护保养过程检验应满足如下要求：

1）严格实施跟踪检验，即在二级维护保养作业项目（含基本作业项目和附加作业项目）执行过程中全面地自始至终地实施质量检验。

2）及时做好检验记录，特别是对有配合间隙、调整数据或拧紧力矩等技术参数要求的作业项目，要有检验数据的记载，来作为作业过程检验质量监督的依据，也可为汽车竣工出厂检验提供依据和参考。

3）应满足相应的有关技术标准或出厂说明书的有关规定。本节仅列出二级维护保养基本作业项目的主要检验内容与技术要求，二级维护保养所附加的作业项目的过程检验，应根据实际情况按相应的维修标准或技术要求进行。下面以东风EQ1090型和解放CA1091型载

货车为例，列出二级维护保养基本作业项目的主要检验内容与技术要求，见表4-20。

表4-20 二级维护保养基本作业项目的主要检验内容与技术要求

序号	检验部位	维护项目	操作要点	技术要求 EQ1090	技术要求 CA1091
1	发动机	连杆轴承	检查	轴承紧度适当	
2		曲轴轴向间隙	检查	止推轴承≤0.35mm，组合轴承≤0.60mm	止推轴承≤0.75mm，组合轴承≤0.60mm
3	前、后桥	转向节、前轮轴承及轮毂	转向节探伤，其他部位检查	1. 转向节无裂纹，轴头螺纹损伤≤2牙，螺母配合不松旷。转向节与主销无明显松旷，配合间隙≤0.20mm 2. 轴承无烧蚀，保持架完好，外座圈与轮毂配合不松动	
4		后桥半轴套管、后轮轴承及轮毂	半轴套管探伤，其他部位检查	1. 半轴套管无裂纹，轴头螺纹损伤≤2牙，螺母配合不松旷 2. 轴承无烧蚀，保持架完好，外圈与轮毂配合不松动	
5		半轴	检查、探伤	1. 无裂纹 2. 半轴花键完好	
6		前、后桥制动鼓、制动摩擦片	检测	1. 制动鼓无裂纹，无沟槽，内径≤426mm，圆度误差≤0.125mm，同轴两鼓直径差≤2mm 2. 制动摩擦片无裂损，无油污，铆钉紧固，铆钉头离制动摩擦片表面≥0.80mm	
7		前、后桥制动鼓与制动摩擦片	检测	支承销端为0.25~0.40mm，凸轮端为0.40~0.55mm，同一端两蹄间隙之差≤0.10mm	支承销端为0.2~0.5mm，凸轮端为0.4~0.7mm，同一端两蹄间隙之差≤0.10mm
8	转向机构	前束及转向角度	检测	前束值1~5mm 子午胎1~3mm 前轮最大转向角度： 内轮37°30′ 外轮30°30′	前束值2~4mm 子午胎1~3mm 前轮最大转向角度： 内轮38° 外轮32°
9		转向机构各球头销	检查、探伤	球头销无裂纹，螺纹损伤≤2牙	
10	主减速器	主减速器主动锥齿轮轴向间隙	检查	轴向间隙≤0.10mm	
11		主减速器齿轮	检查	齿轮无损伤，磨损正常齿隙为0.15~0.40mm	
12	全过程	其他二级维护保养项目	检视二级维护保养全过程	按二级维护保养技术要求	

7. 汽车二级维护保养的竣工检验

汽车二级维护保养竣工检验，是汽车维修企业对承修汽车在二级维护保养各项维护作业结束后，对维护质量的一次全面检验，是控制汽车维修质量，杜绝不合格汽车出厂的一个重要环节。汽车二级维护保养竣工检验须由专职检验员和专业检测线来完成，检验人员须熟悉汽车二级维护保养的作业内容、作业过程及技术要求，掌握国家、行业及地方的有关技术标准和检测方法，并能对汽车二级维护保养竣工检验（包括人工检查，道路试验和检测线检测等）的结果进行分析，指导维修人员进行调整、修理等作业，能够正确填写有关的技术资料。本节以东风EQ1090型、解放CA1091型载货车和桑塔纳GLi型轿车为例，列出汽车二级维护保养的竣工检验项目及技术要求。具体见表4-21和表4-22。

表4-21　汽车二级维护保养竣工检验项目及技术要求

<table>
<tr><th rowspan="2">序号</th><th rowspan="2">检验部位</th><th rowspan="2">检验项目</th><th colspan="2">技术要求</th><th rowspan="2">操作要领</th></tr>
<tr><th>EQ1090</th><th>CA1091</th></tr>
<tr><td rowspan="8">1</td><td rowspan="8">整车</td><td>清洁</td><td colspan="2">汽车外部、各总成外部、三滤应清洁</td><td>检视</td></tr>
<tr><td>面漆</td><td colspan="2">车身面漆、腻子无脱落现象，补漆颜色应与原色基本一致</td><td>检视</td></tr>
<tr><td>对称</td><td colspan="2">车体应周正，左右对称点离地高度差、驾驶室、保险杠、翼子板≤20mm</td><td>汽车置平检查</td></tr>
<tr><td>轴距</td><td colspan="2">左右差≤10mm</td><td>检查</td></tr>
<tr><td>紧固</td><td colspan="2">各总成外部螺栓、螺母按规定力矩扭紧，锁销齐全可靠</td><td>检查</td></tr>
<tr><td>润滑</td><td colspan="2">发动机、变速器、转向器、减速器润滑符合规定，各通气孔畅通。各部位润滑点润滑脂加注符合要求，滑脂嘴齐全有效，安装位置正确</td><td>检视</td></tr>
<tr><td>密封及电路</td><td colspan="2">全车无油、水、气泄漏，密封良好，电路装置可靠，不漏电</td><td>检视</td></tr>
<tr><td>灯光、信号、仪表、刮水器、后视镜等装置</td><td colspan="2">稳固，齐全有效
符合有关规定</td><td>检查</td></tr>
<tr><td rowspan="3">2</td><td rowspan="3">发动机</td><td>发动机工作状况</td><td colspan="2">发动机能正常起动，低、中、高速运转均匀稳定，冷却液温度正常（不超过90℃），加速性能好，无断火、回火、放炮等现象。发动机运转稳定后应无异响，但允许有轻微均匀的正时齿轮、气门响声</td><td>路试与检测</td></tr>
<tr><td>发动机功率</td><td colspan="2">无负功率，且功率≥额定值的80%</td><td>检测</td></tr>
<tr><td>发动机装备</td><td colspan="2">齐全有效</td><td>检测</td></tr>
<tr><td rowspan="2">3</td><td rowspan="2">离合器</td><td>踏板自由行程</td><td colspan="2">30～40mm</td><td>检查</td></tr>
<tr><td>横直拉杆装置</td><td colspan="2">球头销不松旷，各部位螺栓、螺母紧固，锁止可靠</td><td>检查</td></tr>
<tr><td rowspan="4">4</td><td rowspan="4">转向系统</td><td>转向盘最大自由转动量</td><td colspan="2"></td><td></td></tr>
<tr><td>横直拉杆装置</td><td colspan="2"></td><td></td></tr>
<tr><td>转向系统机构</td><td colspan="2">操作轻便、转动灵活，无摆振、跑偏异常现象，车轮转到极限位置时，不得与其他部件有碰擦现象</td><td>路试</td></tr>
<tr><td>前束及最大转向角度</td><td>前束值1～5mm
子午胎1～3mm
前轮最大转向角度：
内轮37°30′
外轮30°30′</td><td>前束值2～4mm
子午胎1～3mm
前轮最大转向角度：
内轮38°
外轮32°</td><td>检测</td></tr>
</table>

（续）

序号	检验部位	检 验 项 目	技 术 要 求		操作要领
			EQ1090	CA1091	
4	转向系统	侧滑	前轮的侧滑量应符合 GB 7258—2012 的规定。使用单板侧滑仪测量时，其值≤7m/km（暂定值）		用单板侧滑仪检测时，侧滑板上平面与地面应在同一平面；左前轮以 3 ~ 5km/h 的速度匀速直线通过单板侧滑仪
5	传动系统	1. 变速器 2. 传动轴 3. 主减速器	变速器操纵灵活，不跳档，不乱档。变速器、传动轴、主减速器各部位无异响，传动轴装配正确		路试
6	行驶系统	轮胎	轮胎胎冠磨损后，其花纹深度≥3.2mm，并不得暴露出轮胎帘布层；同轴轮胎应为相同的规格和花纹；转向轮不得使用翻新轮胎；轮胎气压符合规定；后轮辋孔与制动鼓观察孔对齐		检查
		钢板弹簧	钢板弹簧无断裂，无位移，无缺片，U 形螺栓紧固，前、后钢板支架无裂纹及变形		检查
		减振器	稳固有效		路试
		车架	车架不变形，纵横梁无裂纹，铆钉无松动，拖车钩、备胎架齐全，无裂损变形，连接牢固		检查
		前、后轴	无变形及裂纹		检查
7	制动性能和滑行性能	制动性能	应符合 GB 7258—2012 中 7.10 各条款规定		路试与检测
		制动踏板自由行程	应符合 GB 7258—2012 中 7.2.8 规定		
		驻车制动性能	应符合 GB 7258—2012 中 7.4 各条款的规定 制动拉杆拉至 3 ~5 牙即产生制动作用，且锁止可靠，装置紧固		路试与检测
		滑行性能	在平坦干燥的混凝土路面上，以 30km/h 的速度开始滑行到停止，其滑行距离 >250m，或用拉力计拉动汽车，开始拉动汽车的力应不大于汽车整车重力的 1.5%		路试与检测
8	车身、车厢	车身	驾驶室装置紧固，门铰链灵活无松旷，限动装置齐全有效；驾驶室门关闭牢靠，无松旷；风窗玻璃完好，窗框严密；门把、门锁、玻璃升降器齐全有效；发动机罩锁扣有效，暖风装置工作正常		检视
		车厢	车厢不歪斜，整体不变形，底板无破洞翘曲，边板、后门平整，无严重变形，铰链完好，关闭严密，前后锁扣作用可靠		检视

（续）

<table>
<tr><th rowspan="2">序号</th><th rowspan="2">检验部位</th><th rowspan="2">检 验 项 目</th><th colspan="2">技 术 要 求</th><th rowspan="2">操作要领</th></tr>
<tr><th>EQ1090</th><th>CA1091</th></tr>
<tr><td rowspan="2">9</td><td rowspan="2">其他</td><td>尾气排放测量</td><td colspan="2">在海拔1000m以下，在用车怠速工况排放值：CO体积分数≤5%，HC体积分数≤2000×10^{-6}，氧体积分数（暂定值）为9%～15%（500r/min）</td><td>检测</td></tr>
<tr><td>车外噪声测量</td><td colspan="2">应符合GB 1495—2002的规定</td><td>检测</td></tr>
</table>

表4-22　桑塔纳GLi轿车竣工检验项目及技术要求

<table>
<tr><th>序号</th><th>检验部位</th><th>检 验 项 目</th><th>技 术 要 求</th><th>操 作 要 领</th></tr>
<tr><td rowspan="6">1</td><td rowspan="6">整车</td><td>清洁</td><td>汽车外部、各总成外部、三滤应清洁</td><td rowspan="6">检视</td></tr>
<tr><td>面漆</td><td>车身面漆无脱落，颜色应基本一致</td></tr>
<tr><td>紧固</td><td>各总成外部螺栓、螺母按规定力矩扭紧，锁销齐全有效</td></tr>
<tr><td>润滑</td><td>各总成润滑符合规定</td></tr>
<tr><td>密封及电路</td><td>全车无油、水、气泄漏，密封良好，电路装置可靠，不漏电</td></tr>
<tr><td>灯光</td><td>齐全有效，符合规定</td></tr>
<tr><td rowspan="2">2</td><td rowspan="2">发动机</td><td>工作状况</td><td>能正常起动，低、中、高速运转均匀平稳，加速性能优良，无异响</td><td rowspan="2">检视</td></tr>
<tr><td>装备</td><td>齐全有效</td></tr>
<tr><td rowspan="2">3</td><td rowspan="2">离合器</td><td>踏板自由行程</td><td>符合原厂规定</td><td rowspan="6">检视与路试</td></tr>
<tr><td>离合情况</td><td>接合平稳，分离彻底，无打滑、抖动、异响</td></tr>
<tr><td rowspan="4">4</td><td rowspan="4">转向系统</td><td>转向盘最大自由转动量</td><td>符合规定</td></tr>
<tr><td>横直拉杆位置</td><td>球头销不松旷，各部位螺栓紧固可靠</td></tr>
<tr><td>转向机构</td><td>操作轻便，转动灵活，无摆振跑偏</td></tr>
<tr><td>前束和侧滑</td><td>符合规定</td></tr>
<tr><td>5</td><td>传动系统</td><td>变速器和传动轴</td><td>变速器操纵灵活，不跳档，不乱档，传动轴装配正确，各部位无异响</td><td>路试</td></tr>
<tr><td rowspan="3">6</td><td rowspan="3">行驶系统</td><td>轮胎</td><td>轮胎磨损在规定范围内，轮胎气压符合规定</td><td>检查</td></tr>
<tr><td>弹簧和减振器</td><td>无裂纹和变形，稳固有效</td><td rowspan="2">检视</td></tr>
<tr><td>悬架</td><td>无变形和裂纹，附件齐全，连接牢固</td></tr>
<tr><td rowspan="3">7</td><td rowspan="3">制动系统</td><td>制动性能</td><td>符合规定</td><td rowspan="3">路试</td></tr>
<tr><td>制动踏板自由行程</td><td>符合规定</td></tr>
<tr><td>驻车制动性能</td><td>符合规定</td></tr>
<tr><td>8</td><td>车身</td><td>车身</td><td>整体无变形，关闭严密，各部件完好</td><td>检视</td></tr>
<tr><td>9</td><td>排放</td><td>尾气排放测量</td><td>CO体积分数≤0.02，HC体积分数≤12×10^{-6}</td><td>检测</td></tr>
</table>

8. LPG 汽车的维护与保养

近年来，国际石油价格迅速上涨，国内常规燃料日趋紧缺，汽、柴油价格不断提高，再加上我国大中城市，尤其是中心城市的环保要求越来越高，不少城市要求机动车的排放达到欧Ⅲ标准，有的甚至要求达到欧Ⅳ标准，因此寻找价格便宜且排放较小的代用燃料显得尤为迫切。LPG（液化石油气）是几种代用燃料中最为成熟的一种。目前，北京、上海、广州、深圳等城市的公交车辆，已陆续开始装用 LPG 发动机，因此，掌握 LPG 车辆的维护保养操作技术已势在必行。

（1）LPG 汽车维护作业的安全要求

1）LPG 汽车维护作业前，首先应进行 LPG 供给系统的密封性检查，如有泄漏，应先排除故障，在确认供给系统密封良好后再进行维护作业。

2）维护作业中应先进行 LPG 供给系统的检漏、排空等作业，然后关闭储气瓶截止阀并使管路内的 LPG 耗尽，再进行其他项目的维护。

3）当需要进行焊割等有明火的作业时，应先拆掉蓄电池及重要总成的电控元件，再安全拆卸储气瓶并放入专用库房妥善保管；或在专用的符合安全防护要求的场地将 LPG 供给系统卸压，确保供给系统内无 LPG。

4）如需在储气瓶附近打磨或切割，应先将其拆掉或进行有效隔离，并由具备任职资格的单位、人员从事储气瓶的维护与检测，不得在储气瓶上进行挖补、焊割等作业。

5）LPG 汽车如发生漏气，应立即关闭电源和储气瓶截止阀，然后在专用场地进行处理。如果高压管路破裂或脱落导致气体大量泄漏而无法关闭储气瓶截止阀时，应立即隔离现场，疏散人员，杜绝火源，待液化石油气散尽后再作处理。

6）如发生火情，除立即关闭电源和储气瓶截止阀外，还应隔离现场，立即采取有效的灭火与救援措施。

（2）LPG 汽车的日常维护

1）驾驶人须在出车前、行车中和收车后对车辆进行日常维护，并重点观察 LPG 供给装置有无泄漏和异常情况。

2）除完成 GB/T 18344—2001《汽车维护、检测、诊断技术规范》规定之外的作业内容有：

① 视检 LPG 供给装置各部件工作状态及其连接和密封情况，要求状态正常且无松动、泄漏、损坏。储气瓶与固定支架连接牢靠，连接箍带无损伤，必要时更换箍带，管线不得与其他部件擦碰。

② 检查 LPG 储气量，储气量降至规定值以下时应立即补充 LPG。

③ 对于 LPG、汽油双燃料汽车，油箱中存有的汽油应符合车辆使用规定及油品质量要求。当长期使用汽油时，应先把储气瓶的 LPG 用完；当使用 LPG 时，应按规定定期转换燃料运行，确保两种燃料供给及其转换系统工作正常。

④ 行车中，应随时观察车辆各系统工作状况，当发现 LPG 供给装置有过热、过冷、异味等异常现象时，应立即关闭 LPG 储气瓶截止阀，并及时送 LPG 汽车维修企业进行维修。

（3）LPG 汽车的一级维护　除日常维护作业外，LPG 汽车还要进行以清洁、润滑、密封性检查、调整和紧固为中心的作业内容，并检查有关制动、操纵、LPG 专用装置等安全部件。其一级维护由 LPG 汽车维修企业负责执行。

1）LPG 汽车一级维护工艺流程。LPG 汽车一级维护按 GB/T 18344—2001《汽车维护、检测、诊断技术规范》规定的工艺流程执行。

2）LPG 汽车一级维护的基本作业项目、作业内容和技术要求。除完成 GB/T 18344—2001《汽车维护、检测、诊断技术规范》规定的作业内容外，还需进行的基本作业项目、作业内容和技术要求见表 4-23。

表 4-23　LPG 汽车一级维护增加的基本作业项目、作业内容和技术要求

序号	项　目		作业内容	技术要求
1	储气装置	LPG 储气瓶及固定支架	检查外观和紧固情况	1. 储气瓶鉴定、审验有效 2. 储气瓶表面应无严重划伤、凹凸、裂纹等缺陷 3. 固定支架及扎带完好、无裂纹，固定牢固，垫层完好、无损坏，储气瓶应固定可靠、无窜动和旋动现象 4. 安装位置、方式符合 QC/T 247—2002《液化石油气汽车专用装置技术条件》的要求
2		LPG 管路及卡箍	1. 检查紧固管路及接头 2. 检查各连接部位有无泄漏	1. 高压管路及接头应无擦伤及其他损伤 2. 接头紧固良好，无漏气现象。涂检漏液至少观察 10s 后，无气泡出现 3. 软管无老化、油垢、裂纹，连接可靠，与其他部件无摩擦 4. 安装位置、方式符合出厂技术规定和 QC/T 247 的要求
3		截止阀、充气阀、组合阀等各类控制阀及相关仪表等	检查密封和工作性能	1. 各种阀门密封良好、开闭性能灵活有效，相关仪表工作正常，安装牢固可靠 2. 安装位置、方式符合 QC/T 247—2002 和出厂技术规定的要求
4		加气口	1. 检查加气口的安装及紧固情况 2. 检查单向阀	1. 符合 GB/T 18364.1—2001《汽车用液化石油气加气口（螺旋式）》相关要求 2. 加气口固定牢固、清洁 3. 加气口、单向阀工作可靠，无漏气现象，防尘盖可靠有效
5	LPG 供给装置	蒸发调压器	1. 视检外观，按规定进行调整 2. 拧下排污塞，放掉残液 3. 检查滤网、滤芯，必要时清洗	外观清洁，安装牢固，无泄漏现象，各部件性能良好，符合 QC/T 672—2000《汽车用液化石油气蒸发调节器》要求
6		混合器/喷气装置	检查	各气道通畅，无阻塞，无泄漏，混合器/喷气装置应清洁，固定牢固，装配正确
7		高频电磁阀	检查各电磁阀及其控制装置技术状况	连接可靠，工作正常
8		LPG 电喷控制装置	检查各功能的有效性	各参数均正常
9	燃料转换	燃料转换开关及仪表	检查	1. 燃料转换开关转换灵活、可靠 2. 气量显示正常，与储气瓶气压、储气量协调一致

（续）

序号	项　目		作业内容	技术要求
10	控制要求	LPG电磁阀	检查、紧固	1. 接线牢固、可靠 2. 开闭性能良好，无泄漏 3. 符合QC/T 673—2007《汽车用液化石油气电磁阀》规定
11		汽油电磁阀及管路	检查、紧固	1. 汽油电磁阀及油管安装牢固，管路无碰擦现象 2. 汽油管路无老化及损伤，接头密封良好 3. 汽油电磁阀开闭性能良好，无泄漏，符合QC/T 675—2000《汽车用汽油电磁阀》规定
12	整车		检查、测试	燃油、燃气系统工作正常，LPG汽车标志符合GB/T 17676—1999《天然气汽车和液化石油气汽车标志》规定

（4）**LPG汽车的二级维护**　LPG汽车的二级维护是指在完成一级维护的基础上，还要检查并调整转向节、转向摇臂、制动蹄片、悬架等经过一定时间的使用后容易磨损或变形的安全部件以及LPG专用装置的紧固、密封等作业，并拆检轮胎，进行轮胎换位，检查并调整发动机工作状况、排气污染控制装置以及影响车辆使用与行驶安全的相关装置等。其二级维护须由LPG汽车维修企业负责执行。

1）LPG汽车二级维护作业过程、工艺流程及检测诊断。LPG汽车的二级维护作业过程、工艺流程以及检测诊断等内容，详见GB/T 18344—2001《汽车维护、检测、诊断技术规范》规定。

2）LPG汽车二级维护基本作业项目、作业内容和技术要求。除完成GB/T 18344—2001《汽车维护、检测、诊断技术规范》规定的内容外，还需进行的基本作业项目、作业内容和技术要求见表4-24。

表4-24　LPG汽车二级维护增加的基本作业项目、作业内容和技术要求

序号	维护项目		作业内容	技术要求
1	储气装置	LPG储气瓶及固定支架	1. 检查储气瓶鉴定证明 2. 按规定清理储气瓶残液 3. 紧固连接部位 4. 视情况更换安全装置	1. 储气瓶检定审验有效 2. 储气瓶无残液 3. 储气瓶有下列情况应更换：瓶体或附件出现裂纹、烧伤、鼓包、渗漏或明显的凹陷、膨胀、弯曲、外表明显损伤，瓶口螺纹损伤或严重锈蚀 4. 储气瓶及支架安装紧固，安装位置应符合QC/T 247的规定 5. 安全装置完好、有效，符合QC/T 247的规定
2		LPG管路及卡箍	拆装、检查、紧固高压管路及接头，更换密封圈、环形卡箍	1. 高压管路及接头应无损伤及挤压变形，LPG管路无老化、腐蚀，与相邻部件无碰擦现象 2. 接头紧固良好，无漏气、阻塞现象，涂检漏液至少观察10s后，无气泡出现 3. 管路通畅符合使用要求

（续）

序号	维护项目		作业内容	技术要求
3	储气装置	截止阀、充气阀、组合阀等各类控制阀及相关仪表等	1. 检查各阀门工作性能及接口有无泄漏 2. 视情况拆检阀门，更换密封圈和衬垫	阀门开关灵活，紧固牢靠，阀门无泄漏，性能满足要求
4		加气口	1. 清洁、紧固加气口 2. 视情况更换单向阀阀芯及防尘盖	1. 加气口无油污、灰尘 2. 单向阀工作可靠，无渗漏 3. 防尘盖完好
5		液位传感器	性能检查	1. 显示准确 2. 与进气座连接处无泄漏
6		限量充装阀	性能检查	满足设计要求
7	LPG供给装置	滤清器	清洁或更换滤网	清洁，工作良好
8		蒸发调压器	1. 拆检总成，清洁各工作腔并视情况更换膜片、密封圈 2. 按各型蒸发调压器技术要求，清洁并定期更换滤网或滤芯 3. 检漏 4. 检查安全阀 5. 检查外观 6. 检查有关热循环装置	1. 膜片等关键部件无变形、变质 2. 装配好后的蒸发调压器外观清洁，工作正常 3. 各处无泄漏，气密性等指标符合 QC/T 672 规定 4. 安全阀工作可靠 5. 无变形、变质 6. 热循环装置工作正常
9		混合器/喷气装置	1. 拆洗混合器各部件，检查、更换密封胶圈 2. 检查喷气装置	1. 各部件清洁，各处密封良好，无泄漏 2. 混合器/喷气装置工作正常
10		高频电磁阀	清除高频电磁阀滤芯中的杂物、沉淀物，必要时更换	工作正常
11		安全阀	检查	按要求在标定压力范围内能及时开启和关闭
12		低压管路及卡箍	检查并视情更换	管路固定可靠、完好，无泄漏
13	燃料转换及控制装置	燃料转换开关及仪表	1. 检查开关及控制电路 2. 检查仪表及插接件	1. 开关操作灵活、可靠。开关在“气”位、发动机不运转时，气路电磁阀能在规定时间范围内自动关闭 2. 气量显示正确
14		LPG 电磁阀	检查工作性能	各参数均正常
15		汽油电磁阀	检查工作性能	各参数均正常

（5）LPG汽车的检验要求 LPG汽车二级维护的过程检验、竣工检验除执行GB/T 18344 GB/T 18344—2001《汽车维护、检测、诊断技术规范》规定内容外，还必须对LPG专用装置及系统的安装及密封性进行检查验收，确认符合GB/T 18437.2—2009《燃气汽车改装技术要求液化石油气汽车》、QC/T 256—1998《液化石油气汽车定型试验规程》、QC/T 247—2002、QC/T 689—2002等标准及企业技术要求的相关规定，确认无泄漏。

4.3 现代汽车的非定期维护与保养

4.3.1 汽车磨合期的维护与保养

新车、大修车以及刚装用大修过发动机的汽车在初始一段里程内所进行的维护称为磨合维护，过去称为磨合保养。汽车经过初期使用阶段的磨合，使各运动部件摩擦表面之间进行相互研磨，不断提高配合精度，从而顺利过渡到正常使用状态。汽车的使用寿命、工作可靠性和经济性在很大程度上取决于汽车使用初期的磨合，而且磨合的好坏将直接影响到汽车的大修间隔里程。因此，汽车磨合的目的就是使各运动部件快速适应各种工况，并大大延长汽车的使用寿命，降低维修成本。

汽车的磨合期是指新车或大修后的汽车最初行驶的一段里程。汽车的磨合里程一般规定为1500～2500km，或按汽车使用说明书规定的里程执行。汽车在磨合期的各项维护作业，要按汽车使用说明书的规定执行，一般分为磨合前、磨合中和磨合后3个阶段的维护。

1. 磨合前的维护

磨合前的维护是为了防止汽车出现机械事故和过早损伤，保证顺利地完成磨合，其维护内容有：

1）清洁全车，尤其对库存期较长的新车一定要进行一次全面的清洁。

2）检查和紧固外部各种螺栓、螺母。

3）检查各部位润滑油、制动液、冷却液的数量和质量，根据需要进行添加或更换，并检查各部位有无渗漏现象。

4）检查轮胎的气压和蓄电池的充放电、电解液的密度和液面高度等情况，必要时给予添加或补充。

5）检查制动效能，必要时进行调整。

6）检查各操纵机构和部件是否灵敏有效。

7）检查发动机运转情况，查听有无异响，观察各仪表、灯光和信号装置等是否齐全有效。

2. 磨合中的维护

一般在汽车行驶500km左右时进行磨合中的维护，其维护内容有：

1）清洗发动机润滑系统，用煤油清洗油底壳，更换润滑油、机油滤芯或滤清器。

2）在全车各润滑点加注齿轮油或润滑脂。

3）检查各部位有无渗漏，必要时加以紧固或密封。

4）检查并按规定力矩紧固气缸盖，进、排气歧管螺栓或螺母。

5）汽车初驶30～40km时，应检查变速器、分动器、驱动桥和轮毂等是否有过热和异响，如不正常，应查明原因予以排除。

6）检查制动效能及各连接螺栓、螺母和管路的紧固性、密封性，必要时进行调整。

7）按规定力矩紧固前、后轮毂螺母。

3. 磨合后的维护

磨合期结束后，应对汽车进行全面的检查、紧固、润滑和调整等作业，有限速装置的要拆除限速装置，使汽车达到良好的运行速度，以投入正常运行。其维护内容有：

1）清洗润滑油道、机油集滤器、机油滤清器和油底壳，更换润滑油和机油滤芯。

2）按规定顺序和拧紧力矩紧固气缸盖螺栓。

3）检查和调整制动踏板、离合器踏板的自由行程。

4）测量气缸压力，按需要调整气门间隙（配置液压挺杆的除外）。

5）检查、紧固和调整前桥转向机构的技术状况。

4.3.2 汽车的季节性维护与保养

季节、气候的变化，必然导致与汽车运行条件密切相关的气温、气压等参数的变化。为了使汽车在不同的地区、不同的季节里都能可靠的工作，在季节转换之前，结合定期维护，并附加一些相应的作业项目，使汽车能够顺利适应变化了的运行条件，这种附加性维护称为季节维护或换季保养。季节维护有换入夏季和换入冬季时两种。

1. 夏季汽车的车况特点与维护

（1）夏季汽车的车况特点 炎炎夏日，气温高，发动机易过热，从而导致：气缸充气性变差，动力下降；润滑油变稀、变质，润滑性能下降，运动零部件磨损加剧；驾驶人易疲劳、打盹，行车安全下降；雨水增多使车辆打滑而造成车辆受损，甚至发生交通事故。因此做好夏季车辆的维护保养及高温下的安全驾驶是一项十分重要的工作。为此，作为专业驾驶、维修人员必须掌握夏季车况特点：

1）润滑油容易变稀、变质、挥发和烧损，导致润滑性能下降、机油消耗过快。发动机在高温下运转时，润滑油的抗氧化安定性、黏温性及清净分散性等性能变坏，加剧其热分解、氧化和挥发。同时，干燥空气中的灰尘和潮湿空气中的水分通过进气系统和曲轴箱通风口进入发动机油底壳污染润滑油，引起润滑油变质。另外，变稀了的润滑油通过气缸壁、活塞、活塞环窜入燃烧室烧损，并通过油底壳等过热区域时蒸发掉。更为严重的是，润滑油在高温下与积炭聚合成漆膜而黏附在缸壁上，加大发动机的磨损。

2）加剧零部件的磨损。发动机在高温下运转，零部件的热膨胀较大，使其正常配合间隙变小，摩擦阻力增大，磨损加剧。同时，高温运转的发动机在活塞顶、燃烧室壁、气门头等零件上黏附许多积炭和胶质物，使金属零件的导热性变差，加速机件损坏。除此之外，由于发动机过热，机油变稀，油膜变薄，也加速机件磨损。

3）发动机充气性能变差，动力下降。高温条件下，因气体的热膨胀，使进入气缸里的可燃混合气或空气的数量减少，使充气性下降，从而导致发动机功率下降，使车辆行驶无力、加速变差。有试验证明，当气温由15℃上升到40℃时，发动机的功率下降6%～8%。

4）制动性能变差，行车安全系数降低。制动蹄片及制动鼓或制动盘受高温影响，频繁制动后，易产生热衰退，使制动力很快下降。特别是汽车在山区坡陡、弯急、道窄等情况复杂的条件下行驶，使用制动次数增多，制动摩擦片温度会急剧升高，制动性能变差，使行车

安全系数降低。

5）高温下，易产生各种气阻，影响有关系统和机构的正常工作。供油系统受热后，部分燃油以气态形式存于供油管路和油泵中，不仅增大了燃油流动阻力，同时由于气体的可压缩性，使油泵无法输送燃油，导致供油中断，并使喷油器等部件无法喷油。液压制动管路中的制动液，因高温容易沸腾而产生气阻，使制动突然失灵，可导致车毁人亡。

6）发动机易发生自燃或爆燃等不正常燃烧现象，使发动机使用寿命下降。随着大气温度的增高，进入气缸的混合气温度也高，发动机的温度将更高，使窜入气缸中的润滑油在高温缺氧的情况下生成胶质和积炭。积炭黏附于活塞顶部、燃烧室壁、气门顶部和火花塞上，形成炽热点，从而引起发动机炽热点火，便产生自燃或爆燃。

（2）汽车夏季维护与保养的主要作业内容

1）拆除发动机附加的保温罩，检视百叶窗（南方地区可拆除百叶窗）能否全开；清除发动水套和散热器内的水垢，测试节温器性能。

2）按车辆使用说明书的要求或视具体情况，放掉发动机油底壳、变速器、减速器、转向器等各总成内的润滑油，清洗后加注夏季用油（加注冬、夏通用润滑油的除外）。

3）清洗燃料供给系的燃油箱、滤清器、汽油机的化油器或燃油分配管、柴油机的输油泵、喷油泵、喷油器和所有管路；调整汽油机的化油器或燃油分配管及柴油机的喷油泵、喷油器等部件；进、排气歧管上有预热装置的应调整至“夏”字位置。

4）汽油机要调整火花塞间隙（适当增大）和点火正时（适当推迟点火提前角），老式点火系统有断电触点的应适当增大触点间隙。

5）调整蓄电池电解液密度（适当降低，免维护蓄电池除外）；校正发电机调节器（对振动触点式调节器而言），适当降低充电电流、电压，并清洁调节器触点。

6）采取相应的防暑降温措施。

2. 冬季汽车的车况特点与维护

（1）冬季汽车的车况特点 寒风凌烈、冻人刺骨，人怕冷，汽车也怕冷。冬季行车易引发许多故障或事故。在天寒地冻的冬季里，尤其是经过一个晚上露天的风吹霜寒后，车身变得冰凉，难以起动，车况急剧下降。因此做好冬季车辆的维护保养及低温下的安全驾驶是一项十分重要的工作。为此，作为专业驾驶、维修人员必须掌握冬季车况特点：

1）汽车难以起动或无法起动。由于冬季天冷低温，使燃油蒸发雾化困难不易形成可燃混合气，机油黏度过大使起动阻力增大，加上蓄电池容量下降等原因使起动转速下降，从而导致起动困难。有时，汽车无法起动，这往往是经过一个晚上极低的室外温度后，汽车冷却液结冰或机油冷凝、电解液流动困难等原因造成的。冷却液的防冻作用在冬季显得非常重要，如果不及时更换冷却液，汽车的冷却循环将受到阻碍，会导致发动机水套“开锅”，而散热器却结冰甚至冻裂。

2）怠速不稳，容易熄火。这大多是由于蓄电池温度太低而使物理、化学性能降低造成的。汽车的蓄电池最怕低温，低温下蓄电池的电容量比常温时的电容量低得多。在常温下正常使用的蓄电池一遇寒冷，电容量就会突然下降甚至一下子没电了，加上冬季冷车起动时耗电量特别大，因此，装用使用两年左右蓄电池的车辆特别容易产生这一故障。

3）磨损严重，易产生噪声。发动机噪声过大，往往是由于机油黏稠而导致零部件润滑不及时，使磨损严重、间隙过大而产生的。发动机 70% 左右的磨损均发生在冷车起动，这种磨损是渐进性的，损伤最大。发动机机油都有黏度等级（SAE级别），一般冬、夏两季使用不同黏度等级的机油（四季通用的机油除外）。如果进入冬季了还在使用夏季黏稠的机油，就会加快发动机的磨损，这是因为，冬季气温下降后，机油的黏度会增大，流动性变差，如果供油不及时，会导致运动机件的摩擦阻力增大，从而加快发动机的磨损。因此，应及时将夏用机油换成冬用机油。

4）空调的取暖效果变差。空调在秋天停用了一段时间后，某些运动部件会出现“咬死”现象，造成起动阻力加大，使空调电磁离合器打滑，过度磨损。长时间停用空调，还会使之干枯、粘连而失效，造成制冷剂泄漏。

5）制动效果变差，制动距离变长，安全性能下降。气压制动系统的储气筒上的进气阀、排气阀、制动管路等处易结冰而堵塞气道，使压缩空气压力下降甚至中断，从而导致制动效能下降或制动失效。液压制动管路中的制动液，由于黏度增大，流动变慢，从而导致制动效能下降。

6）转向阻力增大，转向困难，操纵性能下降。转向器齿轮油、转向助力液等由于低温使流动性下降，阻力增大，从而导致转向困难，操纵性变差。

（2）汽车冬季维护与保养的主要作业内容

1）安装发动机附加保温罩及检修起动预热装置，测试节温器效能。

2）发动机和底盘各总成均换用冬季用的润滑油（加注冬、夏通用润滑油的除外）。

3）清洗燃料供给系的燃油箱、滤清器、汽油机的化油器或燃油分配管、柴油机的输油泵、喷油泵、喷油器和所有管路；调整汽油机的化油器或燃油分配管及柴油机的喷油泵、喷油器等部件；有进气预热阀装置的调整到“冬”位置。

4）相应地调整发电机调节器（对振动触点式调节器而言），适当增大充电电流、电压，并适当减少断电器触点间隙（老式有触点式点火系统）和火花塞间隙。

5）调整蓄电池电解液的密度（适当增大，免维护蓄电池除外）。

6）采取防寒、防冻、防滑等保护措施。

练习与思考题

1. 选择题

1）汽车日常维护由________来完成。

A. 维修工　　B. 驾驶人　　C. 生产厂　　D. 经销商

2）汽车日常维护的中心内容是________。

A. 清洁、润滑、紧固　　B. 清洁、补给和安全视检

C. 检查、调整　　D. 拆检

3）汽车一级维护由________来完成。

A. 维修工　　B. 驾驶人　　C. 生产厂　　D. 经销商

4）汽车一级维护的中心内容是________。

A. 清洁、润滑、紧固　　B. 清洁、补给和安全视检

C. 检查、调整　　D. 拆检

5）汽车一级维护质量保证期为________。

A. 300km或者2日　　B. 1000km或者5日

C. 2000 km或者 10 日　　D. 2500 km或者 15 日

6）汽车二级维护的中心内容是________。

A. 清洁、润滑、紧固　　B. 清洁、补给和安全视检

C. 检查、调整　　D. 拆检

7）蓄电池电解液液面应高出极板上缘________ mm。

A. 5 ~ 10　　B. 10 ~ 15　　C. 15 ~ 20　　D. 25 ~ 30

8）汽车一、二级维护周期的确定，应以汽车________为基本依据。

A. 行车时间间隔　　B. 行驶里程　　C. 诊断周期　　D. 修理厂规定

9）磨合维护的里程数一般为________ km。

A. 300 ~ 1000　　B. 800 ~ 1500　　C. 1000 ~ 3000　　D. 2000 ~ 6000

2. 简答题

1）日常维护的主要内容是什么？

2）出车前要进行哪些作业项目？

3）如何判断机油是否变质？

4）如何检查、调整制动踏板自由行程？

5）汽车一级维护竣工检验的技术要求有哪些？

6）汽车二级维护前对其进行技术评定的目的是什么？

第5章 汽车保养灯的操作技术

基本思路：

对本章的学习和研究，作为汽车使用者，关键是要把握各种保养灯的作用及指示内容；作为汽车维护与保养者不仅要了解各种保养灯的作用，而且要掌握各种保养灯的归零、复位和设置方法，这样对现代汽车的维护与保养会起到事半功倍的效果。

为了更好地贯彻以“预防为主、定期检测、强制维护”的汽车使用管理原则，提高汽车行驶的安全性能和可靠性能，延长汽车的使用寿命以及电子控制技术在汽车上的不断运用，目前汽车制造商在相关系统上均设置了汽车保养警告灯。其目的是提示汽车驾驶人和维修人员，要定期维护与保养车辆。下面就主要车型有关汽车保养警告灯的归零、复位和设置方法等进行详细介绍。

5.1 欧洲车系保养灯的操作技术

5.1.1 奔驰（IBEN2）车系保养灯的操作技术

1. A-CLASS（168）（图5-1）

首先将点火开关打到ON位置，并立即压下按键A两次；然后将点火开关打到OFF位置，再把点火开关打到ON位置，同时压下并保持着按键A；等待10s后，新保养间隔将出现在里程表显示器上，并伴随发出一响声信号，释放按键A；这时把点火开关打到OFF位置，复位设置完成。

2. C-CLASS（202）、**E-CLASS**（210）、**S-CLASS**（140）**及CLK**（208）（图5-2）

对于所有不带多功能转向盘的车型：首先将点火开关打到ON位置，并立即压下按键A

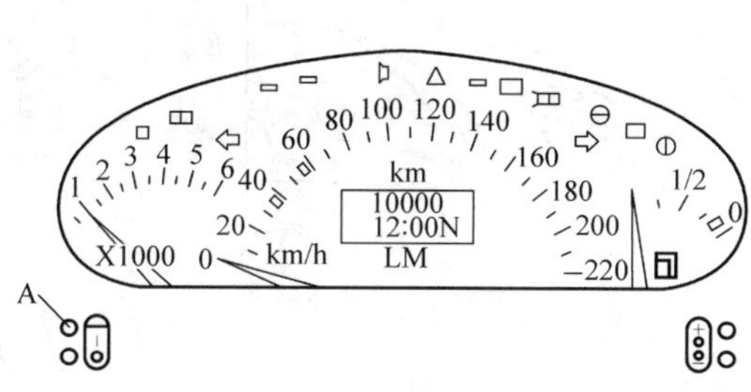

图 5-1　仪表板

A—归零按键

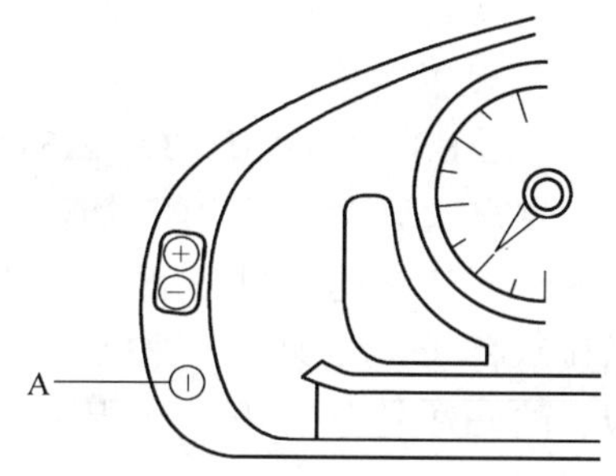

图 5-2　仪表板

A—归零按键

两次；然后将点火开关打到 OFF 位置；再把点火开关打到 ON 位置，同时压下并保持着按键 A；等待 10s 后，新保养间隔将出现在里程表显示器上，并伴随发出一响声信号，释放按键 A；这时把点火开关打到 OFF 位置，复位设置完成。

3. C-CLASS（203）（图 5-3 及图 5-4）

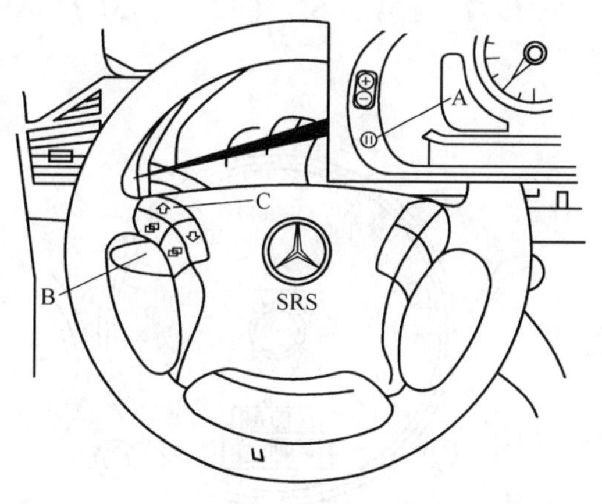

图 5-3　转向盘

A、B、C—按键

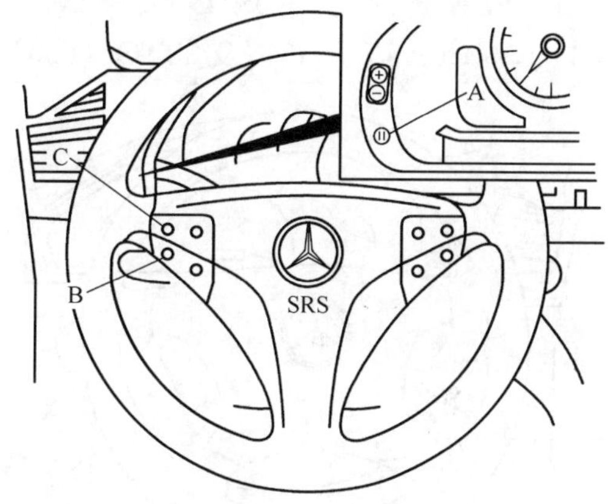

图 5-4　转向盘

A、B、C—按键

首先将点火开关打到第 2 档位置；重复压下按键 B，直到总的行驶里程数出现在转速表的液晶显示器上；重复压下按键 C，直到出现一个扳手的归零符号和下一次保养间隔出现在里程表显示器上；压下按键 A，大约 3s，直到多功能显示器有 DO YOU WANT TO RESET THE SERVICE INTERVAL? CONFIRM BY PRESSING THE A BUTTON 字符出现在里程表显示器上；在 5s 内，压下按键 A，直到新的保养间隔出现在里程表显示器上，释放按键 A；这时把点火开关打到 OFF 位置，复位设置完成。

4. E-CLASS（210）**及 CLK**（208）（图 5-5）

首先将点火开关打到第 2 档位置；然后重复压下按键 A 或 B，直到总的行驶里程数出现在转速表的液晶显示器上；重复压下按键 C，直到出现一个扳手的归零符号和下一次保养间隔出现在里程表显示器上；压下按键 A，大约 3s，直到多功能显示器有 DO YOU WANT TO RESET THE SERVICE INTERVAL? CONFIRM BY PRESSING THE A BUTTON 字符出现在里程表显示器上；在 5s 内，压下按键 A，直到新的保养间隔出现在里程表显示器上，释放按键A；这时把点火开关打到OFF位置，复位设置完成。

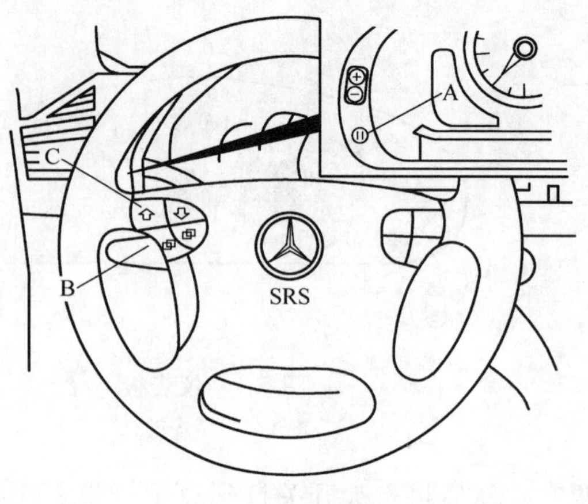

图5-5　转向盘
A、B、C—按键

5. S-CLASS（220）**及CL**（215）（图5-6）

首先将点火开关打到第2档位置；重复压下按键B，直到总的行驶里程数出现在转速表的液晶显示器上；重复压下按键C，直到出现一个扳手的归零符号和下一次保养间隔出现在里程表显示器上；压下按键A，大约3s，直到多功能显示器有DO YOU WANT TO RESET THE SERVICE INTERVAL? CONFIRM BY PRESSING THE A BUTTON字符出现在里程表显示器上；在5s内，压下按键A，直到新的保养间隔出现在里程表显示器上，释放按键A；这时把点火开关打到OFF位置，复位设置完成。

6. SLK（170）**—05/1997、SLK**（170）**06/1997至今、SL**（129）、**M-CLASS**（163）、**V-CLASS**（636）**及VITO**（638）（图5-7）

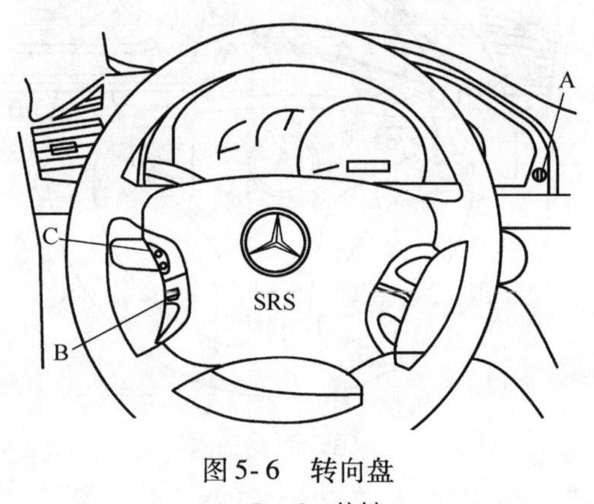

图5-6　转向盘
A、B、C—按键

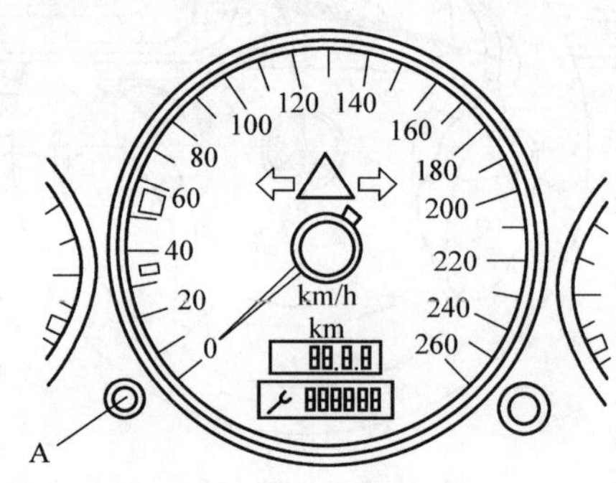

图5-7　仪表板
A—归零按键

首先将点火开关转到ON位置并迅速按下A按钮两次，将点火开关转到OFF位置；然后压下并保持着按键A；把点火开关打到ON位置；等待10s后，新保养间隔将出现在里程表显示器上，并伴随发出一响声信号，释放按键A；这时把点火开关打到OFF位置，复位设置完成。

7. SPRINTER（901/2/3/4/5）（图5-7）

首先将点火开关打到ON位置，并立即压下按键A两次；把点火开关打到OFF位置；把点火开关打到ON位置，同时压下并保持着按键A；等待10s后，新保养间隔将出现在里程表显示器上，并伴随发出一响声信号，释放按键A；这时把点火开关打到OFF位置，复位设置完成。

8. BENZ（W129）**油保养灯归零**

首先将点火开关打到第1档位置；然后压下并保持按键A；将点火开关打到第2档位置；等待10s后，听到一响声信号，并显示7500mile（12000km），这时释放归零按键A即可。

5.1.2　宝马（BMW）车系保养灯的操作技术

1. 3 系列（E30）**1982—1985 及 5 系列**（E28）**1982—1988**（图 5-8）

（1）**机油保养灯归零**　首先在发动机诊断接头的端子 7 与地线间连接 1 个 LED 测试灯，诊断接头位于左侧或右侧转向柱的附近或位于隔板上；接通点火开关；3s 后 5 个绿色的 LED 测试灯点亮；关闭点火开关，复位设置完成。

（2）**检查保养灯的归零**　首先在发动机诊断接头的端子 7 与地线间连接 1 个 LED 测试灯，诊断接头位于左侧或右侧转向柱的附近；接通点火开关；等待 12s 后，5 个绿色的 LED 测试灯点亮；这时关闭点火开关，复位设置完成。

2. 3 系列（E30）**1986—1994、3 系列**（E36）**1990—2001、3 系列**（E46）**1998 至今、5 系列**（E39）**1996 至今、5 系列**（E34）**1988—1996、7 系列**（E38）**1994 至今、Z3**（E36）**1996 至今、Z8**（E52）**1999 至今、X5**（E53）**1999 至今**（图 5-9）

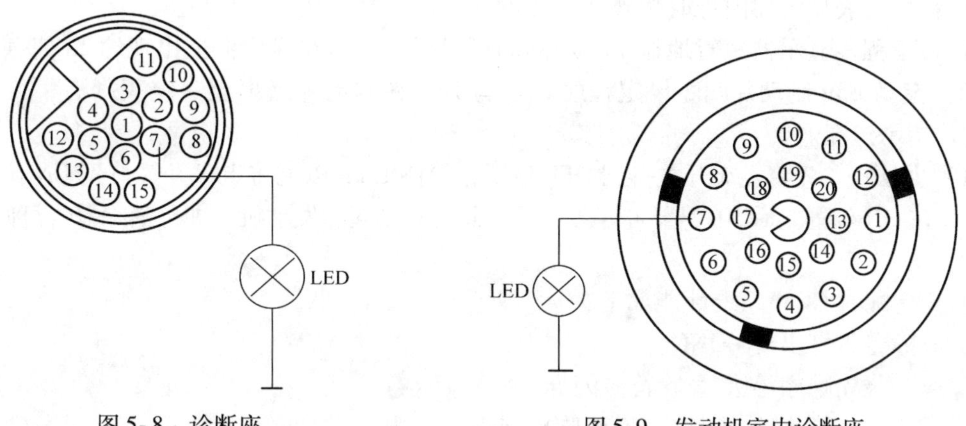

图 5-8　诊断座　　图 5-9　发动机室内诊断座

发动机室内带有诊断座。

（1）**机油保养灯归零**　首先把点火开关打到 ON 位置；在发动机诊断接头的端子 7 与地线间连接 1 个 LED 测试灯，诊断接头位于左侧或右侧转向柱的附近或位于隔板上；等待 12s 后，5 个绿色的 LED 测试灯点亮；把点火开关打到 OFF 位置，复位设置完成。

（2）**检查保养灯的归零与时钟符号**　首先把点火开关打到 ON 位置；在发动机诊断接头的端子 7 与地线间连接 1 个 LED 测试灯，诊断接头位于左侧或右侧转向柱的附近或位于隔板上；等待 12s 后，5 个绿色的 LED 测试灯点亮；把点火开关打到 OFF 位置；等待 20s，把点火开关打到 ON 位置；在发动机诊断接头的端子 7 与地线间连接 1 个 LED 测试灯，诊断接头左侧或右侧转向柱的附近或位于隔板上；等待 12s 后，5 个绿色的 LED 测试灯点亮；把点火开关打到 OFF 位置，复位设置完成。

3. 3 系列（E46）**2000 至今、5 系列**（E39）**2000 至今、X5**（E53）**2000 至今**（图 5-10）

（1）**换油保养或保养和制动液周期的复位**

1）点火开关打到位置 0 档。

2）按住里程表显示器的按键（在组合仪表上），并将点火开关打到至 1 档。

3）约 5s 后，字符“Oil service”（换油保养）或“Inspection”（保养检查）将与字符

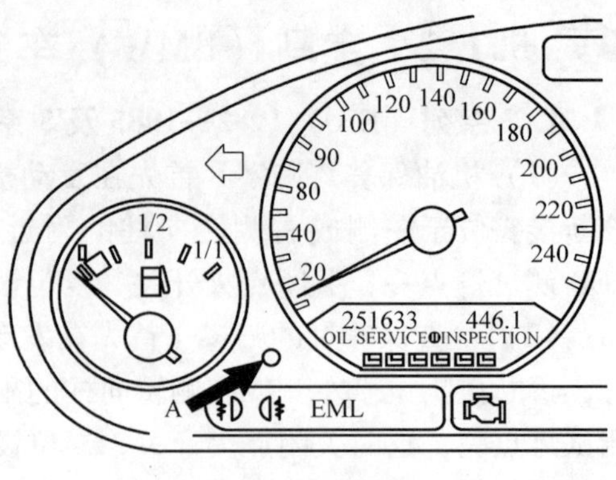

图5-10　仪表板
A—归零按键

“RESET”（复位）或“RE”一同显示在显示屏上；松开按键A，再按下按键A并保持5s，字符“RESET”开始闪烁。

4）在显示器闪烁时，短时间松开按键A并再次按住按键A，显示屏将显示新的保养里程，保养周期复位完成。

5）在里程表显示器闪烁短暂显示新的周期后，转而显示制动液更换周期。在里程表显示器上出现上列信息：时钟符号和“RESET（复位）”或“RE”闪烁。

6）再次按住按键A 5s，直到显示“RESET（复位）”或“RE”闪烁。

7）在里程表显示器闪烁时短暂按住按键A，以使制动液周期复位。

8）在里程表显示器短暂地显示了新的周期以后，最后在显示器上出现约2s信息。

（2）宝马E39制动片归零设定程序　宝马E39在制动片磨损至一定程度后，仪表板上的制动片指示灯亮。

（1）办法一　先将点火开关打到OFF位置；等待1min以上将点火开关打到ON位置；当点火开关在ON位置之后30s，警告灯会熄灭，此时立刻起动发动机，即可消除警告灯归零。

（2）办法二

1）E39配有CCM系统性能如下：

① 故障警告灯出现CONG。

② 第一优先顺序等级<　>符号闪烁。

2）按下C/C按键，此时在CCM监控屏幕上会显示“Check Brake Linings”，检查制动片的指示。

3）检查制动片，必要时予以更换，更换后，如警告灯仍然亮着，则必须依照办法一或进行下一个步骤来进行归零。

4）仪表板上有一个C/C按键，按压该按键3s后进入测试模式，TEST1会在旅程电脑显示器上闪烁；再按压TWSZ按键，TEST19会在旅程电脑显示器上闪烁，它们交替闪烁。

5）在ON位置时按下C/C按键3s，直到恢复正常模式，警告灯便熄灭。

4. MINI COOPER S轿车机油保养灯归零（图5-11）

将点火开关转至OFF位置；如图5-11所示，按下按键A并保持按压状态；将点火开关转至Ⅰ；约5s后，字符“OIL SERVICE”或“INSPECTION”将与“RESET”或“RE”一同显示在显示屏上；松开按键A；按下按键A并保持按压状态，等待5s后字符“RESET”将开始闪烁；松开按键A，按压按键A并再次松开，新的保养间隔里程将显示在显示屏上；按压并松开按键A，显示屏显示“END SIA”；将点火开关转至OFF位置。

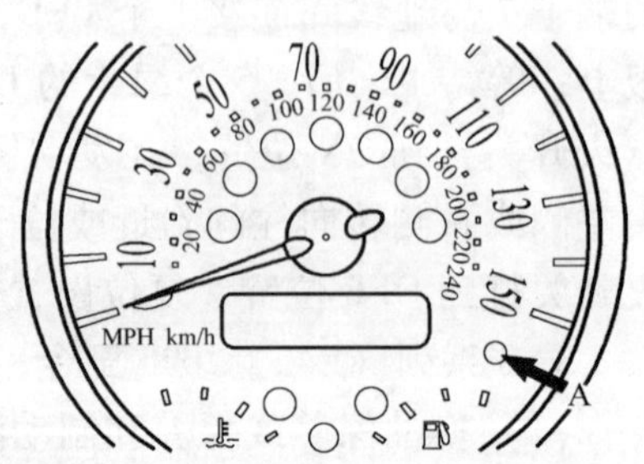

图5-11　MINI COOPER S轿车的显示仪表
A—归零按键

5.1.3 奥迪（AUDI）车系保养灯的操作技术

1. A4 1994～1997

保养灯归零只能使用诊断设备重新设定。

2. A3 1996～1999 及 A4 1998～1999（图 5-12）

（1）**机油灯归零（OIL SERVICE）** 压下并保持按键 A；将点火开关打到 ON 位置，“OIL”字符将出现在液晶里程显示器上，释放按键 A；压下按键 B 大约 2s，以使液晶里程显示器归零。

（2）**检查维修归零（INSP）** 首先压下并保持按键 A；将点火开关打到 ON 位置，“OIL”字符将出现在液晶里程显示器上，释放按键 A；压下并释放按键 A，“INSP”字符将出现在液晶里程显示器上；压下按键 B 大约 2s，以使液晶里程显示器归零。

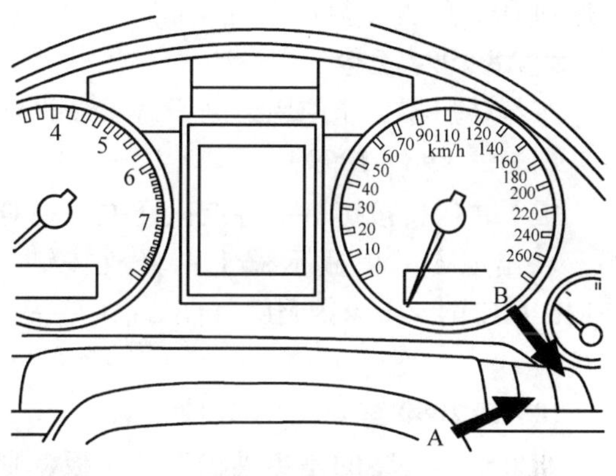

图 5-12 仪表板

A—归零按键 B—按键

3. A3 2000 至今及 A4 2000～2001（图 5-11）

如果车辆装备的是免维护型仪表板，则必须使用合适的诊断设备；如果车辆装备的是定期保养型仪表板，则可用手动方法重新设定：压下并保持按键 A；将点火开关打到 ON 位置，释放按键 A，“SERVICE”或“SERVICE IN××××MI”字符将出现在液晶显示器上；将按键 B 转向左侧，以使显示器归零，“SERVICE”或“SERVICE IN 10000MI”字符将出现在液晶显示器上；把点火开关打到 OFF 位置，复位设置完成。

4. A4 2001 至今（图 5-11）

如果车辆装备的是免维护型仪表板，则必须使用合适的诊断设备；如果车辆装备的是定期保养型仪表板，可用手动方法重新设定：压下并保持按键 A；将点火开关打到 ON 位置，再释放按键 A，“SERVICE”或“SERVICE IN××××MI”字符将出现在液晶显示器上；压下按键 B，直到字符被擦除并且被“SERVICE”所代替；把点火开关打到 OFF 位置，复位设置完成。

5. A6/S6 1996～1997

保养灯归零只能使用诊断设备重新设定。

6. A6 1997～1999

（1）**机油灯归零（OIL SERVICE）** 压下并保持按键 A；将点火开关打到 ON 位置，释放按键 A，“OEL”或“OIL”字符将出现在转速表液晶显示器上；压下按键 B，直到字符被擦除和被“-”所代替，复位设置完成。

（2）**检查维修归零（INSP）** 压下并保持按键 A；将点火开关打到 ON 位置，释放按键 A；再次压下和释放按键 A，“INSP”字符将出现在液晶里程显示器上；压下按键 B，直到字符被擦除并且被“---”所代替。如果需要，按照上面所述从液晶里程显示器上清除“OEL”或是“OIL”显示。

7. A2 2000 至今及 A6 2000 至今（图5-12）

如果车辆装备的是免维护型仪表板，则必须使用合适的诊断设备；如果车辆装备的是定期保养型仪表板，可用手动方法重新设定：压下并保持按键A；将点火开关打到ON位置，“SERVICE”或“SERVICE IN××××MI”将出现在液晶显示器上；释放按键A；压下按键B重新设置显示，并且“SERVICE IN 10000MI”字符将出现在液晶显示器上；把点火开关打到OFF位置，复位设置完成。

8. A8 1994 至今

保养灯归零只能使用诊断设备重新设定。

9. TT 1998~1999

压下并保持按键A；将点火开关打到ON位置，“SERVICE”或“SERVICE IN××××MI”将出现在里程显示器上；释放按键A；将按键B转向右侧，以使显示器归零这时“SERVICE IN××××MI”将出现在里程显示器上；把点火开关打到OFF位置，复位设置完成。

10. TT2000 至今（图5-12）

如果车辆装备的是免维护型仪表板，则必须使用合适的诊断设备；如果车辆装备的是定期保养型仪表板，则可用手动方法重新设定：压下并保持按键A；将点火开关打到ON位置，释放按键A，“SERVICE”或“SERVICE IN××××MI”将出现在里程显示器上；将按键B转向右侧，以使显示器归零，这时“SERVICE IN 10000MI”出现在里程显示器上；把点火开关打到OFF位置，复位设置完成。

5.1.4　大众（Volkswagen）车系保养灯的操作技术

1. BEETLE1998~1999（图5-13）

1）OEL—机油保养灯归零。压下并保持按键A；将点火开关打到ON位置，“OEL”或“OIL”字符将出现在转速表液晶显示器上；释放按键A，这时“INSP”字符将出现在转速表液晶显示器上；压下并保持按键A，直到“-”出现在显示器上；释放按键A，复位设置完成。

2）INSP—检查维护。压下并保持按键A；将点火开关打到ON位置，“INSP”字符将出现在转速表液晶显示器上，这时释放按键A；再次压下并释放按键A，“OEL”或“OIL”字符将出现在显示器上；压下并保持按键A，直到“-”出现在显示器上；释放按键A，复位设置完成。如果有需要，可从显示器上清除“OEL”或“OIL”提示符。

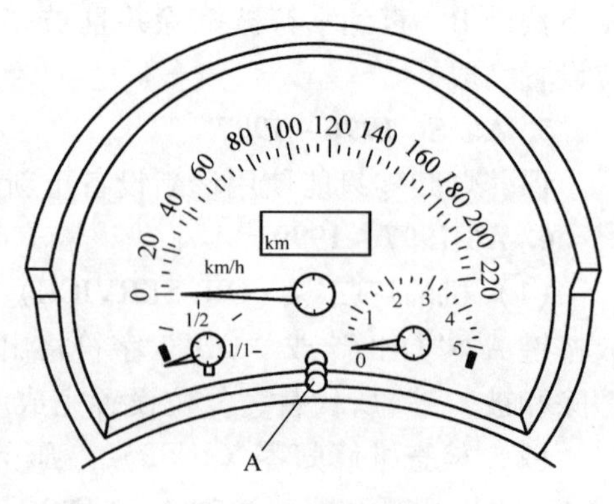

图5-13　仪表板

A—归零按键

2. BEETLE 1999~2000（图5-13）

压下并保持按键A；将点火开关打到ON位置，释放按键A；“SERVICE”字符将出现在旅程记录显示器上；压下并保持按键A，直到“SERVICE”被擦除；把点火开关打到OFF位置，复位设置完成。

3. BEETLE 2000 至今（图 5-13）

车辆带长效型仪表板只能通过诊断设备。车辆带定期型仪表板，可通过以下方法归零：压下并保持按键 A；将点火开关打到 ON 位置，释放按键 A，“SERVICE”字符将出现在旅程记录显示器上；压下并保持按键 A，直到“SERVICE”被擦除；把点火开关打到 OFF 位置，复位设置完成。

4. LUPO 1998 至今、POLO 1999 至今及 POLO CLASSIC/ESTATA 1999 至今（图5-14）

1）OIL—机油保养灯归零。压下并保持按键 A；将点火开关打到 ON 位置；继续压下按键 A，直到“-”出现在显示器上；释放按键 A；把点火开关打到 OFF 位置。如果有需要，可从显示器上清除“OIL”提示符。

2）INSP—检查维护。压下并保持按键 A；将点火开关打到 ON 位置；继续压下按键 A，直到“-”出现在显示器上；释放按键 A；把点火开关打到 OFF 位置。如果有需要，可从显示器上清除“OIL”提示符。

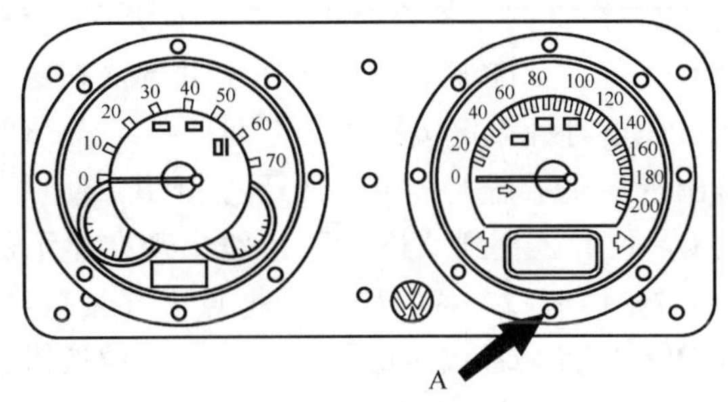

图 5-14　仪表板

A—归零按键

5. POLO（1.9D AEF 发动机）**1994～1997、POLO CLASSIC/ESTATA**（1.9D 1Y 发动机）**1996～1999、GOLF/VENTO/CABRIO**（1.9D 1Y 发动机 1996 至今）**1991 至今、CADDY**（1.9D 1Y 发动机）**1996 至今**（图 5-15）

1）OEL—机油保养灯归零。把点火开关打到 ON 位置；压下并保持按键 A；把点火开关打到 OFF 位置；释放按键 A，“OEL”字符将出现在转速表液晶显示器上；压下时钟设定按键 B，直到“-”出现在显示器上；把点火开关打到 ON 位置，直到“INSP”出现在显示器上，复位设置完成。

2）IN01—检查维护。把点火开关打到 ON 位置；压下并保持按键 A；把点火开关打到 OFF 位置；释放按键 A；压下并释放按键 A，“IN01”字符将出现在转速表液晶显示器上；压下时钟设定按键 B，直到“---”出现在显示器上；压下按键 A，使“OEL”字符出现在显示器上；再次压下按键 B，使“------”字符出现在显示器上；把点火开关打到 ON 位置，直到“INSP”字符出现在显示器上。

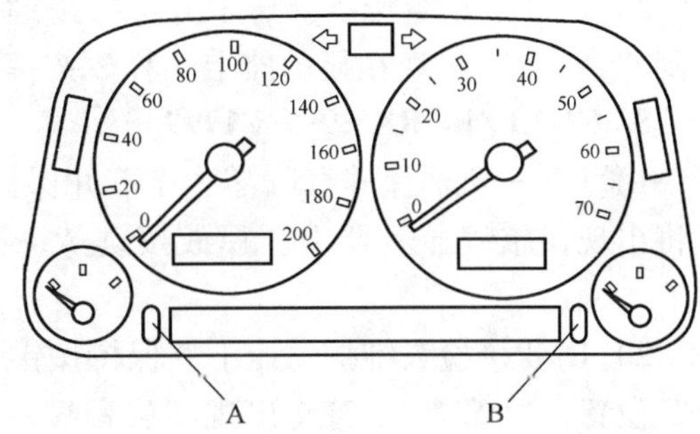

图 5-15　仪表板

A—归零按键　B—时钟设定按键

3）IN02—检查维护。把点火开关打到 ON 位置；压下并保持按键 A；把点火开关打到 OFF 位置；释放按键 A，再次压下并释放按键 A，“IN02”字符将出现在转速表液晶显示器上；压下时钟设定按键 B，直到“-”出现在显示器上；压下按键 A，使“IN01”字符出现在显示器上；再次压下按键 B，使“------”字符出现在显示器上；把点火开关打到 ON 位置，直到“INSP”字符出现在显示器上。

6. POLO1.9D（AEF 发动机）**1995～1997、POLO CLASSIC/ESTATA**（1Y 发动机）

1996～1999、GOLF/VENTO1、9D（1Y发动机）**1996～1997、CADDY 1、9D**（1Y发动机）**1996至今**

1）OEL—机油保养灯归零。把点火开关打到ON位置；压下并保持按键A；把点火开关打到OFF位置，释放按键A，“OEL”字符将出现在转速表液晶显示器上；压下时钟设定按键B，直到“-”出现在显示器上；把点火开关打到ON位置，直到“INSP”出现在显示器上。

2）INSP-1—检查维护。把点火开关打到ON位置；压下并保持按键A；把点火开关打到OFF位置，释放按键A；压下并释放按键A，“INSP-1”字符将出现在转速表液晶显示器上；压下时钟设定按键B，直到“---”出现在显示器上；再次压下按键A，使“OEL”字符出现在显示器上；再次压下按键B，使“------”字符出现在显示器上；把点火开关打到ON位置，直到“INSP”字符出现在显示器上。

3）INSP-2—检查维护。把点火开关打到ON位置；压下并保持按键A；把点火开关打到OFF位置，释放按键A；压下并释放按键A，“INSP-2”字符将出现在转速表液晶显示器上；压下时钟设定按键B，直到“---”出现在显示器上；再次压下按键A，使“INSP-1”字符出现在显示器上；再次压下按键B，使“OEL”字符出现在显示器上；把点火开关打到ON位置，直到“INSP-0”字符出现在显示器上。

7. POLO 1998～1999（图5-15）

1）OIL—机油保养灯归零。压下并保持按键A；把点火开关打到ON位置；继续压下按键A，直到“-----”出现在显示器上；释放按键A；把点火开关打到OFF位置。

2）INSP—检查维护。压下并保持按键A；将点火开关打到ON位置；继续压下按键A，直到“-----”出现在显示器上；释放按键A；把点火开关打到OFF位置。

8. GOLF/BORA 1997～1999

1）OIL—机油保养灯归零。压下并保持按键A；将点火开关打到ON位置，“OEL”字符将出现在旅程显示器上；释放按键A；将按键B转向右侧，直到“-----”出现在显示器上。

2）INSP—检查维护。压下并保持按键A；将点火开关打到ON位置；将点火开关打到OFF位置，“OEL”字符将出现在旅程显示器上释放按键A；压下并保持按键A；将按键B转向右侧，直到“----”出现在显示器上。

9. GOLF/BORA 1999～2000及PASSAT 1999～2000

压下并保持按键A；将点火开关打到ON位置，“SERVICE”字符将出现在旅程记录显示器上；释放按键A；将按键B转向右侧，以使保养灯归零。

10. GOLF/BORA 2000至今、PASSAT 2000至今及SHARAN 2000至今

1）车辆带长效型仪表板只能通过诊断设备。车辆带定期型仪表板，可通过以下方法归零：压下并保持按键A；将点火开关打到ON位置；释放按键A，“OEL”或“OIL”字符将出现在旅程记录显示器上对于带数字时钟的车型，将按键B转向右侧，直到“----”出现在显示器上；对于带模拟时钟的车型，将按键B向下压着，直到“----”出现在显示器上。

2）INSP—检查维护。压下并保持按键A；将点火开关打到ON位置；压下并释放按键A，“INSP”字符将出现在旅程显示器上。对于带数字时钟的车型，再将按键B转向右侧，直到“----”出现在显示器上；对于带模拟时钟的车型，则将按键B向下压着，直到

“----”出现在显示器上。如果有需要，可从显示器上清除“OIL”或“OEL”提示符。

11. SHARAN（带旅程电脑）**1995～2000**（图 5-16）

1）OEL—机油保养灯归零。压下并保持按键 A；将点火开关打到 ON 位置，4 横“----”将出现在显示器上；将点火开关打到 OFF 位置；释放按键 A。

2）IN01—检查维护。压下并保持按键 A；将点火开关打到 ON 位置，4 横“----”将出现在显示器上；将点火开关打到 OFF 位置；释放按键 A。如果有需要，可清除“OEL”提示符。

3）IN02—检查维护。压下并保持按键 A；将点火开关打到 ON 位置，4 横“----”将出现在显示器上；将点火开关打到 OFF 位置；释放按键 A。如果有需要，可清除 OEL 和“IN01”提示符。

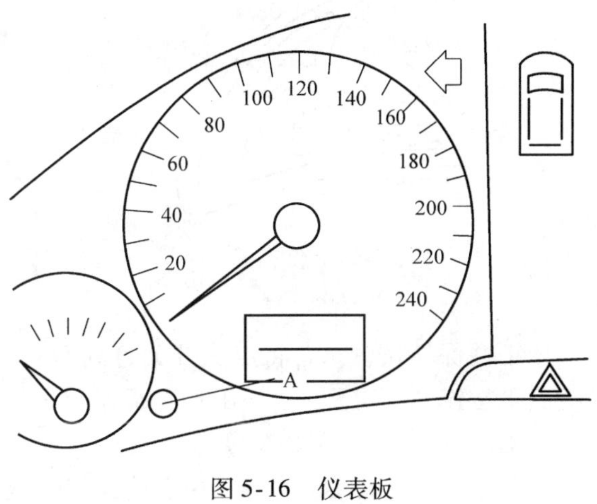

图 5-16　仪表板
A—归零按键

12. SHARAN（在仪表板上带有调整按键的旅程记录器的车型）**1995～2000**

OEL—机油保养灯归零。压下并保持按键 A；将点火开关打到 ON 位置，“SERVICE”字符将出现在旅程显示器上；释放按键 A；将按键 B 转向右侧，直到“SERVICE”字符被清除；将点火开关打到 OFF 位置。

13. TRANSPORTER—04/1999（图 5-16）

1）OEL—机油保养。压下并保持按键 A；将点火开关打到 ON 位置；释放按键 A，“OEL”或“OIL”字符将出现在旅程记录显示器上；将按键 B 转向右侧，直到“….”出现在显示器上。

2）INSP—保养维修。压下并保持按键 A；将点火开关打到 ON 位置；释放按键 A，“INSP”字符将出现在旅程记录显示器上。如果有需要，可以从仪表板上清除“OEL”或“OIL”提示符。

TRANSPORTER（除了 TDI 和 V6 24V 05/1999 年后），只能通过适合的诊断设备。

TRANSPORTER TDI，05/1999 年后。

TRANSPORTER V6 24V，2000 年后。

车辆带长效型仪表板只能通过诊断设备。车辆带定期型仪表板，可通过以下方法归零：压下并保持按键 A；将点火开关打到 ON 位置，“SERVICE”字符将出现在旅程记录显示器上；释放按键 A；将按键 B 转向右侧，以使显示器归零；将点火开关打到 OFF 位置。

☞ 5.1.5　欧宝（OPEL）车系保养灯的操作技术

1. CORSA—C（图 5-17）

首先压下并保持按键 A；然后将点火开关打到 ON 位置，当字符“INSP”出现显示时间达 2s 以上时松开按键 A，直到“-”出现在显示器上按下按键 A；释放按键 A；最后将点火开关置于 OFF 位置。

2. ASTRA—G 及 ZAFIRA（图 5-18）

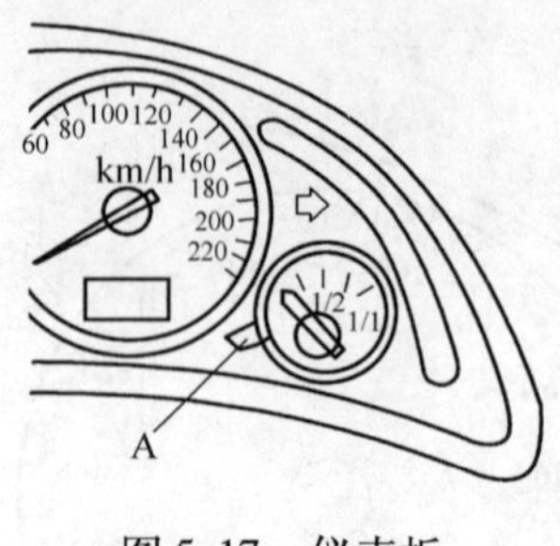

图 5-17　仪表板

A—归零按键

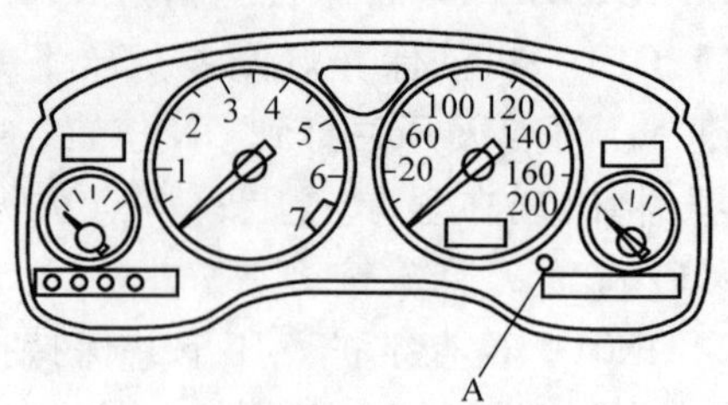

图 5-18　仪表板

A—归零按键

压下并保持按键 A；将点火开关打到 ON 位置，字符“INSP”出现在显示器将闪烁 2s；继续压下按键 A，直到“-”出现在显示器上；释放按键 A；将点火开关打到 OFF 位置。

3. OMEGA—B 2000 至今

图 5-19 所示上的灯点亮，并不是保养间隔提示灯，而是发动机故障指示灯（MIL），当它点亮，表明发动机电控系统有故障。

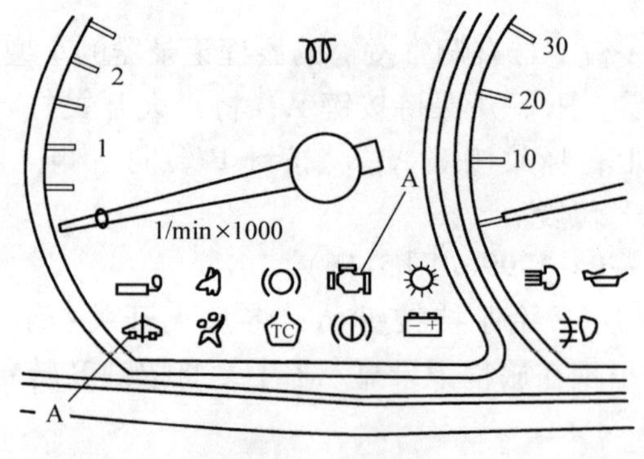

图 5-19　仪表板

A—归零按键

4. VECTRA（威达）**轿车保养灯归零操作步骤**（图 5-20）

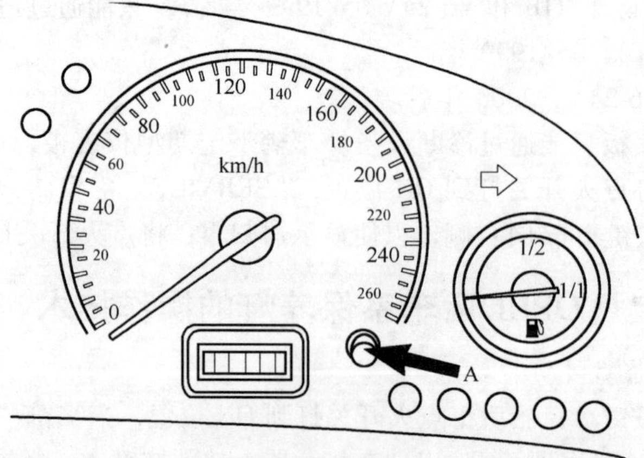

图 5-20　威达轿车仪表板

A—归零按键

将点火开关转至OFF位置；确认仪表板显示的行驶里程读数；按下按键A并保持按下状态；将点火开关转至ON位置；继续保持按压状态约10s，直到显示屏显示保养间隔里程和“INSP”字符约2s；继续保持按压按键A的按压状态直到显示屏显示“---”；松开按键A，将点火开关转至OFF位置。

5.1.6　保时捷（Porsche）车系保养灯的操作技术

1. 924和944TURBO

EGR系统保养过后，按下里程表的按键做设定，这个按键通常位于仪表板侧的里程表上。

在924车型上，氧传感器指示灯每行驶15000km就会亮，显示氧传感器要更换，但是更换氧传感器后指示灯仍然亮，此时必须使用电线或细铁杆按下位于发动机室左侧计数器上的按键，使指示灯熄灭。

如果在944车型上没有使用指示灯，则每30000km后，须更换氧传感器。

2. 911车型

氧传感器指示灯每行驶15000km就会亮，显示氧传感器需要更换，拆下电线或细铁棒按下孔内的按键，使指示灯熄灭。

3. 928车型

在928S（LH喷射系统）车型上没有使用指示灯，然而每行驶30000km，还是必须更换氧传感器。

5.1.7　雷诺（RENAULT）车系保养灯的操作技术

1. CLIO1998至今、MEGANE 1999至今、MEGANE SCENIC 1996—1999、LAGUNA1998至今、SCENIC 1999至今及KANGOO 1998至今

图5-21所示上的灯点亮，仅仅是指机油过低，并不是保养指示灯归零，当发动机机油在正常的位置时，该灯会自动熄灭。

2. CLIO 2001至今、MEGANE 1999至今、R21. LAGUNA 1994至今、R25. ESPACE 1997至今、TRAFIC 1997—2000

图5-22所示灯点亮，仅仅是指发动机有故障，并不是保养指示灯归零。

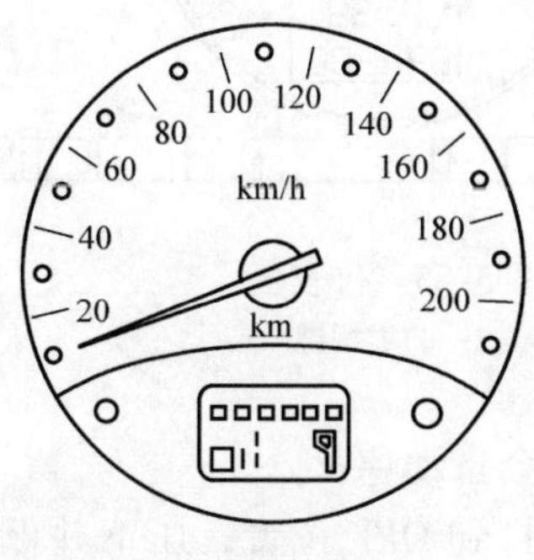

图5-21　机油保养指示灯

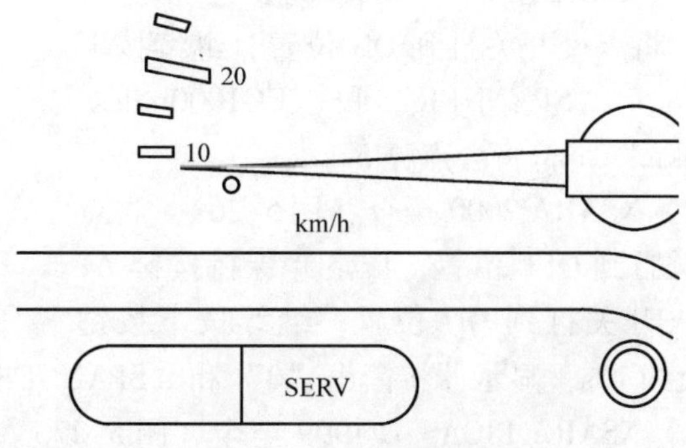

图5-22　发动机故障灯

3. LAGUNA（车型带旅程电脑）**1994～1998**（图5-23）

将点火开关打到ON位置；压下归零按键A，直到“SPANNER”字符闪烁；继续压下按键A，直到“SPANNER”字符停止闪烁，并保持点亮；当指示器上出现保养间隔“e. g. 6000miles/1000km”时，再释放按键A；将点火开关打到OFF位置。

4. SAFRANE 1994～2001（图5-24）

压下并保持按键A；将点火开关打到ON位置；继续压下按键A，直到“SPANNER”字符停止闪烁，并保持点亮；当指示器出现保养间隔“e. g. 6000miles/1000km时”，再释放按键A；将点火开关打到OFF位置。

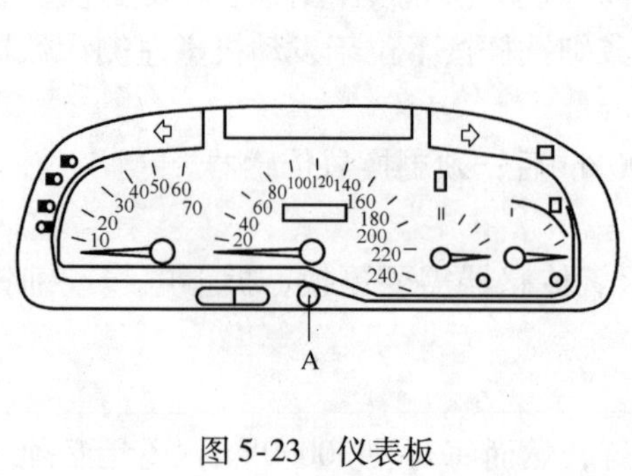

图5-23 仪表板
A—归零按键

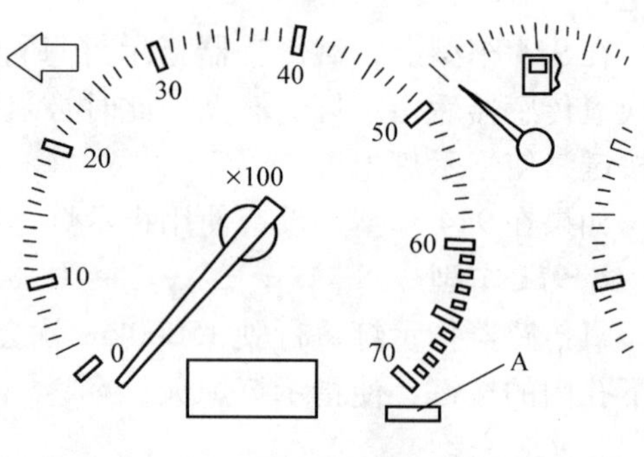

图5-24 仪表板
A—归零按键

5.1.8 雪铁龙车系保养灯的操作技术

1. SAXO 1999至今（图5-25）

将点火开关打到OFF位置；压下并保持按键A；将点火开关打到ON位置；继续按下按键A，大约10s，显示器将读出“0”和“SPANNER”字符，并会自动熄灭。

2. XSARA

1）XSARA 1997～2000。压下并保持按键A；将点火开关打到ON位置；继续按下按键A，“SPANNER”和“EG1000miles/15000km”字符将会点亮5s。

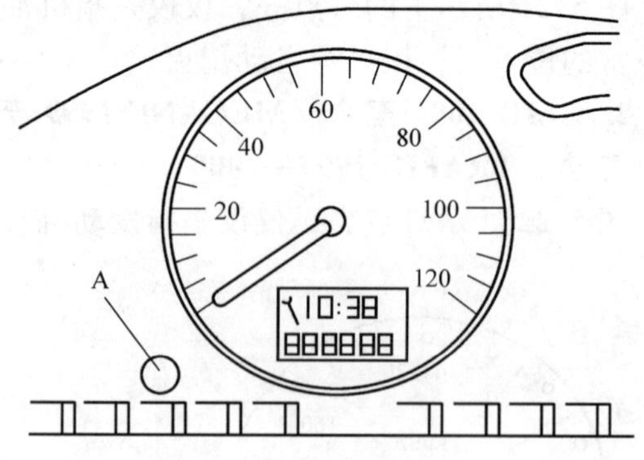

图5-25 仪表板
A—归零按键

2）XSARA 2000至今（图5-26）。将点火开关打到OFF位置；压下并保持按键A；将点火开关打到ON位置；继续按下按键A，大约10s，显示器将读出“0”和“SPANNER”字符，并会自动熄灭。

3）XSARA PICASSO 1999至今（图5-27）。将点火开关打到OFF位置；压下并保持按键A；将点火开关打到ON位置；继续按下按键A，大约10s，显示器将读出“0”和“SPANNER”字符，并会自动熄灭。

3. XANTIA 1997～2000（图 5-28）

压下并保持按键 A；将点火开关打到 ON 位置；继续按下按键 A，“SPANNER”和“e. g. 1000miles/15000km”字符，将会点亮 5s。

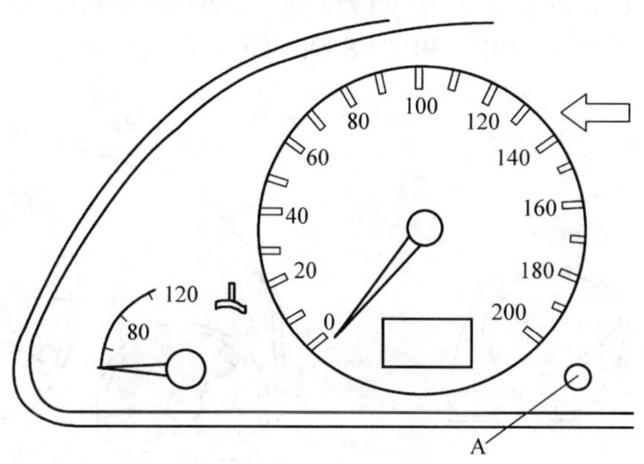

图 5-26　仪表板

A—归零按键

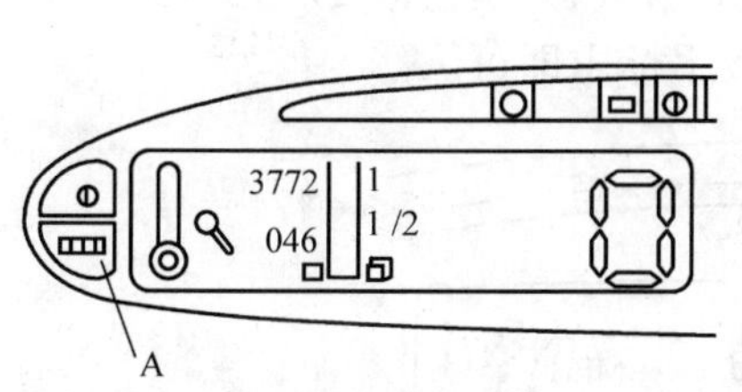

图 5-27　仪表板

A—归零按键

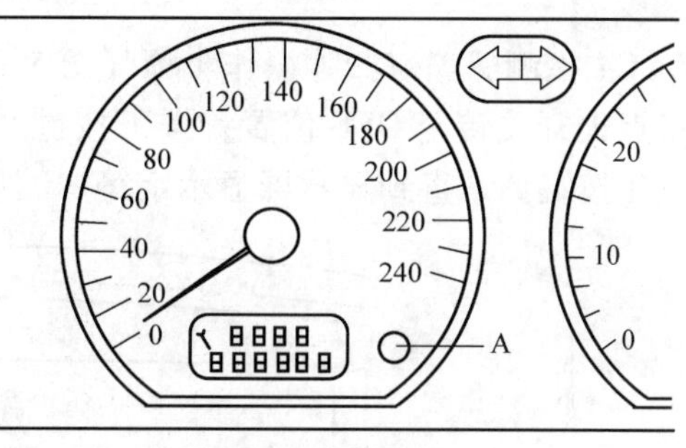

图 5-28　仪表板

A—归零按键

4. C5 2000 至今（图 5-29）

将点火开关打到 OFF 位置；压下并保持按键 A；将点火开关打到 ON 位置；持续按压按键 A 约 10s，显示器将读出“0”和“SPANNER”字符或扳手标志，并会自动熄灭。

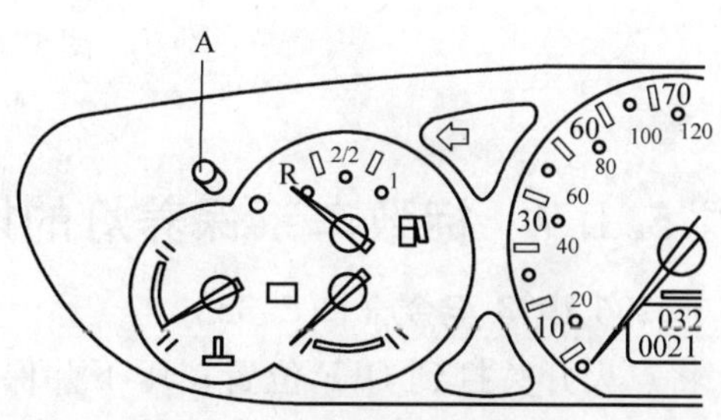

图 5-29　仪表板

A—归零按键

5. SYNERGIE/EVASION 1999 至今、DISPATCH/JUMPY 1999 至今（图 5-30）

将点火开关打到OFF位置；压下并保持按键A；将点火开关打到ON位置；继续按下按键A，大约10s，显示器将读出“0”和“SPANNER”字符，并会自动熄灭。

6. BERLINGO 1999至今（图5-31）

将点火开关打到OFF位置；压下并保持按键A；将点火开关打到ON位置；继续按下按键A，大约10s，显示器将读出“0”和“SPANNER”字符，并会自动熄灭。

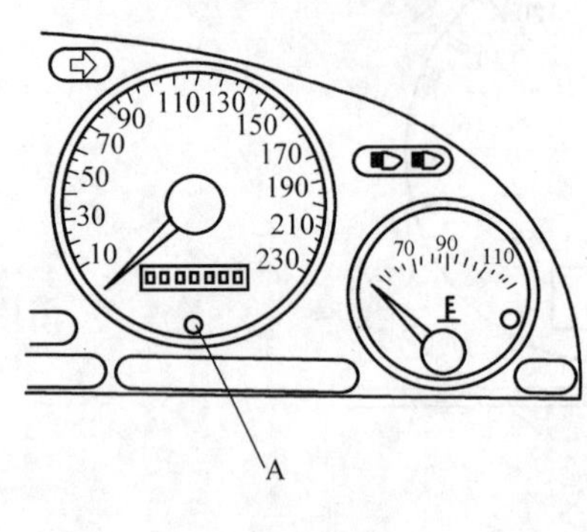

图5-30　仪表板
A—归零按键

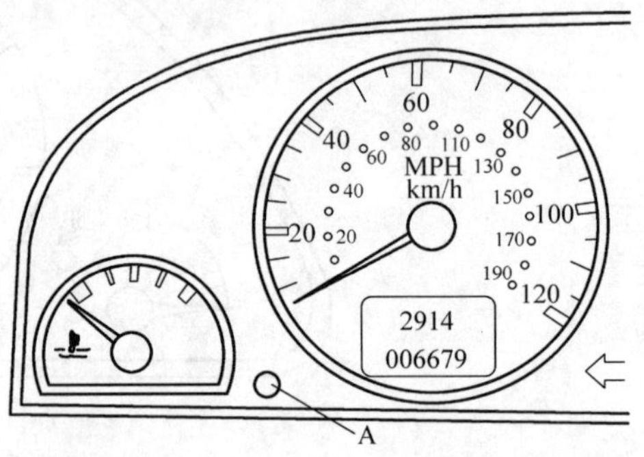

图5-31　仪表板
A—归零按键

7. C4检测保养灯归零操作步骤（图5-32）

将点火开关转至OFF位置；按下按键A并保持按压状态；将点火开关转至ON位置；持续按压按键A，直到显示屏显示字符“0”和一个扳手标志即可。

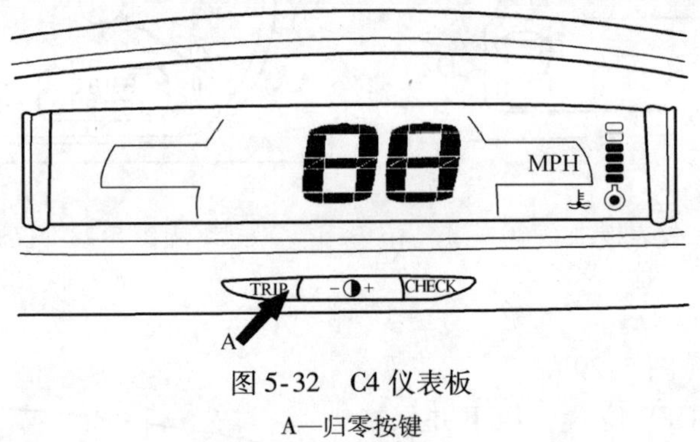

图5-32　C4仪表板
A—归零按键

5.1.9　标致车系保养灯的操作技术

1. 206 1998至今（图5-33）

将点火开关打到OFF位置；压下并保持按键A；将点火开关打到ON位置；继续压下按键A 10s，显示器上的“0”和“SPANNER”符号将会立刻消除。

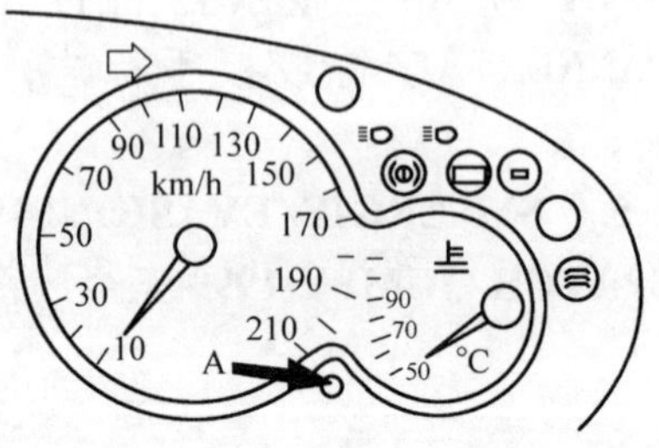

图5-33　仪表板
A—归零按键

2. 306 1996至今（图5-34）

将点火开关打到OFF位置；压下并保持按键A；将点火开关打到ON位置；继续压下按键A10s，显示器上的“0”和“SPANNE”符号将会立刻消除。

3. 307 2001 至今（图 5-35）

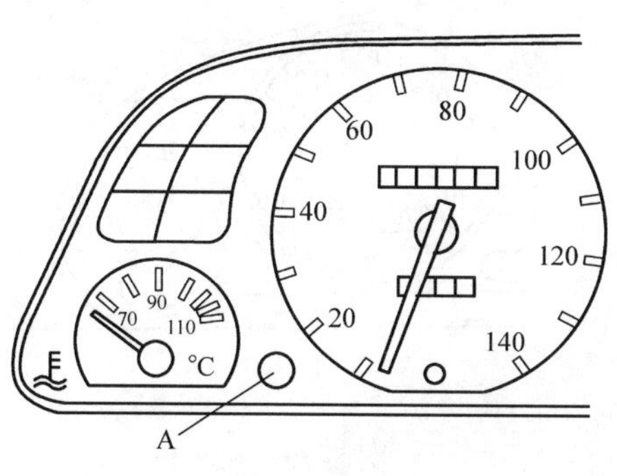

图 5-34　仪表板

A—归零按键

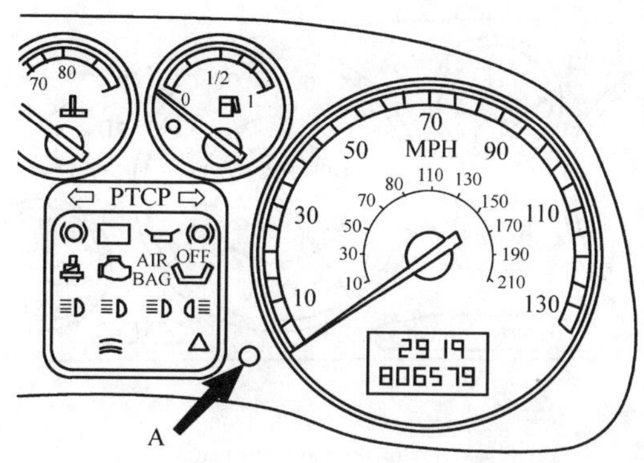

图 5-35　仪表板

A—归零按键

将点火开关打到 OFF 位置；压下并保持按键 A；将点火开关打到 ON 位置；继续压下按键 A 10s，显示器上的“0”和“SPANNER”符号将会立刻消除。

4. 406 1998 至今（图 5-36）

将点火开关打到 OFF 位置；压下并保持按键 A；将点火开关打到 ON 位置；继续压下按键 A 10s，显示器上的“0”和“SPANNER”符号将会立刻消除。

5. 标志 407 轿车保养灯归零操作步骤（图 5-37）

将点火开关转至 OFF 位置；按下按键 A 并保持按压状态；将点火开关转至 ON 位置；持续按压 A 按键；显示屏上的数字将逐步变小，最终将显示字符“0”和一个扳手标志；将点火开关转至 OFF 即可。

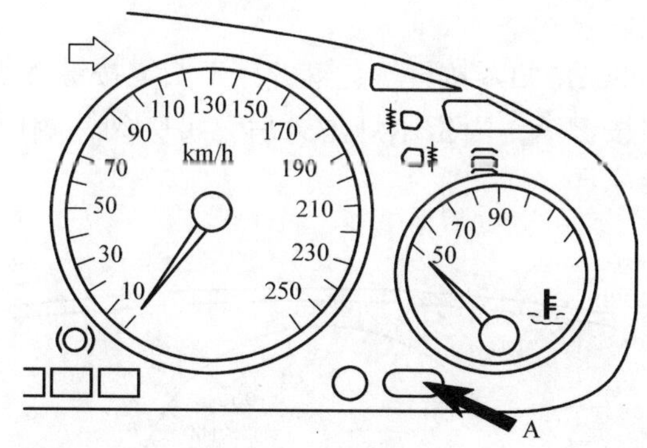

图 5-36　仪表板

A—归零按键

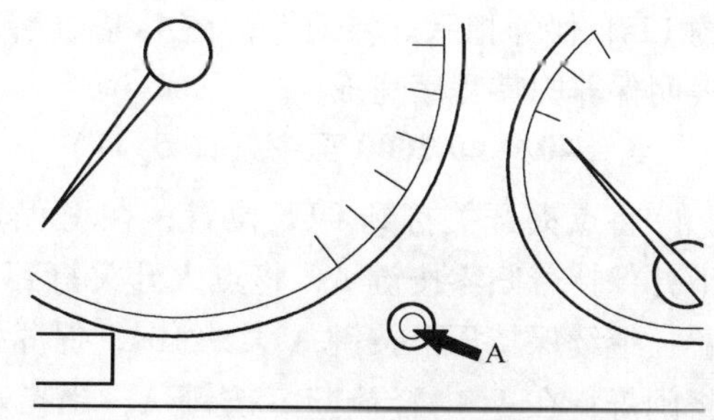

图 5-37　标志 407 轿车仪表板

A—归零按键

6. 607 2000 至今（图 5-38）

将点火开关打到 OFF 位置；压下并保持按键 A；将点火开关打到 ON 位置；继续压下按键 A 10s，显示器上的“0”和“SPANNER”符号将会立刻消除。

7. 806 1999 至今、EXPERT 1999 至今（图 5-39）

将点火开关打到 OFF 位置；压下并保持按键 A；将点火开关打到 ON 位置；继续压下按

键 A 10s，显示器上的“0”和“SPANNER”符号将会立刻消除。

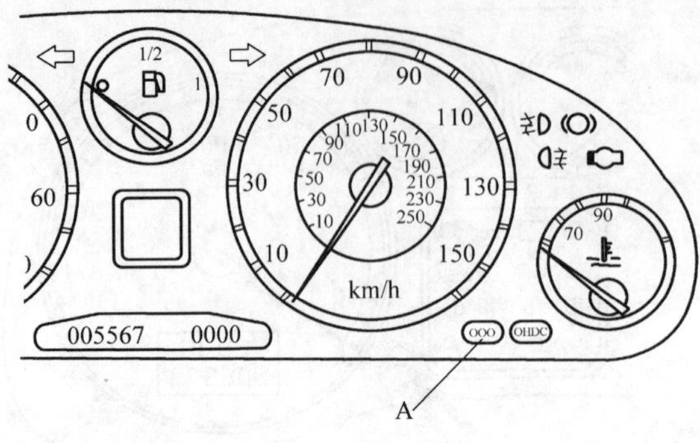

图 5-38 仪表板
A—归零按键

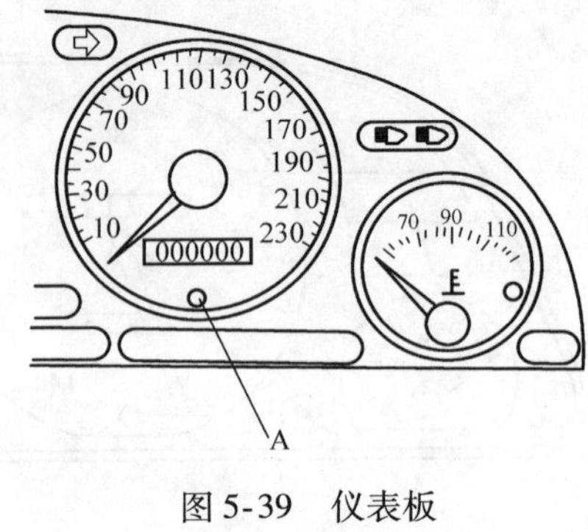

图 5-39 仪表板
A—归零按键

8. PARTNER 1999 至今（图 5-40）

将点火开关打到 OFF 位置；压下并保持按键 A；将点火开关打到 ON 位置；继续压下按键 A 10s，显示器上的“0”和“SPANNER”符号将会立刻消除。

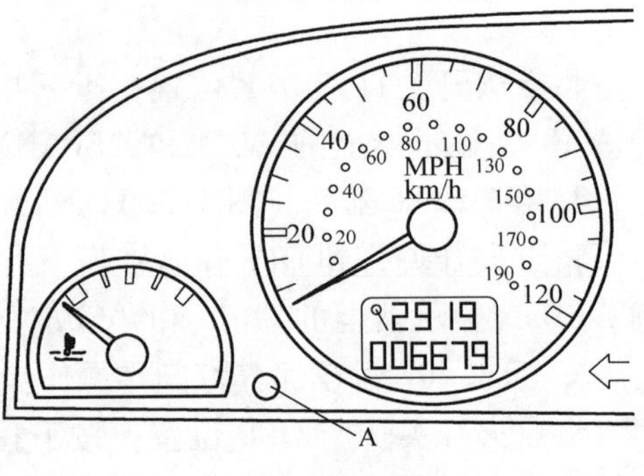

图 5-40 仪表板
A—归零按键

5.1.10 沃尔沃（VOLVO）车系保养灯的操作技术

1. S40/V40 1997～1998

S40/V40 1997～1998 车只能通过合适的诊断设备进行保养归零操作。

2. S40/V40 1999

将点火开关打到 ON 位置；在里程表上压下并保持归零按键 A；继续压下归零按键 A 大约 12s，保养指示灯将闪烁；在 4s 内，释放归零按键 A；当指示灯熄灭后，可听到一响声，表明保养归零程序完成。

3. S40/V40 2000 至今（图 5-41）

将点火开关打到 OFF 位置；在里程表上压下并保持着归零按键 A；将点火开关打到 ON 位置；继续保持压下按键 A 大约 10s，保养指示灯将闪烁；在 4s 内释放归零按键 A；当指示灯熄灭后，可听到一响声，表明保养归零程序完成。

注意：如果不在 4s 内释放归零按键 A，保养指示灯将不会归零和停止闪烁。

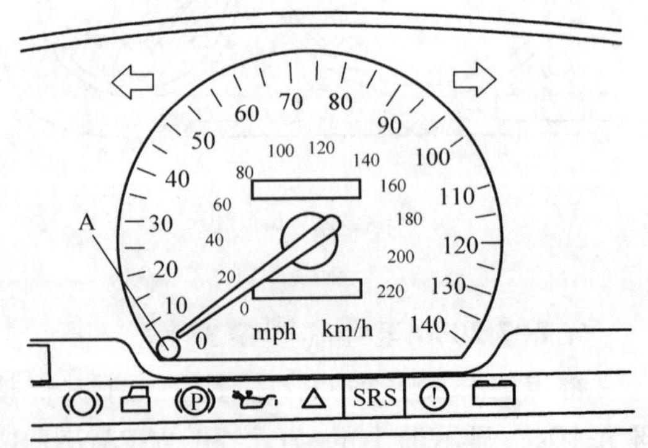

图 5-41 仪表板
A—归零按键

4. S60 2000 至今及 V70 2000 至今（图 5-42）

将点火开关打到第 1 档位置即 ACC；在里程表上压下并保持“RESET”按键 A；将点火开关打到 ON 位置；继续压下“RESET”按键

大约 10s，保养间隔指示灯将闪烁，在 5s 内，释放“RESET”按键 A；当“RESET”完成和保养间隔指示灯熄灭后，将会听到一响声信号。

注意：如果在 5s 内，没有释放“RESET”按键，那保养间隔指示灯将不会“RESET”，但是保养间隔指示灯会停止闪烁。

5. S80 1998 至今（图 5-42）

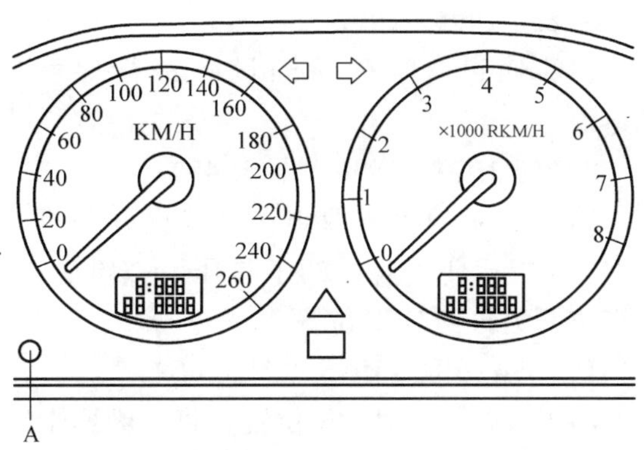

图 5-42 仪表板
A—归零按键

将点火开关打到第 1 档位置即 ACC；在里程表上压下并保持“RESET”按键 A；将点火开关打到 ON 位置；继续压下“RESET”按键大约 10s，这时保养间隔指示灯将闪烁；在 5s 内，释放“RESET”按键 A；当“RESET”完成和保养间隔指示灯熄灭后，将会听到一响声信号。

注意：如果在 5s 内，没有释放“RESET”按键，那保养间隔指示灯将不会“RESET”，但是保养间隔指示灯会停止闪烁。

6. S90/V90

富豪车自 1996 ~ 1999 年配置有 OBD Ⅱ 诊断座的车型（图 5-43）后，可使用以下两种方法归零：

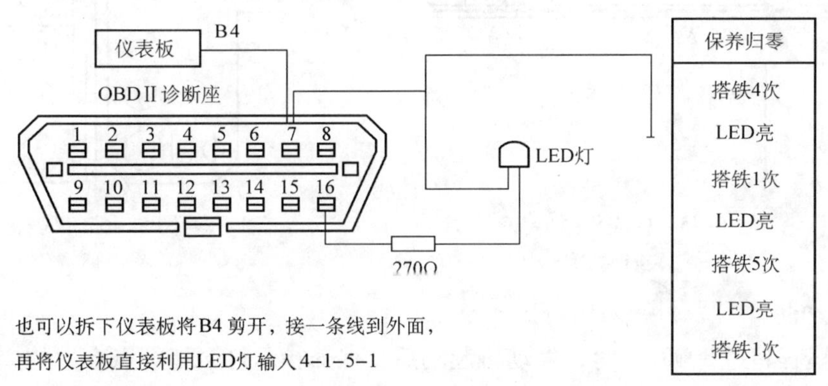

图 5-43 诊断座

1）使用诊断设备。

2）如果没有专用仪器，可用 OBD Ⅱ 诊断座 7 号针脚归零，方法如下：

① 先将发动机电脑、ABS 电脑、变速器电脑、安全气囊电脑、座椅电脑（左、右两个）的控制单元拆出来。

② 再利用 LED 灯接到 OBD Ⅱ 诊断座 7 号针脚，输入 4—1—5—1，即可将保养灯归零。

7. S70/V70 1997 ~ 2000 及 C70 1998 至今（图 5-44）

将点火开关打到 OFF 位置；在里程表上压下并保持“RESET”按键 A；将点火开关打到 ON 位置；继续压下“RESET”按键大约 10s，这时保养间隔指示灯将闪烁，在 4s 内释放“RESET”按键 A。

8. 850 1996～1997

只能通过合适的诊断设备进行保养归零。

9. 850 1994～1996（图5-45）

将按键A的盖子取出；将点火开关打到ON位置；使用合适的工具压下按键A；将点火开关打到OFF位置。

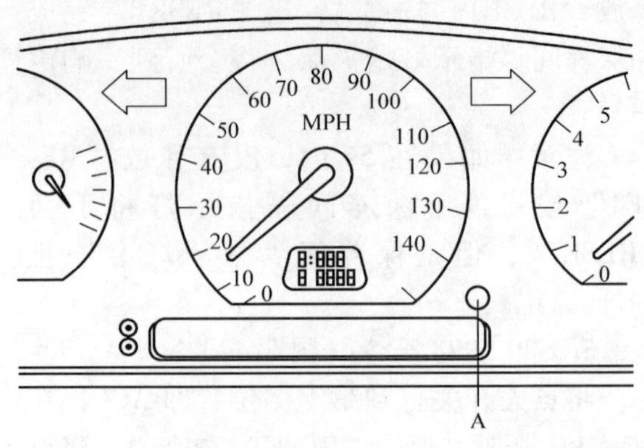

图5-44　仪表板

A—归零按键

10. 850 1991～1995（图5-46）

将点火开关打到ON位置；将诊断座上的诊断线插到第7孔中，通过按键功能按键A 4次，选择检测功能4，一旦LED灯点亮，系统将自动进入“RESET”码状态（归零码1—5—1）；再压下按键A 1次；当LED灯点亮时，再压下按键A 5次；当LED灯点亮时，再压下按键A 1次，这时，LED灯应该重复闪烁，表明“RESET”码被接收，同时保养间隔指示灯也会熄灭。

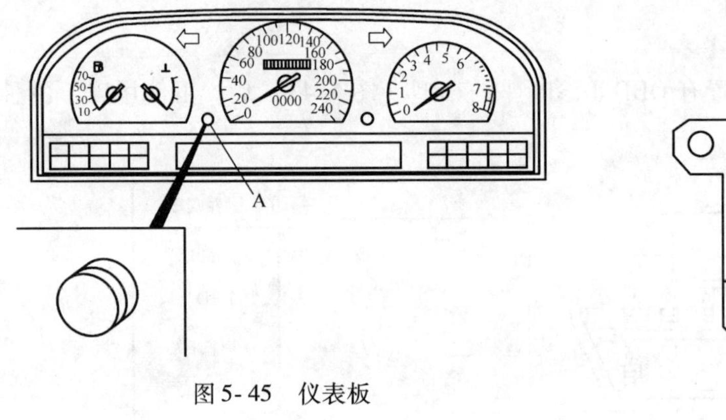

图5-45　仪表板

A—归零按键

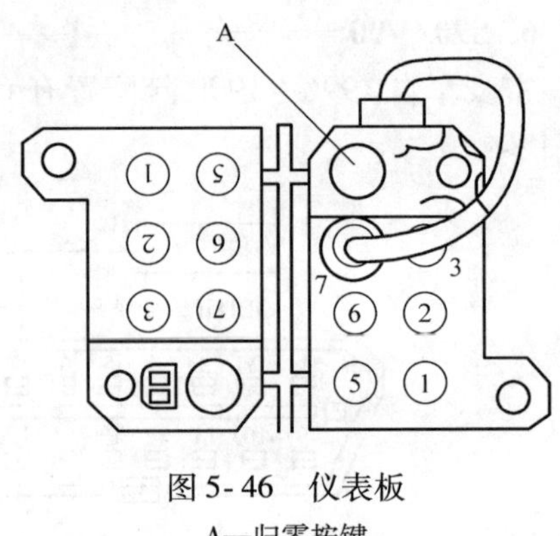

图5-46　仪表板

A—归零按键

11. 940/960

当行驶里程超过8000km时，发动机起动后，保养指示灯会持续点亮大约2min，提醒必须进行机油更换及保养，归零程序为：拆下速度表左下方的橡皮塞，利用一字槽螺钉旋具压下归零按键，即可完成归零。

5.1.11　萨博（SAAB）车系保养灯的操作技术

1. 900 1994～1998（图5-47）

将点火开关打到ON位置；压下并保持按键A至少8s，字符“SERVICE”将会出现在显示器；将点火开关打到OFF位置。

2. 9-3 1998至今、9-5 1997至今（图5-48）

将点火开关打到ON位置；压下并释放按键A，再次压下并保持按键A至少8s；当听到两声响后，字符“SERVICE”将会出现在显示器；将点火开关打到OFF位置，氧传感器保养指示灯亮。氧传感器指示灯上标着EXH，1980以前车型每7500km亮1次，1980年以后车型则每

15000km 亮 1 次。执行适当保养后，依下列程序将氧传感器指示灯归零：

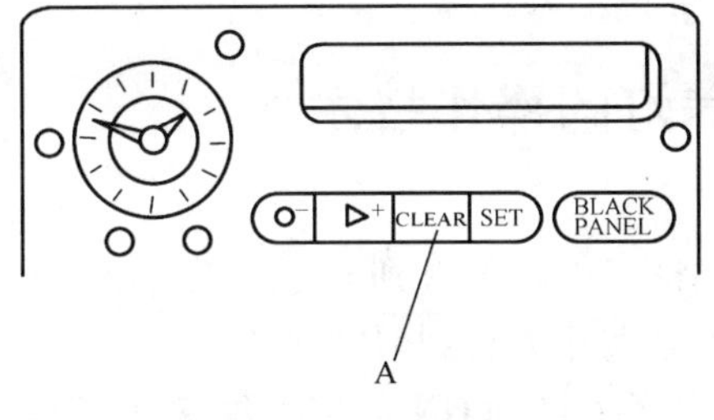

图 5-47 归零面板
A—归零按键

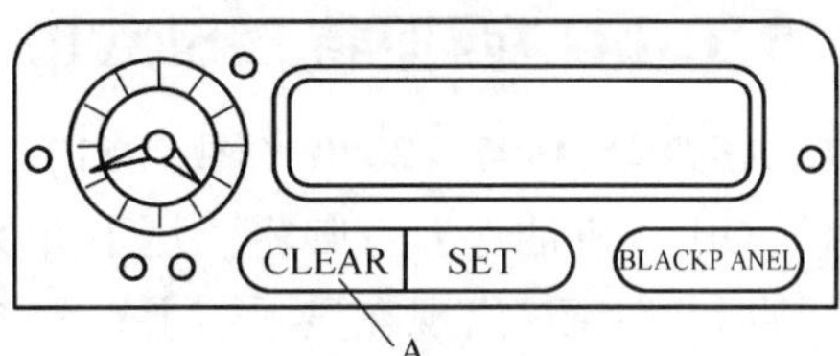

图 5-48 归零面板
A—归零按键

1）拆开仪表板下方的垫子。

2）拆开计数器上的螺钉和盖子。

3）压下计数器上的归零键，EXH 灯会熄灭，且计数器会归零。

4）装回计数器的盖子和螺钉。

5）装回仪表板的垫子。

5.1.12 菲亚特（FIAT）车系保养灯的操作技术

1. STILO 2001 至今

保养归零操作只能通过合适的诊断设备进行。

2. ULYSSE 1999 至今（图 5-49）

将点火开关打到 OFF 位置；压下并保持按键 A；将点火开关打到 ON 位置；继续压下按键 A 大约 10s，显示器上将会出现 0，并且“SPANNER”字符将熄灭。

3. SCUDO 1999 至今

将点火开关打到 OFF 位置；压下并保持按键 A（RHD 车型如图 5-50 所示，LHD 车型如图 5-49 所示）；将点火开关打到 ON 位置，继续压下按键 A 大约 10s，显示器上将会出现 0，并且“SPANNER”字符将熄灭。

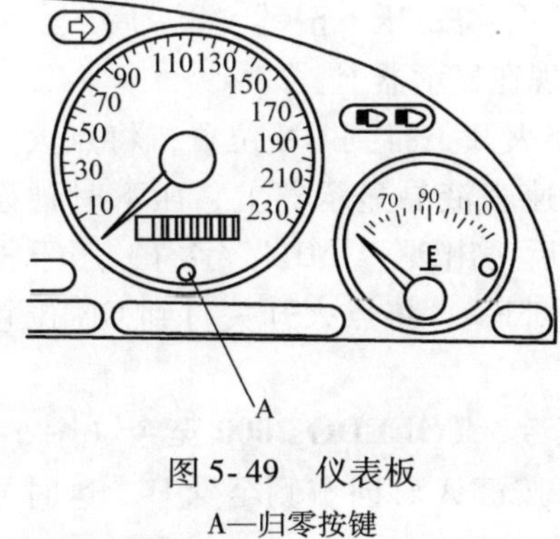

图 5-49 仪表板
A—归零按键

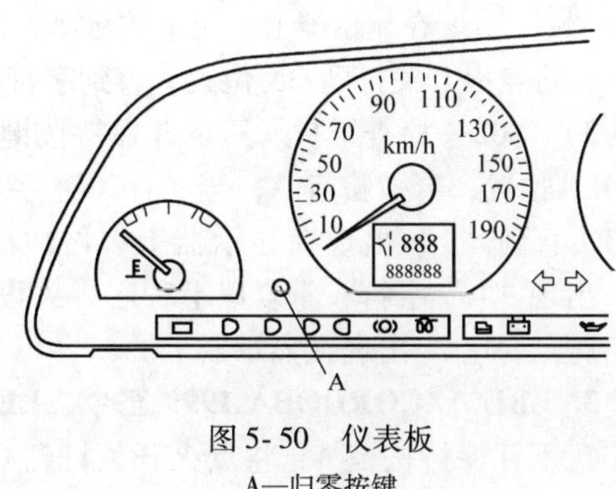

图 5-50 仪表板
A—归零按键

5.1.13 蓝旗亚（LANCIA）车系保养灯的操作技术

ZETA 1999 至今

将点火开关打到OFF位置；压下并保持着按键A；将点火开关打到ON位置；继续按下A大约10s，显示器将读出0，并且“SPANNER”字符将熄灭。

5.1.14 西亚特（SEAT）车系保养灯的操作技术

1. AROSA 1997~2000（图5-51）

1）OIL—机油保养灯归零。压下并保持按键A；将点火开关打到ON位置；继续压下按键A，直到“--”出现在显示器上；释放按键A；将点火开关打到OFF位置。

2）INSP—检查维护。压下并保持按键A；将点火开关打到ON位置；继续压下按键A，直到“--”出现在显示器上；释放按键A；将点火开关打到OFF位置。如果需要，如前所述从显示器上清除“OIL”提示符。

2. LBIZA/CORDOBA 1993~1999及INCA 1995至今（图5-52）

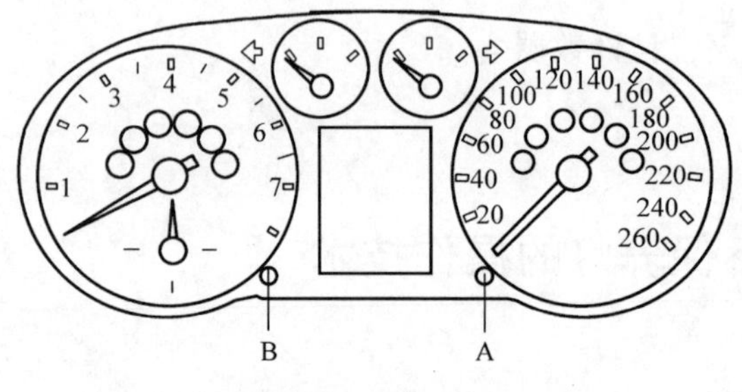

图5-51 仪表板

A—归零按键 B—时钟设定按键

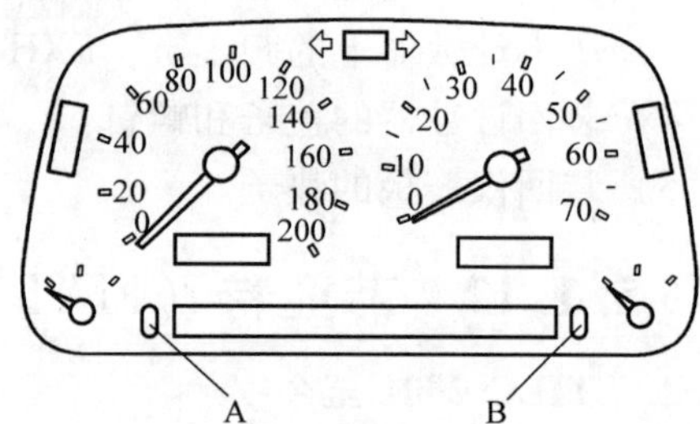

图5-52 仪表板

A—归零按键 B—时钟设定按键

1）OEL—机油保养灯归零。压下并保持按键A；将点火开关打到ON位置；将点火开关打到OFF位置，释放按键A；当“OEL”字符出现在转速表液晶显示器上，压下时钟设定按键B，直到“-”出现在显示器上；将点火开关打到ON位置，直到字符“IN00”出现在显示器上。

2）IN01—检查维护。压下并保持按键A；将点火开关打到ON位置；将点火开关打到OFF位置，释放按键A；当“OEL”字符出现在转速表液晶显示器上，压下时钟设定按键B，直到“-”出现在显示器上；压下按键A，出现“IN01”字符；压下按键“B”后，出现“-”字符；将点火开关打到ON位置，直到字符“IN00”出现在显示器上。

3）IN02—检查维护。压下并保持按键“A”；将点火开关打到ON位置；将点火开关打到OFF位置；释放按键A；当“OEL”字符出现在转速表液晶显示器上，压下时钟设定按键B，直到“-”出现在显示器上；再次压下按键A后，出现“IN01”字符；压下按键B后，出现“-”字符；重复以上程序，去设定“IN02”归零；将点火开关打到ON位置，直到字符“IN00”出现在显示器上。

3. LBIZA/CORDOBA 1999至今、LEON 2000至今、TOLEDO 2000至今（图5-51）

压下并保持按键A；将点火开关打到ON位置；将按键A转向右侧至少1s，这时显示器将会立刻清除显示；释放按键A；将点火开关打到OFF位置。

4. TOLEDO 1994~1999（图5-53）

1）OEL—机油保养灯归零。将点火开关打到ON位置；压下并保持按键A；当“OEL”字符出现在数字时钟显示器上，压下时钟设定按键B，直到“-”出现在显示器上；将点火

开关打到OFF位置。

2）IN01—检查维护。将点火开关打到ON位置；压下并释放按键A；再次压下并释放按键A；当“IN01”字符出现在数字时钟显示器上，压下时钟设定按键B直到“-”出现在显示器上，如有需要，如前所述清除“OEL”显示；将点火开关打到OFF位置。

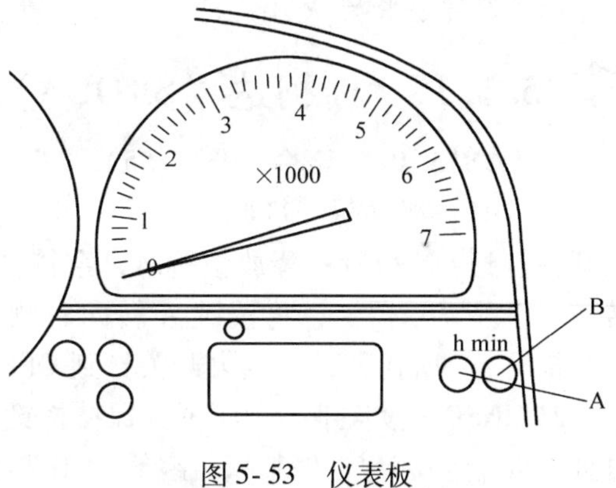

图5-53 仪表板

A—归零按键 B—时钟设定按键

3）IN02—检查维护。将点火开关打到ON位置；压下并释放按键A；再次压下并释放按键A 2次以上；当“IN02”字符出现在数字时钟显示器上，压下时钟设定按键B，直到“-”出现在显示器上，如有需要，如前所述清除“OEL”和“IN01”显示；最后将点火开关打到OFF位置。

5. LEON 1999、TOLEDO 1999（图5-51）

1）OEL—机油保养灯归零。压下并保持按键A；将点火开关打到ON位置；释放按键A，“OEL”或OIL字符出现在转速表液晶显示器上。对于带数字时钟的车型，将按键B转向右侧，直到“-”出现在显示器上；对于带模拟时钟的车型，压下按键B，直到“-”出现在显示器上。

2）IN01—检查维护。压下并保持按键A；将点火开关打到ON位置；释放按键A；压下并释放按键A，“INSP”字符出现在转速表液晶显示器上。对于带数字时钟的车型，将按键B转向右侧，直到“-”出现在显示器上；对于带模拟时钟的车型，压下按键B，直到“-”出现在显示器上。如有需要，如前所述从显示器上清除“OEL”和“OIL”显示。

6. ALHAMBRA 1995～2000（图5-54）

1）OEL—机油保养灯归零。压下并保持归零按键A；将点火开关打到ON位置；直到“---”出现在显示器上，将点火开关打到OFF位置；释放按键A。

2）IN01—检查维护。压下并保持归零按键A；将点火开关打到ON位置，直到“-”出现在显示器上；将点火开关打到OFF位置；释放按键A。如有需要，清除OEL显示。

3）IN02—检查维护。压下并保持归零按键A；将点火开关打到ON位置，直到“-”出现在显示器上；将点火开关打到OFF位置；释放按键A。如有需要，清除“OEL”和“IN01”显示。

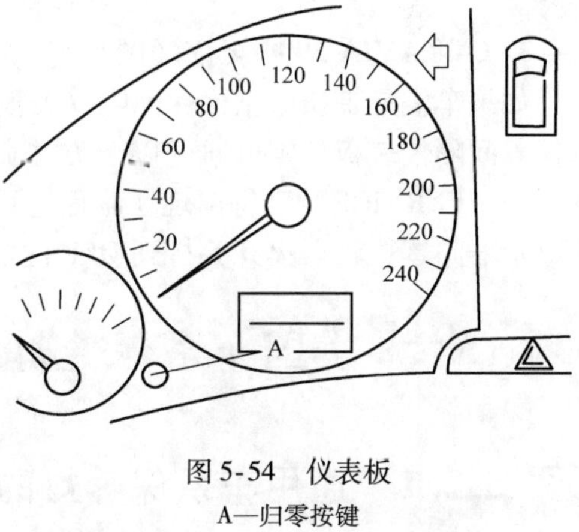

图5-54 仪表板

A—归零按键

7. ALHAMBRA 2000至今（图5-51）

如果车辆是带长效型保养间隔仪表板，只能通过合适的诊断设备。如果车辆是带有定期型保养间隔仪表板，则可通过以下方法归零：压下并保持按键A；将点火开关打到ON位置；当“SERVICE”字符出现在旅程记录显示器上，释放按键A；将按键B转向右侧，以使显示器归零；将点火开关打到OFF位置。

5.1.15 斯柯达（SKODA）车系保养灯的操作技术

1. FABIA 1999至今（图5-55）

1）OIL—机油保养灯归零。压下并保持按键A；将点火开关打到ON位置；释放按键A，字符“OIL”就出现在转速表液晶显示器上；将按键A转向右侧，直到字符被擦除和被“-”所代替；将点火开关打到OFF位置。

2）INSP—检查维护。压下并保持按键A；将点火开关打到ON位置；释放按键A，字符“OIL”就出现在转速表液晶显示器上；再次压下并保持按键A；释放按键A，字符“INSP”就出现在转速表液晶显示器上；将按键A转向右侧，直到字符被擦除和被“-”所代替，如有需要，按前述从显示器上清除“OIL”字符；将点火开关打到OFF位置。

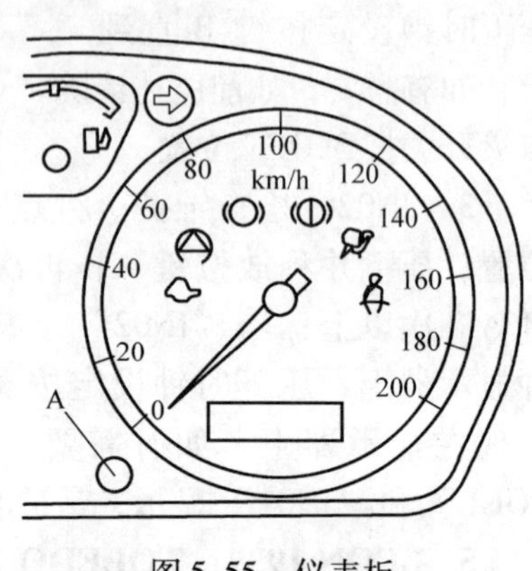

图5-55 仪表板
A—归零按键

2. OCTAVIA 1997～2000（图5-55）

1）OIL—机油保养灯归零。压下并保持按键A；将点火开关打到ON位置；当“OIL”字符出现在转速表液晶显示器上，释放按键A；将按键B转向右侧，直到字符被擦除和被“-”所代替；将点火开关打到OFF位置。

2）INSP检查维护。压下并保持按键A；将点火开关打到ON位置；当“OIL”字符出现在转速表液晶显示器上，释放按键A，“INSP”字符将出现在转速表液晶显示器上；将按键B转向右侧，直到字符被擦除和被“-”所代替，如果有需要，请从显示器上清除“OIL”字符。

3. OCTAVIA 2000至今（图5-55）

如果车辆是带长效型保养间隔仪表板，只能通过合适的诊断设备。如果车辆是带有定期型保养间隔仪表板，则可通过以下方法归零：压下并保持按键A；将点火开关打到ON位置；当“SERVICE”字符出现在旅程记录显示器上，释放按键A；将按键B转向右侧，以使显示器归零；将点火开关打到OFF位置。

5.2 美国车系保养灯的操作技术

5.2.1 通用车系保养灯的操作技术

1. 通用车系机油保养灯归零程序

变速器机油保养灯归零：在通用车系上，若旅程电脑或资讯区出现“CHANGE TRANS FLUID”字样时，表示变速器油必须更换。更换后，只要按下“OFF”和“后除雾”键，4s以上即可归零。

2. 别克车系

（1）1991～1996 LESABRE　拆下右侧手套下方盖板，并将点火开关打到ON位置；按

下归零键 A 5s；等待“CHANGE OIL SOON”指示灯闪烁 4 次，即表示归零完毕。

（2）1996～1997 LESABRE，1996 PAPK AVENUE　将点火开关打到 ON 位置，发动机不发动；按住杂物箱内的“OIL RESET”键 5s 以上，但不可超过 60s；放开按键，5s 后“CHANGE OIL SOON”灯会闪烁 4 次，然后熄灭，表示归零完成。

（3）1997 年 PARK AVENUE　将点火开关转到 ON 位置，发动机不发动；按驾驶资讯显示区的 GAUGE 键，显示出“OIL LIFE INDEX”；按住 RESET 键 5s 以上，机油变成 100% 即完成。

（4）1997～1998 年 CENTURY 及 REGAL 配备驾驶资讯显示面板车型　将点火开关打到 ON 位置，发动机不发动，将显示出机油寿命；按住驾驶资讯显示区的 RESET 键不放，直到机油寿命变成 100% 即可完成。

（5）1997～1998 年 CENTURY 及 REGAL（不配备驾驶资讯显示面板车型）　将点火开关打到 ON 位置，发动机不发动；在 5s 之内，将加速踏板踩到底再放开，重复 3 次，如果“CHANGE OIL SOON”灯闪烁则表示归零完成，如果“CHANGE OIL SOON”灯闪烁持续亮 5s 则说明需要重新归零。

（6）1998 年 LESABRE 及 PARK AVENUE　将点火开关打到 ON 位置；按驾驶资讯显示区的 TRIP 键，选择“OIL LIFE REMAINING”；按住 RESET 键 5s 以上，机油寿命变成 100% 即完成归零。

3. CADILLAC 车系

（1）1994～1996 年 ELDORADO 及 SEVILLE　当仪表板“CHANGE OIL SOON”灯亮时，即应进行归零程序：按 INFORMATION 键，选择到机油寿命指示百分比功能；按 RESET 键，直到显示 100 即可。

（2）1991～1993 年 DEVILLE 和 FLEETWOOD　同时按 RANGE 键及 FUELUSED 键到机油寿命指示百分比功能；按住 RANGE 键及 RESET 键 5～60s，直到“CHANGE OIL SOON”灯闪烁即可。

（3）1996～1997 年 ELDORADO、SEVILLE、DEVILLE、DEVILLE CONCOURS　将点火开关打到 ON 位置，发动机不发动；一下一下按驾驶资讯显示区的 TRIP 键，选择“OIL LIFE LEFT”；按住 RESET 键，直到显示 100 即表示归零完成。

（4）1998 年 ELDORADO 及 DEVILLE　将点火开关打到 ON 位置，发动机不发动；按驾驶资讯显示区的 TRIP 键，选择“OIL LIFE LEFT”；按住 RESET 键 5s 以上，直到显示 100 即表示归零完成。

（5）1998 年 SEVILLE　将点火开关打到 ON 位置，发动机不发动；按驾驶资讯显示区的 TRIP 键，选择“ENGINE OIL LIFE”；按住 RESET 键，直到显示 100%“ENGINE OIL LIFE”即表示归零完成。

4. CHEVROLET 车系

（1）1993～1996GRAND CHEROKEE　按住“US/METERIC”键（或跨接 VIC 后面的公里/英里转换线头）；将点火开关打到 ON 位置，这时保养灯闪烁；按“SELECT”键和“SET”键 2s 以上，等“BEEPS”声响 6 次，即可完成归零。

（2）1997～1998CENTURY 及 REGAL　当出现“MILES/KMS TO SERVICE”字幕时，将点火开关打到 ON 位置；按“SELECT”键和“SET”键，等待 2s 后即可。

5. HUMMER H2 轿车保养灯归零步骤（图 5-56）

如图 5-56 所示，按下转向盘上的燃油信息按键 B，直到显示屏显示“Engine Oil Life”字符；按下转向盘上的功能选择按键 D 并保持按压状态，当显示屏显示“OIL LIFE RESET”字符并闪烁 10s 时，发动机机油寿命提示系统完成归零。

6. HUMMER H3 轿车保养灯归零步骤（图 5-57）

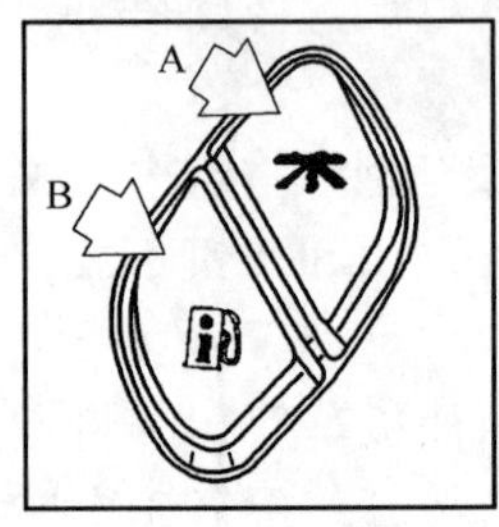

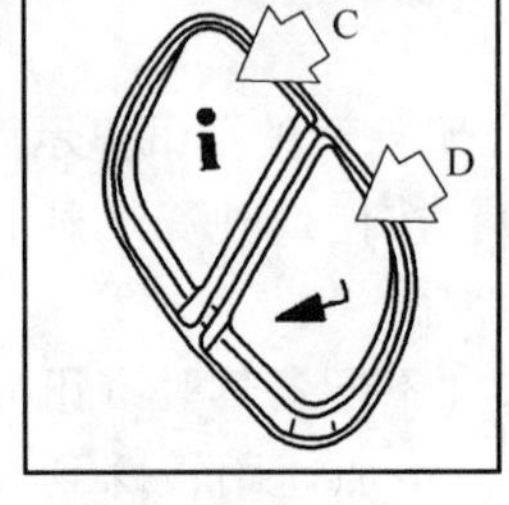

A—里程表按键　B—燃油信息按键
C—个性化按键　D—功能选择化按键

图 5-56　HUMMER H2 键说明

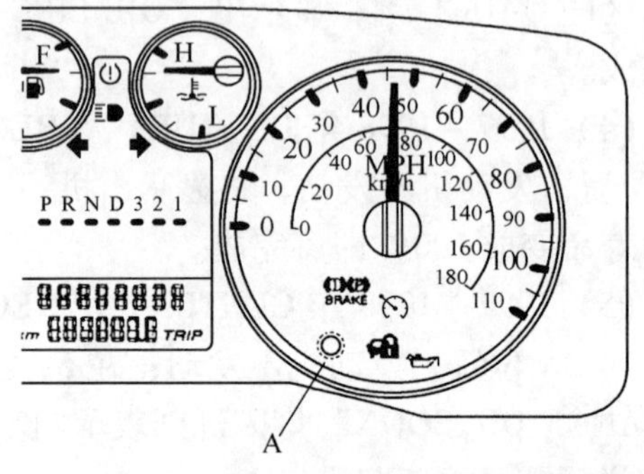

图 5-57　HUMMER H3 仪表板
A—归零按键

将点火开关转至 ON 位置，但不要起动发动机；按下并松开里程表的按键 A，直至显示屏显示“OIL LIFE”字符；当显示屏显示“OIL LIFE”和“RESET”信息时，按下按键 A，直至听到蜂鸣器响数声，表示已经彻底归零为止；将点火开关转至 LOCK 位置。

5.2.2　凯迪拉克（Cadillac）车系保养灯的操作技术

Cadillace/Deville/Eldorado/Seville（1994—1999 年），机油寿命指示器归零方法如下：

1）按下驾驶人信息中心（DIC）内的“INFORMATION”按键，将显示“OIL LIFE LEFT”（剩余机油寿命）信息。它将按机油有效寿命的估计百分比来显示机油剩余寿命。

2）当系统归零显示为 100%，机油剩余寿命≤10% 时，系统将显示“CHANGE OIL SOON”（立即更换机油）。当机油寿命满期时，显示器将显示“CHANGE ENGINE OIL”（更换发动机油）。更换机油后，使机油寿命显示归零。

3）为使机油寿命显示归零，按下“INFORMATION”按键来显示“OIL LIFE INDEX”（机油寿命指数）。当显示机油寿命时，按住“RESET”按键直到显示“100 OIL LIFE LEFT”（100% 剩余机油寿命）。

5.2.3　福特（Ford）车系保养灯的操作技术

1. Mondeo（1994～1996 年欧款车）（图 5-58）

保养间隔提示灯归零：拆下杂物箱；接通点火开关；按下“RESET”按键并保持 4s，按键位于杂物箱孔的一侧。

2. Cougar（1998 年以后的欧款车）（图5-59）

保养间隔提示灯归零：接通点火开关；按下并按住按键 A 和 B 大约 5s，警告灯亮 4s 即可。

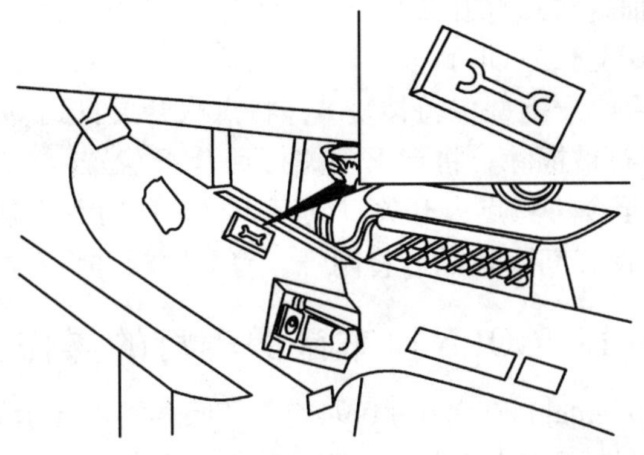

图 5-58　仪表板

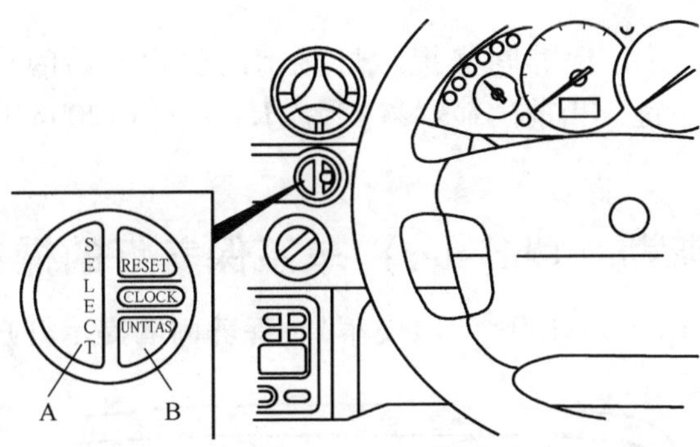

图 5-59　仪表板
A、B—归零按键

3. Mondeo（1996～2000 欧款车）（图 5-60）

保养间隔提示灯归零：接通点火开关；按住按键 A 大约 4s 即可。1995～1996 保养间隔提示灯归零：打开杂物箱；将点火开关打到 ON 位置；按住“RESET”键大约 4s 即可。

4. GALAXY（图 5-61）

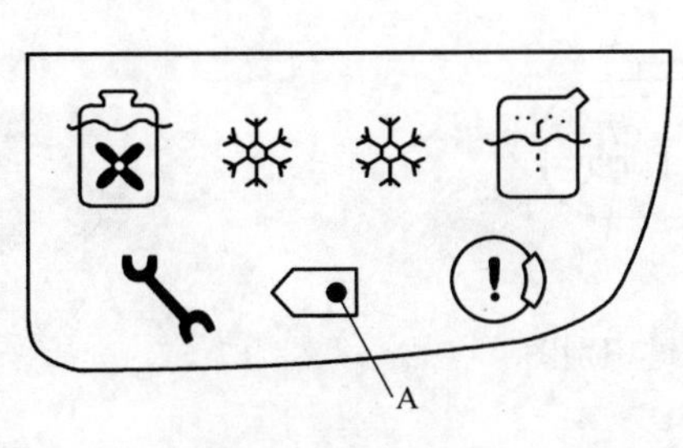

图 5-60　仪表板
A—归零按键

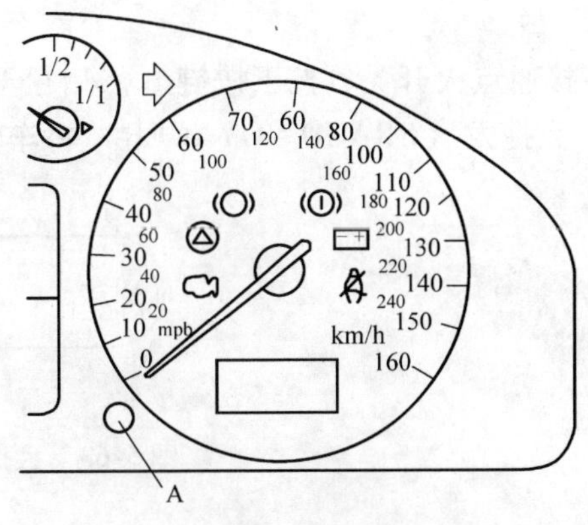

图 5-61　仪表板
A—归零按键

（1）Galaxy 2000 以前　将点火开关打到ON位置；压下并保持按键A大约2s；释放按键A并将点火开关打到OFF位置即可。

（2）Galaxy 2001 至今　压下并保持按键A；将点火开关打到ON位置，继续保持着按键A，直到“SERVICE”字符被擦除；将点火开关打到OFF位置。

（3）TRANSIT 2000 至今　将点火开关打到第2档，同时踩下制动踏板和加速踏板大约15s；当RESET完成后，保养间隔指示灯将闪烁；释放踏板并将点火开关打到OFF位置。

5.2.4　林肯（LINCOLN）车系保养灯的操作技术

林肯大陆轿车（Continental）（1990～1994年），保养间隔提示灯归零方法如下：

在系统检查过程中，“SERVICE”标记点亮并显示在进行下1次正常保养之前，汽车所能行驶的里程数。要使保养间隔提示灯归零，请在系统检查过程中按下RESET按键。

此时系统检查停止，并且保养间隔提示灯显示的里程开始闪烁，同时按下“SYSTEM CHECK”和“RESET”按键，当前的显示将变为11520km（7200miles）；保养间隔提示灯已归零。

5.2.5　克莱斯勒（Chrysler）车系保养灯的操作技术

1. Grand cherokee（1993～1999年欧规车），**保养间隔提示灯归零**（图5-62）

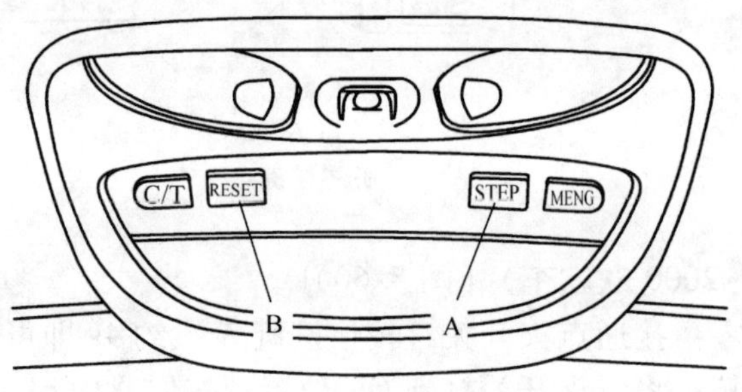

图5-62　仪表板

A、B—归零按键

将接通点火开关；按下按键B然后松开；按下并按住按键A约2s；关闭点火开关。

2. 大捷龙（GRAND VOYAGER）**轿车保养灯归零**（图5-63）

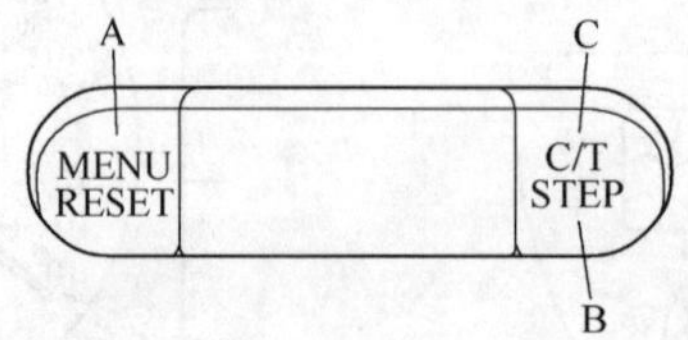

图5-63　大捷龙轿车按键识别图

将点火开关转至ON位置；按下仪表板上的按键A，直至字符“SERVICE INTV”显示出来；按下按键B并保持以设置距下一次保养的行驶里程（3200～12000km）；按下按键C，

显示屏显示“RESET SERVICE DISTANCE?”；反复按下按键B使显示屏显示“YES”；按下按键C；将点火开关转至OFF位置。

5.3 亚洲车系保养灯的操作技术

5.3.1 丰田（TOTOYA）车系保养灯的操作技术

1. 普瑞维亚（1990~2000）**欧规车**

图5-64中所示的灯是CHANGE OIL灯，不是保养间隔提示灯。当它点亮时就表明已经超过更换机油和滤清器的规定里程数。它不表明什么时候汽车需要保养。从仪表板上拆下护套，使用合适的工具压下按键A，CHANCE OIL灯将归零。

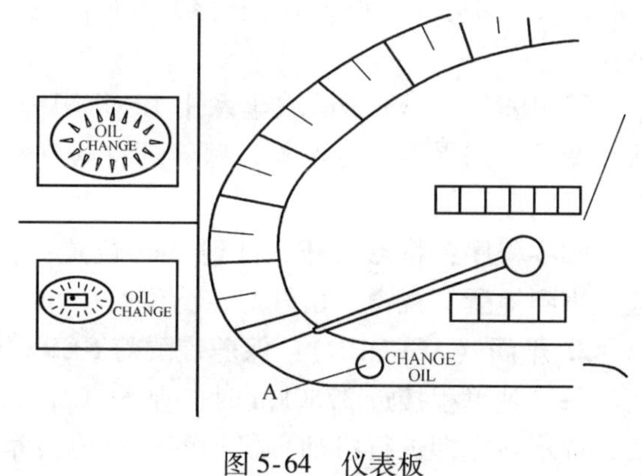

图5-64　仪表板

A—归零按键

2. 普瑞维亚（1991~1997年美款车）

1）CHANCE OIL指示灯归零。在19200km间隔时，仪表板上的CHANGE OIL指示灯将点亮，以警告现在超过了机油更换间隔，在更换机油和机油滤清器之后，请将警告指示灯里程计数器归零。

要使里程计数器归零，从车速里程表下面的仪表板面上拆下塞子。通过塞孔插入1个小的螺钉旋具，并按下按键，如图5-65所示，即使指示灯没有点亮，在更换机油和滤清器之后，也要使里程计数器归零。

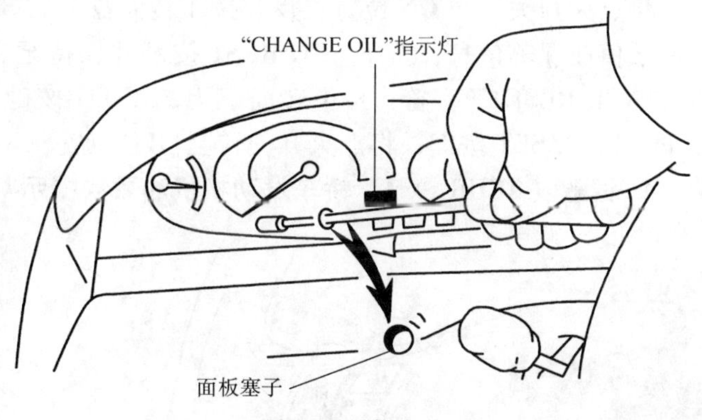

图5-65　仪表板

注意：CHANGE OIL指示灯不显示机油更换间隔，它只有在机油更换间隔已经超过正常值之后才显示。不管指示灯有没有点亮，在更换机油后都必须将里程计数器归零。

2）氧传感器保养指示灯（4缸发动机）。指示灯每隔15000km亮起，执行保养程序后，须将开关归零。CELICA、COROLLAT（3 T-C）和CORONA车型的归零开关位于踏板左侧；CORONA（3A-C）、CRESSIDA和TERCEL的归零开关位于仪表板左下方。

1980 SUPRA归零开关位于转向机柱左侧仪表板上。

3. RAV4

当里程表显示总里程时，将点火开关转至ACC或LOCK；按下里程表归零按键并保持按压状态，将点火开关转至ON位置；持续按压里程表归零按键至少5s，里程表读数显示为

“000000”，保养灯熄灭，归零完成。如果保养灯持续闪烁，则说明归零不成功，必须重新执行归零程序。

5.3.2　本田（HONDA）车系保养灯的操作技术

1. 讴歌（ACURA）：定期保养灯 SCHEDULED SERVICE DUE LIGHT

1）1988～1990年讴歌车系中LEGEND车型，装有此定期保养灯。每行驶12000km即会亮灯，提醒更换机油及机油滤清器。发动机保养完成后，该灯必须归零。

归零程序：将点火开关打到ON位置；按下“保养灯归零按键（SERVICE RESET BUTTON）”3s即可；将点火开关打到OFF位置，转到ON位置1次，检查该灯是否完成归零工作。

2）1991～1993年讴歌车系中LEGEND车型。每行驶里程接近12000km时，保养灯将从绿变黄。如果不进行保养，保养灯将从黄变为红。提示须立即进行机油保养，之后须进行保养灯归零。

归零程序：将点火开关打到OFF位置；将点火钥匙插入转速表下的细长孔中；推着锁匙，直到提醒灯视窗，由红灯变到绿灯为止。

2. 雅阁（ACCORD）：保养提醒灯 SERVICE INTERVAL REMINDER

每行驶里程接近3750km时，保养灯将从绿变黄。如果不进行保养，保养灯将从黄变为红，提示须立即进行机油、机油滤清器的保养。保养之后，须将保养灯归零。

归零程序：将点火开关打到OFF位置；将点火钥匙插入转速表下的细长孔中；推着锁匙，直到提醒灯视窗，由红灯变到绿灯为止。

3. 讴歌（ACURA）车系发动机机油保养灯归零设置（图5-66）

将点火开关转至ON位置；反复按压转向盘上的SEL/REST按键，直至显示屏显示机油寿命数值或保养信息；按下SEL/REST按键并保持至少10s，直至看到保养信息或“MAINTENANCE RESET”字符；按下转向盘上的INFO按键，选定显示屏上出现的RESET选项；按下SEL/RESET按键；将点火开关转至OFF位置。

4. 讴歌（ACURA）TL轿车发动机机油更换提示灯归零设置（图5-67）

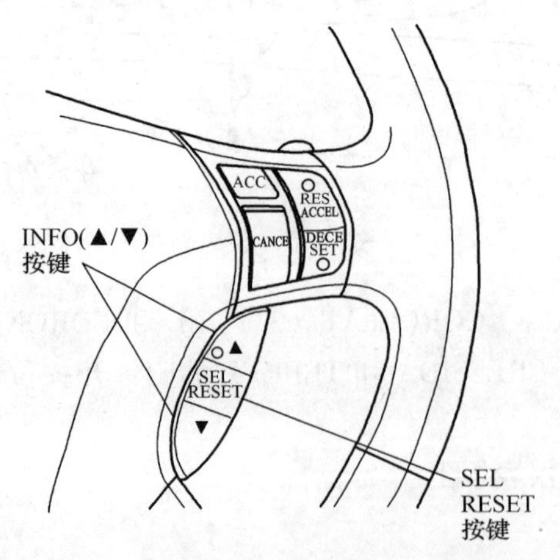

图5-66　SEL/RESET按键和INFO按键识别

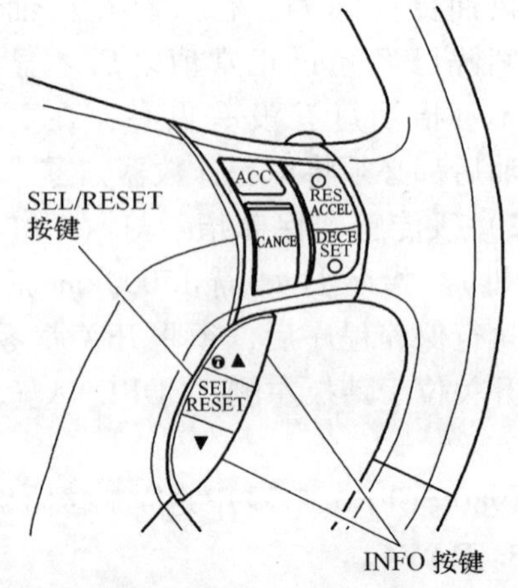

图5-67　TL按键识别

将点火开关转至 ON 位置；反复按下 INFO 按键，直至显示屏显示“OIL LIFE”；按下 SEL/RESET 按键并保持按压状态至少 10s，显示屏会显示询问信息请用户确认；如果用户确认要执行归零操作，则按下 SEL/RESET 按键选择“OK”，即可执行归零。

5. 讴歌（ACURA）MDX 轿车发动机机油更换提示灯归零设置（图 5-68）

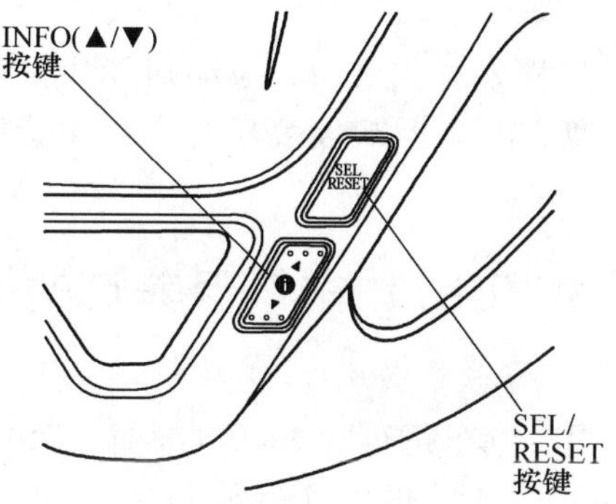

图 5-68　MDX 轿车按键识别

将点火开关转至 ON 位置；反复按压 INFO 按键，直至显示屏显示“OIL LIFE”字符；按下 SEL/RESET 按键并保持按压状态至少 10s，显示屏会显示询问信息请用户确认；如果用户确认要执行归零操作，按下 SEL/RESET 按键选择“OK”，即可执行归零。

5.3.3　日产（NISSAN）车系保养灯的操作技术

每行驶里程 15000km 时，“O_2”（氧传感器）灯会亮，提醒检查，必要时则更换。检查或更换后，须清除警告灯。大多数车型都备有线束插头，只要松开插头，即可完成归零工作。NISSAN 有的车型要用归零总电器。

归零程序：

1）PICKUP（美国联邦）车型，在 25000km 松开黄/白接线，在 50000km 松开黄/黄接线。

2）PICKUP（美国加州）车型，在 45000km 时松开黄色接线，线束插头在发动机盖拉杆上面。

3）信号灯总电器的车型归零，则从插座上拔出总电器，拆下连接即可。

4）氧传感器灯总电器控制，要用总电器来归零，首先按下总电器的归零键，或拆下总电器高速孔上的胶塞，将小螺钉旋具插入孔中，轻轻按下归零。

5）归零总电器，在 15000km、30000km 及 45000km 时须做归零。

5.3.4　三菱（MITSUBISHI）车系保养灯的操作技术

三菱车系仪表板上装有保养灯，每 8000km 提醒保养 EGR 系统，每 128000km 提醒更换氧传感器，每 160000km 提醒更换炭罐。当保养或更换零件后，必须将计数器归零。

归零程序：找出归零开关位置，在仪表板组件背面，或在仪表板面板右下角后方；将归零开关拨向另一边即可，此开关为滑动式开关。

5.3.5 铃木（ISUZU）车系保养灯的操作技术

AMIGO、PICKUP 和 TROOPER Ⅱ车型使用了这种保养归零技术。每行驶 145000km 时，仪表板“O_2”指示灯即会亮灯显示，提示必须更换氧传感器。

归零程序：

1）TROOPER Ⅱ车型，在里程表总成后面，拨动归零开关。

2）AMIGO 和 PICKUP 车型，需要拆卸仪表板归零：先旋松“A”螺钉，再从“B”孔旋动螺栓归零。

5.3.6 五十铃（SUZUKI）车系保养灯的操作技术

1. 氧传感器警告灯

该灯在 SAMURAI 车型上用。汽车每行驶 30000km 时，“SENSOR”灯即会闪。该灯只有当热车转速在 1500～2000r/min 时才闪烁，这表示 EGR 故障，而氧传感器需要更换。当保养完成后，须进行归零。

归零程序：找“SENSOR”灯清除开关，在转向盘柱支架上；逆时针旋转清除开关；起动发动机并行驶路试，确定是否不再闪烁。

2. 保养灯

SAMURAI、SIDEKICK（美国联邦）装有“CHECK ENGING”检查发动机灯，当行驶 25000km 和 50000km，热车运转时该灯会自动闪亮，提醒检查发动机系统或必要时更换零件，并非代表有故障。

25000km 时更换 PCV 阀、EGR 系统、更换氧传感器（加拿大）。40000km 时更换 PCV 阀，检查炭罐，检查 EGR 系统，更换氧传感器（加拿大），更换炭罐，检查 ECM 和相关传感器。

归零程序：在保养完成后必须归零，首先找归零开关，在转向盘柱支架下方，然后逆时针拨动归零开关即可。

3. 氧传感器保养指示灯（1986～1987 SAMURAL）

保养指示灯位于仪表板上，每行驶 15000km 时灯会亮起。当指示灯亮起时，依下列程序进行检查和归零：将点火开关打到 OFF 位置，拆开熔断器护板并将归零开关打到 ON 位置；将点火开关打到 ON 位置，并观察指示灯（如果指示灯不亮，检查是否灯泡故障或开路；当灯亮之后，起动发动机达到正常工作温度）；加速至 1500～2000r/min 后观察指示灯（如果灯开始闪烁，表示系统作用正常；如果灯不闪，问题可能在发动机控制电脑上，所以需进行诊断和测试）；上述程序完成后，将归零开关打到 OFF 位置即可。

4. 发动机故障灯（1988～1991 SAMURAI 和 SIDEKICK）

发动机故障灯在行驶 25000km、40000km、50000km 时会闪烁，表示排气系统需要保养。当执行保养程序后，归零开关应移向相反位置。归零开关位于转向机柱左侧仪表板上。

5.3.7 大发（DAIHATSU）车系保养灯的操作技术

在 ROCKY 车型上用。当行驶到 128000km 时，“O_2”（氧传感器）警告灯会亮。该灯系由里程表驱动开关控制，无法再归零，必要时只有拆除灯泡。

归零程序：卸下仪表板底盖，移开表面饰板；旋下 4 个固定螺钉，取下仪表板总成；拔出氧传感器警告灯的灯泡；拆除后，再将仪表板装回。

5.3.8 斯巴鲁（SUBARU）车系保养灯的操作技术

当 EGR 不良时，EGR 警告灯会亮。EGR 系统需进行保养，保养后必须归零。

归零程序：拆下仪表板左下盖；将熔断丝座后方插头拔下；取下蓝色插头，插上绿色插头。

5.3.9 华晨宝马轿车保养灯归零的操作技术

接通点火开关，按下归零按键 8s 后，仪表中多功能显示器显示机油符号；再按一下归零按键就会显示下一个需要归零的系统——后制动摩擦片系统归零。华晨宝马轿车共有 7 个系统需要进行归零，归零方法是相同的。当选中需要归零的系统后，持续按下归零按键 3s，仪表显示“RESET”，然后再按下归零按键直到显示“OK”，关闭点火开关，归零结束。

5.3.10 上海轿车保养灯归零的操作技术

1. 上海通用别克和君威轿车保养灯归零

归零方法为将点火开关打到 ON 位置，发动机不起动；在 5s 之内，将加速踏板踩到底再放开，重复 3 次即可。

2. 上海通用别克荣御轿车保养灯归零

上海通用别克荣御轿车仪表板中央偏下方有一个中央显示屏。当行驶里程为保养里程前 1000km 时，在接通点火开关或关闭点火开关 10s 内，仪表板驾驶人信息中心上的保养灯点亮。当超过保养期时，保养灯由点亮变为闪亮。

保养灯归零方法如下：

（1）方法一　第一种保养灯归零方法是使用通用专用诊断工具 TECH2 进行归零。

（2）方法二　第二种归零方法是利用仪表板右侧按钮进行手动归零，具体步骤如下：

1）关闭点火开关。

2）同时按住两个箭头按钮，然后接通点火开关。

3）约 3s 后松开两个箭头按钮。

4）出现保养菜单，询问是否归零。

5）按住 SET（归零）按钮 3s 以上。

6）按 MODE（模式）按钮。

7）关闭点火开关，完成归零。

3. 上海帕萨特 B5 轿车保养灯归零

仪表板显示屏上的 SERVICE 标志为保养周期指示标志，当点火开关在 ON 位置时，显示屏上的 SERVICE 标志闪烁，而起动发动机后消失，表明该车应进行保养。保养后应进行保养灯归零，步骤如下：

1）在发动机熄火的情况下，压下转速表下面的短程距离计数器复位按钮并按住。

2）将点火开关打到 ON 位置，放开短程距离计数器复位按钮，显示屏出现 SERVICE 标志。

3）拉出时钟上的分钟按钮，向右转动分钟按钮，显示屏上出现里程显示。

4）将发动机熄火，提醒信息复位。

5）将点火开关打到 ON 位置，SERVICE 标志消失。

5.3.11　东风轿车保养灯归零的操作技术

1. 东风标致 307 轿车保养灯归零

1）关闭点火开关。

2）按下组合仪表上的单次计程表归零按钮，并使按钮保持被按下的状态。

3）接通点火开关。

4）里程表显示屏开始倒计数。当显示屏显示 0000.0 时，松开按钮，此时组合仪表显示屏中表示保养操作的扳手指示灯应熄灭。注意：此操作完成后，如果要断开蓄电池电缆，则必须将车辆锁上并至少等待 5min，否则归零不会被控制单元记录下来。

2. 东风雪铁龙毕加索轿车保养灯归零

毕加索轿车仪表板上的保养灯 V19 为扳手形状，在每次接通点火开关 2s 内会闪亮，同时在里程表处显示到下一次维护还剩余的里程数，2s 后消失（距下次保养少于 2000km，闪亮 5s）。如毕加索轿车超过了保养期限而未保养，则每次接通点火开关 5s 内，保养灯和已超过维护的规定里程数会显示，5s 后里程表显示正常值，但保养灯一直闪亮。在首次维护（2000km）和定期保养（每间隔 10000km）之后，须进行保养灯归零。当为其他里程数时，不要对保养灯进行归零操作，否则维护提示的里程与真正应该保养的里程就对不上了。提醒驾驶人当超过保养里程，保养灯一直闪亮时，不要归零让其熄灭，一定要进行保养后再进行归零让保养灯熄灭。保养灯归零方法如下：

1）将点火开关打到 OFF 位置（不打开）。

2）用手指按住里程归零按钮不动。

3）将点火开关打到 ON 位置（打开）。

4）里程显示 10、9、8……倒计数直至 0 为止。

5）松开里程归零按钮，关闭点火开关，拔出点火钥匙，保养灯熄灭。

5.3.12　一汽大众奥迪 A6 轿车保养灯归零的操作技术

1）关闭点火开关，按住仪表板上右边的按钮。

2）接通点火开关，显示屏上显示“SERVICE”标志；按住仪表板上左边的按钮，直到显示下一次维护里程后再松开。

5.3.13　广州本田雅阁轿车保养灯归零的操作技术

广州本田雅阁 2.4L、3.0L 轿车仪表板上设置有保养灯。当行驶里程为 9600 ~ 12000km 时，接通点火开关，保养灯亮 2s。超过 12000km 驾驶人仍未进行保养时，保养灯会一直闪亮，以提示驾驶人及时保养。保养后须对里程表进行归零，操作方法如下：接通点火开关，按压仪表板上复位按钮，直至里程表显示 0 为止。

应注意的是，在轿车未进行保养前，不可因保养灯常亮而采取归零操作，这样里程表累积保养里程将不正确，保养灯会丧失提示保养的作用。广州本田雅阁 2.0L 轿车仪表板上未

设置保养灯，但 MAINTENANCEREQUIED 指示灯有提示功能。当行驶里程接近 12000km 时，该灯由绿色变成黄色，当超过 12000km 仍没有进行保养时，该灯将由黄色变成红色。维护保养后，为保证该灯的提示功能，须进行归零，操作方法如下：

1）关闭点火开关，将点火钥匙插到转速表下面的槽内进行归零。

2）压下转向柱右侧仪表板下面的按钮并按住 3s，完成归零操作。

3）按住组合仪表右侧的按钮 SELECT 与 RESET，接通点火开关，10s 后松开按钮，归零完成。

练习与思考题

1. 汽车保养灯的使用有何意义？
2. 请对欧洲车系保养灯的操作特征进行综合分析，找出其规律。
3. 请对美国车系保养灯的操作特征进行综合分析，找出其规律。
4. 请对亚洲车系保养灯的操作特征进行综合分析，找出其规律。
5. 综合分析国产汽车保养灯的操作特征。

第6章 汽车故障诊断座的位置与故障码的读取操作技术

基本思路：

本章对汽车主要生产厂家常见车型故障诊断座的位置与故障码的读取操作技术进行介绍，重点放在诊断座的位置，附带讲解手工调码，对采用解码仪解码，只要找到诊断座，采用相应的插头连接就不难解决，现在通用和专用的解码仪不少，操作十分简便，对本章的学习和研究重点就在诊断座的位置和结构，对手工调码和清除故障码的方法在电控发动机有详细的讲解和学习，本章只要有大体了解就行。

6.1 欧洲车系汽车故障诊断座的位置与故障码的读取操作技术

6.1.1 奔驰车系故障诊断座的位置与故障码的读取操作技术

1. 奔驰（BENZ）诊断座的位置

诊断座位置：

1）201、126、124车型：诊断座在发动机室，乘客侧前方，靠近蓄电池处。

2）1996年前的140车型和202、129车型：诊断座在发动机室，乘客侧前方，ECU电脑盒内。

3）1996年以后的140车型：诊断座在发动机室，乘客侧前方。

4）210车型：诊断座在发动机室，驾驶侧前方，熔丝盒内。

5）203、220、215、163车型：诊断座在驾驶室驾驶人座仪表板左下方。

奔驰（BENZ）诊断座形式很多，有8针、9针、16针和38针。奔驰车系诊断座的位置

如图 6-1 ~ 图 6-5 所示。

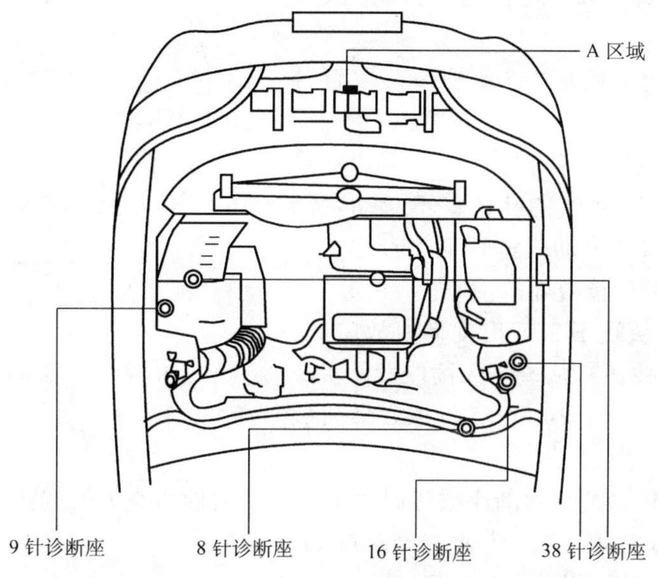

图 6-1　奔驰车系诊断座位置

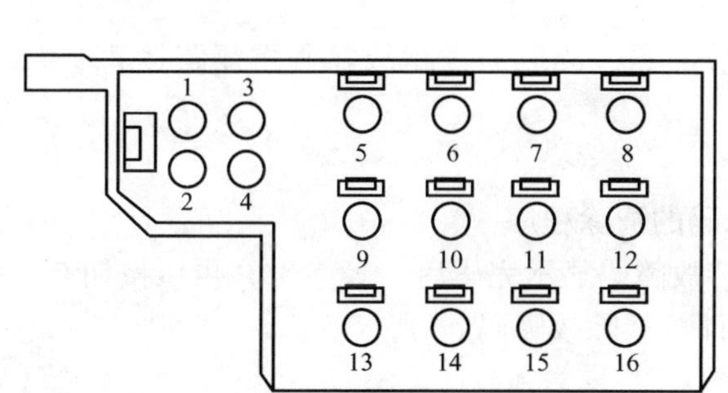

图 6-2　奔驰车系 16 针诊断座

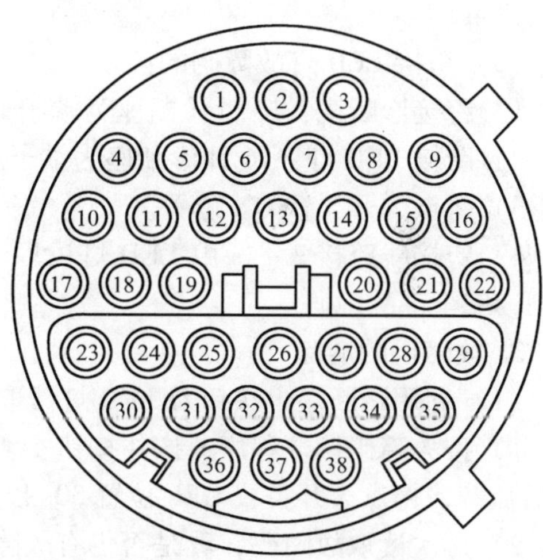

图 6-3　奔驰车系 38 针诊断座

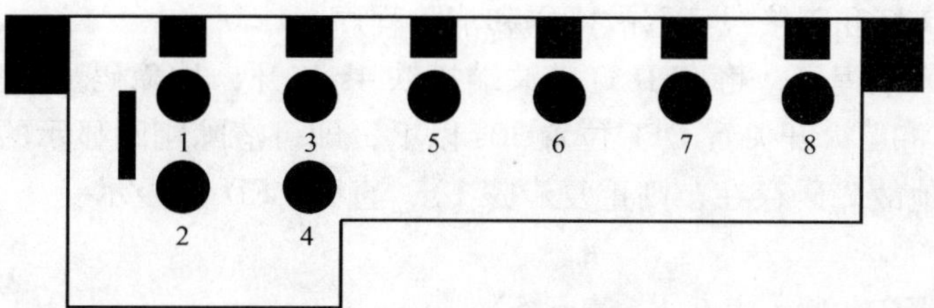

图 6-4　奔驰车系 8 针诊断座

2. 故障码的读取

（1）9针、16针、38针占空比（%）故障码读取

1）利用汽车万用表的占空比档位读取百分比数。

2）点火开关置ON位置。

3）红表笔插入需测试的孔内，不起动发动机进行静态读取，起动发动机进行动态读取，从汽车万用表看出百分比读数即故障码。

4）9针诊断座从端子3读出发动机故障码；16针诊断座（不带按钮）从端子3读取发动机故障码；38针诊断座从端子14和15读取发动机故障码。

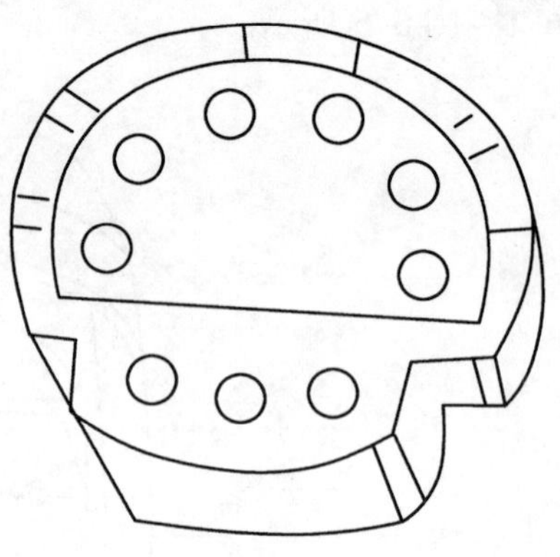

图6-5　奔驰车系9针诊断座

（2）8针、16针带按钮诊断座故障码的读取　利用诊断座上的按钮读取故障码

1）将8针、16针的4端子与地之间跨接LED灯。

2）点火开关置ON位置。

3）按下按钮4s后放开，由LED灯可读取一组故障码，读取下一组故障码时，重复按压按钮4s。

（3）跨接LED灯故障码的读取

1）跨接诊断线：16针诊断座为端子1和7，38针诊断座为端子1和19。

2）跨接LED灯：16针诊断座为端子4与搭铁之间，38针诊断座为端子3和19之间。

3）将点火开关置ON位置。

4）跨接线跨接2~4s由LED灯读取一组故障码，读取另一组故障码重复跨接2~4s，直到读完全部故障码。

3. 故障码的清除

（1）利用诊断座上按钮及LED灯读取故障码的清除程序

1）按故障码读取程序，按住按钮4s后，待故障码显示完毕后，等待3s，再压按钮6~8s后放开，将点火开关置OFF位置30s以上，即可清除故障码。

2）再次读取故障码，看是否仍有故障码。

3）若有多组故障码，则重复步骤1），直到LED灯显示一下“1”，即表示系统正常，故障码清除完毕。

（2）利用LED灯和跨接线读取故障码和清除程序

1）按故障码读取程序，将LED灯搭铁端搭铁4s移开，故障码显示完毕后等待3s，再搭铁6~8s移开，将点火开关置OFF位置30s以上，即可清除刚刚显示的故障码。

2）若还有其他故障码存在，则重复步骤1），直到LED灯显示一下“1”，即表示系统正常，故障码清除完毕。

4. 诊断座各端子功能（表6-1~表6-5）

表 6-1　8 针诊断座各端子功能

端　子	功　能	端　子	功　能
1	搭铁	5	防滑差速器（ASD）测试孔
2	按钮	6	安全气囊（SRS）测试孔
3	故障指示灯	7	空调（A/C）测试孔
4	发动机故障码	8	点火故障码

表 6-2　9 针诊断座各端子功能

端　子	功　能	端　子	功　能
1	发动机转速信号	5	高压线圈（二）
2	搭铁	6	电源
3	故障指示	7，8，9	电磁点火触发器
4	高压线圈（一）		

表 6-3　16 针诊断座各端子功能

端　子	功　能	端　子	功　能
1	发动机转速信号	9	电控悬架故障诊断
2	搭铁	10	空脚
3	故障指示	11	防盗系统故障诊断
4	发动机故障码	12	遥控器系统故障诊断
5	防滑差速器（ASD）测试孔	13	自动变速器（AT）故障诊断
6	安全气囊（SRS）诊断孔	14	发动机综合控制系统
7	空调故障诊断	15	空脚
8	点火系统故障诊断	16	电源

表 6-4　不带按钮的 16 针诊断座各端子功能

端　子	功　能	端　子	功　能
1	搭铁	9	电控悬架（ADS）测试孔
2	空脚	10	点火信号与电脑 25 号脚相通
3	故障指示	11	防盗系统测试孔
4	诊断信号	12	遥控系统测试孔
5	防滑差速器（ASD）测试孔	13	电控变速器测试孔
6	安全气囊（SRS）测试孔	14	发动机综合控制系统
7	发动机转速传感器	15	空脚
8	EZL 诊断点火测试信号	16	空脚

表6-5　38针诊断座各端子功能

端　子	功　能	端　子	功　能
1	车身搭铁	16	空调系统故障诊断
2	主继电器输出电源（T1，87）	17	点火系统/供油系统故障诊断
3	起动信号	18	点火系统故障诊断
4	LH控制电脑诊断线（104，109，120右）	19	诊断电控单元故障诊断
5	LH控制电脑诊断线（120左）	20	中央控制端电脑故障诊断
6	ABS和ASR故障诊断	21	电动车窗系统故障诊断
7	恒速、怠速控制系统故障诊断	22	防滚制动系统故障诊断
8	电源监控模块诊断	23	防盗系统故障诊断
9	ASD故障诊断	26	防滑差速器（ASD）故障诊断
10	自动变速器故障诊断	29	电动座椅系统故障诊断
11	ADS故障诊断	30	SRS故障诊断
12	动力转向系统故障诊断	31	遥控系统故障诊断
13	TNA信号测试或空脚	33	旅程故障诊断
14	百分比测试或空脚	35	电动门锁系统故障诊断
15	电子仪表板故障诊断	36	辅助加速系统故障诊断
24、25、27、28、32、34、37、38右端子不用			

6.1.2　宝马车系故障诊断座的位置与故障码的读取操作技术

1. 诊断座位置

宝马（BMW）3、5、7、8系列为20针诊断座，它位于发动机室左前侧、右后侧上角，如图6-6所示。

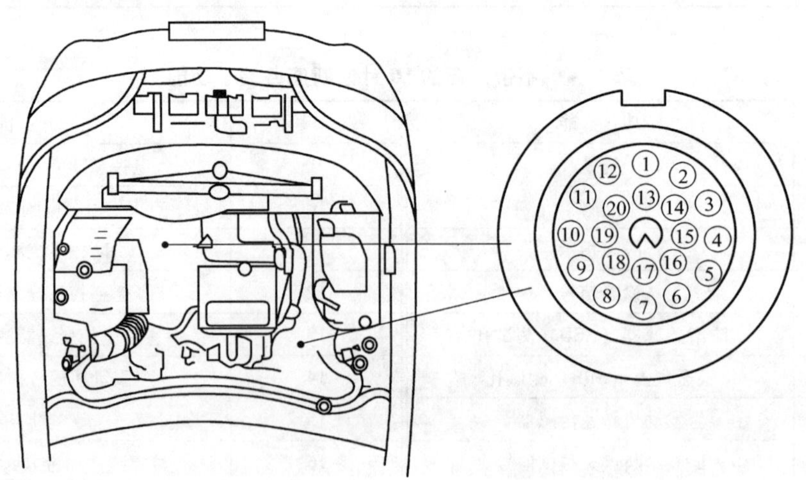

图6-6　宝马车系20针诊断座

2. 故障码的读取

宝马车故障码的读取方法共有4种：

1）由 BMW SYSTEM TESIER 专用仪器读取故障码。

2）由组合仪表上的“CHECK ENGINE”指示灯读取发动机故障码。

① 1988 年以前宝马系列发动机故障码。从组合仪表上“CHECK ENGINE”灯可读出 4 位故障码。读取步骤如下：

a. 点火开关置“Ⅱ”位置。

b. 约 3s 后，“CHECK ENGINE”灯开始闪烁，显示故障码。

c. 故障码与故障码之间停顿 3s。除 12 缸发动机外，第 1 位数都是“1”，对于 12 缸发动机第 1 位数是“2”。

d. 若指示灯不亮，发动机不能起动，应检查发动机电脑的电源和搭铁线路，并且注意起动时，有无发动机转速信号。

② 1988 年以后宝马系列发动机故障码：

a. 点火开关置 ON 位置。

b. 在 5s 内踩加速踏板 5 次。

c. 约 3s 后，便由“CHECK ENGINE”指示灯闪烁发动机故障码。

注意：如果输出故障码为“1444”或“2444”，表明无故障码输出；当输出“1000”或“2000”码后，表明故障码已输出完毕。

③ 1994 年宝马系列发动机故障码。故障码读取方法与 1988 年以后生产的产品读取方法相同，1994 年生产的宝马 3、5、7 系列发动机故障码为 2 位码或 3 位码。

a. 点火开关接通（ON）后，“CHECK ENGINE”灯先闪亮 5s。

b. 接着闪亮 2.5s 起动码，闪亮一次或两次。

直列 6 缸以下发动机没有起动码。V8 以上发动机设此码。闪亮一次，代表发动机右侧 1～6 缸控制系统不良；闪亮两次，代表发动机左侧 7～12 缸控制系统不良。

c. 起动码后接着是故障码（2 位或 3 位）。

d. 一组故障码输出结束后，又闪亮两次，然后再输出另一组故障码。

3）由外接 LED 灯读取发动机故障码。欧规宝马车系列组合仪表上无“CHECK ENGINE”灯，采用 LED 灯跨接在发动机电脑端子上，通过 LED 灯闪烁读取故障码。

① DME 电脑为 55 针发动机故障码的读取

a. 将 LED 灯跨接在 55 针电脑的端子 15 和 18 上。

b. 点火开关置 ON 位置。

c. 在 5s 内踩加速踏板 5 次，由 LED 灯闪烁读取故障码。

② DME 电脑为 88 针发动机故障码的读取

a. 将 LED 灯跨接在 88 针电脑端子 8 和 26 上。

b. 点火开关置 ON 位置。

c. 在 5s 内踩加速踏板 5 次，由 LED 灯闪烁读取故障码。

4）BMW-20 针诊断座读取发动机故障码

① 将 LED 灯跨接在诊断座端子 15（编号为 RXD）和 20（编号为 TXD）上。

② 点火开关置 ON 位置。

③ 在 5s 内踩加速踏板 5 次，由 LED 灯闪烁读取故障码。

3. 故障码的清除

清除故障码有4种方法：

1）连续起动5次，即可清除故障码。连续起动5次，发动机电脑记忆系统恢复正常设定方式。

2）使用专用仪器BMW SYSTEM TESTER，以999程式码方式，直接清除故障码记忆。

3）断电法：拆除蓄电池负极电缆15s以上，即可清除故障码，但若有密码，如音响、旅行电脑、电动座椅电脑失去密码，不宜用此法。

如果全车被锁不能解开时，可用切断DME的DMA防盗密码线的方法使发动机起动。

4）拆开发动机电脑插头15~30s，即可清除故障码。

6.1.3　大众及奥迪车系故障诊断座的位置与故障码的读取操作技术

1. 诊断座位置

奥迪AUDI诊断座有两组、三组、四组及“CHECK”诊断座按钮等几种。

奥迪车系诊断座的位置：

1）驾驶座脚踏板旁。

2）驾驶室仪表板左侧，熔丝盒内。

3）发动机室左侧后部，熔丝盒内。

4）驾驶室变速杆前，工具箱旁。

奥迪AUDIA6（V6）、A8（V8）、AUDI 100/S诊断座位置在发动机室左上角熔丝盒内，请打开熔丝盒，如图6-7所示，在盒内左上角有一个黑色2针插座是电源线和地线，一个白色2脚插座是信号线（K、L线）。

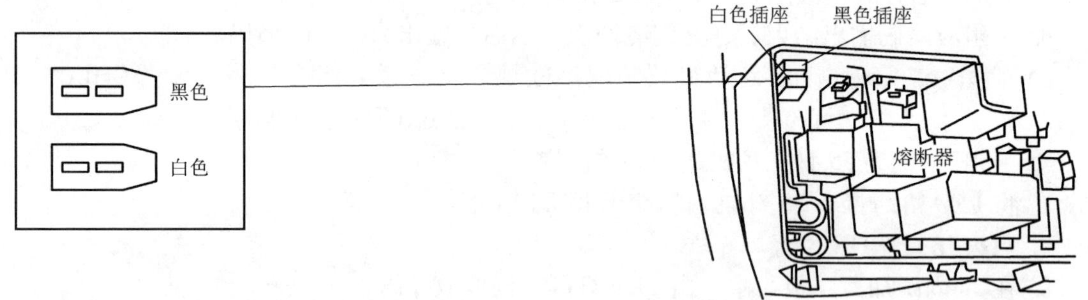

图6-7　奥迪车系两组诊断座及位置

大众车系诊断座位于变速杆附近，或驾驶人侧车厢脚踏板附近，或发动机室内驾驶人座的围板上，为方形，如图6-8所示。

奥迪车系由于所测试的系统不同而诊断座的位置有所不同。图6-9所示为奥迪90三组诊断座及位置，图6-10所示为奥迪100三组诊断座及位置。

桑塔纳2000诊断座位于排档杆的防尘罩下面。取开防尘罩，即可看见一个16针诊断座，如图6-11所示。

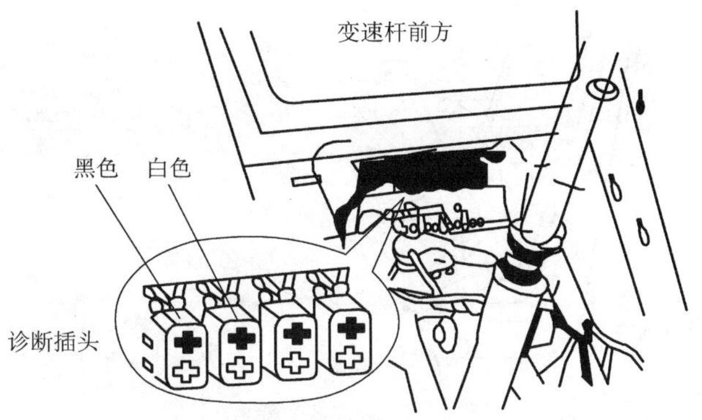

图 6-8　奥迪车系四组诊断座及位置

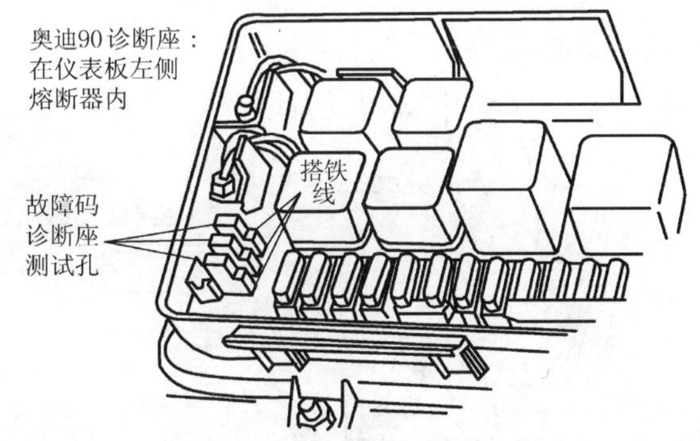

图 6-9　奥迪 90 三组诊断座及位置

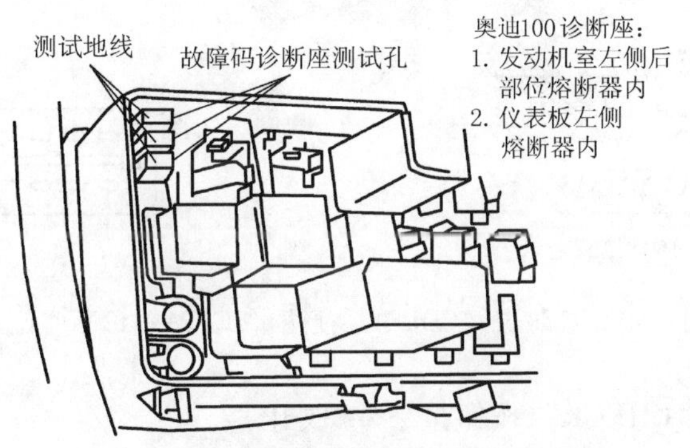

图 6-10　奥迪 100 三组诊断座及位置

帕萨特轿车诊断座位置：在排档杆上盖板右边。取开一块防尘小板，即可看见一个 16 针诊断座。另一位置是在驾驶室驾驶人右侧的置物箱下方，有一个 16 针诊断座，如图 6-12 所示。

高尔夫 GOLF、捷达 JETTA 诊断座位置：在转向盘下方，有一个 16 针诊断座，如图 6-13所示。

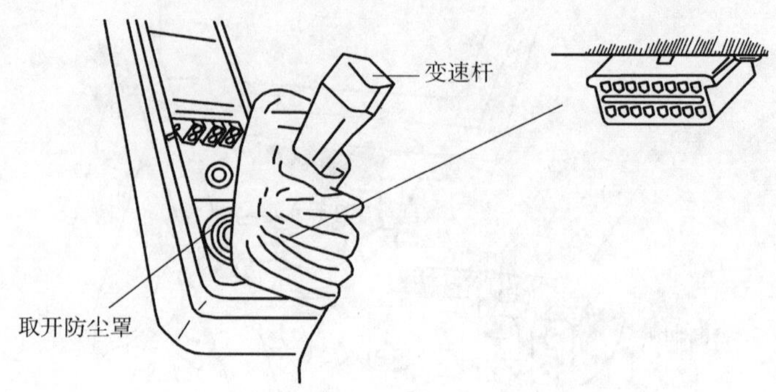

图6-11　桑塔纳2000诊断座位置

2. 故障码的读取

1）按诊断座形式将LED灯连接好。

2）起动发动机运转5~6min，然后将点火开关置ON位置。

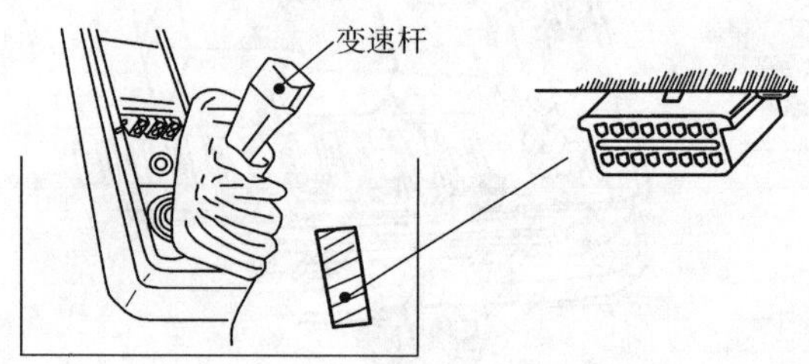

图6-12　帕萨特轿车诊断座位置

图6-13　高尔夫（GOLF）、捷达（JETTA）诊断座位置

3）将变速杆前的“CHECK”按钮按下4s放开。

4）可由仪表板上的“CHECK”灯、LED灯和变速杆前的“CHECK”灯闪烁读取故障码。

每触发一次（4s），只读取一组故障码。

美国加州车型：由仪表板上的“CHECK”灯闪烁读取故障码。

美国联邦车型：由LED灯闪烁读取故障码。

正常码是以每0.25s的闪烁间隔闪烁。

故障码由4位数组成，每个数闪亮0.5s，间隔2.5s一组数闪完后，再触发4s，读取下一组故障码。

电脑中记忆的故障码全部输出后，以0000码或4444码结束。

0000码是以2.5s灯亮和2.5s灯熄的方式闪烁4次。

3. 故障码的清除

1）将点火开关置 OFF 位置。

2）将熔丝插入起动继电器上面的插孔内。

3）将点火开关置 ON 位置，等待 4s 之后，再拔下插入的熔丝，观察“CHECK”灯或 LED 灯闪烁“0000”结束码。

4）再插入熔丝，并等待 10s 以上，拔下熔丝即可清除故障码。

6.1.4　沃尔沃车系故障诊断座的位置与故障码的读取操作技术

1. 诊断座位置

A、B 诊断座位于发动机室左侧减振器支柱旁，如图 6-14 所示。OBDⅡ诊断座位于驾驶室仪表板左下方或驻车制动后的杂物箱处，如图 6-15 所示。

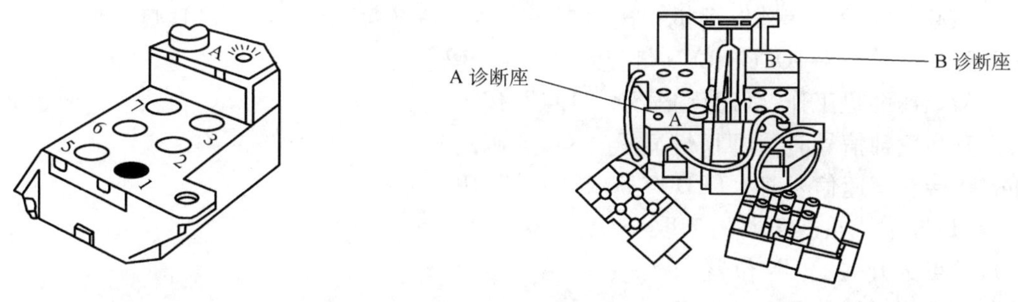

图 6-14　A、B 诊断座

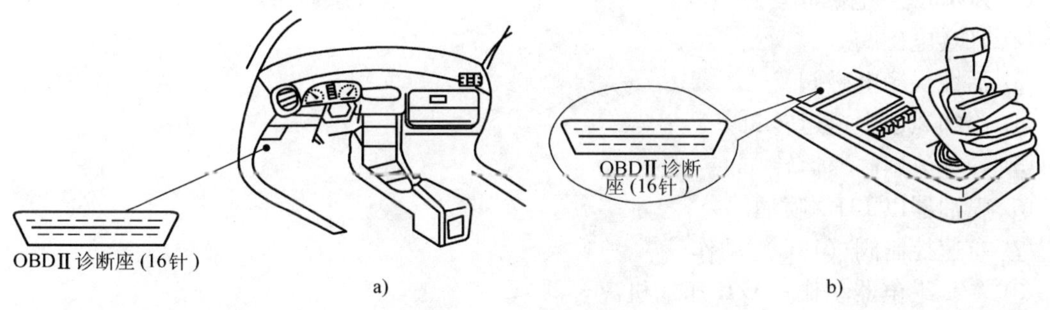

图 6-15　OBDⅡ诊断座

由 A、B 诊断座形式图和位置图可见，诊断座上除了端子外，还有检查按钮 A、选择插接线 B 和 LED 指示灯，以便读取故障码。

2. 故障码的读取

（1）诊断模式Ⅰ故障码的读取

1）将点火开关置 OFF 位置。

2）将选择插接线 B 插入端子 2。

3）将点火开关置 ON 位置。

4）按压检查按钮 A，约 1～3s 后释放。

5）由诊断座上的 LED 灯闪烁读取故障码。

6）每次只能读取一个故障码，要读取其他码须再按一次按钮，重复步骤4），直到第一个故障码出现为止。故障码由3位数组成，而每一位数只有1~4，只有新款960型，才有数字5。LED灯以0.5s的闪烁频率闪示数码，每位数之间停顿3s。

（2）诊断模式Ⅱ故障码的读取

1）将点火开关置OFF位置。

2）将选择插接线B插入端子2。

3）迅速按压检查按钮A两次（每次1s）。

4）LED灯快速闪烁。

5）检查节气门和变速杆位置。

① 节气门在怠速位置，LED灯显示“333”码。

② 节气门在全开位置，LED灯显示“332”码。

③ 变速杆在D位，LED灯显示“124”码。

6）顶起驱动轮，起动发动机，按两次检查按钮A（每次约1s），LED灯闪烁：

① A/C开关ON→OFF，LED灯显示“114”码。

② A/C压缩机工作，LED灯显示“134”码。

③ 有凸轮轴信号时，LED灯显示“342”码。

④ 挂档有车速信号时，LED灯显示“343”码。

（3）诊断模式Ⅲ故障码的读取

1）将点火开关置ON位置。

2）将选择插接线B插入端子2。

3）按压检查按钮A 3次（每次大约1s），下列受控装置依次工作：

① EGR真空电磁阀。

② TCC电磁阀。

③ 活性炭罐电磁阀。

④ 冷却风扇中速运转3s。

⑤ 冷却风扇高速运转3s。

⑥ 喷油器以13Hz喷油。

⑦ 怠速控制阀（IAC）动作。

⑧ A/C继电器动作—A/C压缩机离合器。

⑨ 转速表指示1250~1500r/min。

以上过程重复两次。

3. 故障码的清除

1）将点火开关置ON位置。

2）按压检查按钮A，5s后放开。

3）约3~4s后，LED灯亮。

4）再按压检查按钮A约5s以上，LED灯不允许再发光，即可清除故障码。

另外，拆下蓄电池负极电缆15s以上，也可清除故障码。

4. 诊断座各端子功能

A、B诊断座各端子功能如表6-6所示。

表 6-6　A、B 诊断座各端子功能

A 诊断座		B 诊断座	
端　子	功　能	端　子	功　能
1	变速器故障诊断	1	中央空调系统诊断
2	燃料系统故障诊断	2	恒速控制系统诊断
3	ABS 系统诊断	3	—
4	蓄电池电源	4	—
5	涡轮增压系统诊断	5	SRS 诊断
6	点火系统诊断	6	电动座椅诊断
7	仪表诊断	7	—

6.2　美国车系汽车故障诊断座的位置与故障码的读取操作技术

6.2.1　通用车系故障诊断座的位置与故障码的读取操作技术

1. 诊断座位置

12 针矩形诊断座位于驾驶室仪表板下方，16 针 OBDⅡ诊断座位于驾驶室仪表板左下角或仪表板下方，如图 6-16 所示。

2. 故障码的读取

（1）由诊断座读取故障码的读取程序

1）将点火开关置 ON 位置。

2）将各诊断座（简写 ALDL）的“诊断触发”端子搭铁。

3）由组合仪表上的“CHECK ENGINE”或“SERVICE ENGINE SOON”灯闪烁读取故障码。

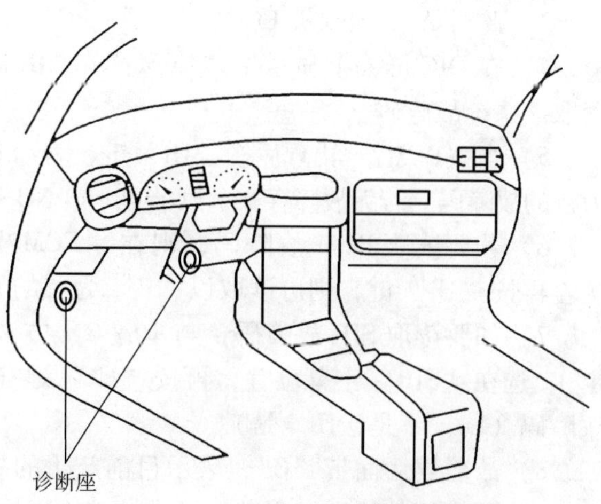

图 6-16　通用车系诊断座位置

（2）由空调（A/C）控制板读取故障码的读取程序　卡迪拉克（CADILLAC）、DEVILLE（都市）和 FLEETWOOD（费利特伍德）车系将发动机电脑（ECM）和车身电脑（BCM）的自诊断系统连接到空调（A/C）控制板（Electronic Climate Panel，ECP）和燃料资料板（FUEI DATA CENTERFDC，FDC）上，由 A/C 控制板上按键执行读取功能，发动机故障码、车身电脑故障码、开关测试码、发动机系统规格范围、车身电脑规格范围和发动机输出循环码等功能。

1）将点火开关和恒速控制开关均置ON位置。

2）同时按住“OFF”（断开）和“WARMER”（暖风）两键。

3）一直到A/C控制板上出现“-188”字样以及燃料资料板上显示“8.8.8”后，立即放开“OFF”和“WARMER”两键。

4）1s后，FDC板上显示以“E”为首的故障码，表示ECM所记忆的故障码，其后有两位数字的故障。

说明：

1）第一次出现的故障码，为电脑储存的记忆故障码，包含前50次起动行驶的故障以及目前仍然存在的故障。

2）第二次出现的故障码，表示发动机系统目前的故障。若以前无故障，只在目前有故障，则以“E.E”字母为首代表。

3）若发动机系统正常，则显示“7.0”字样。

4）如需读取BCM故障码，则在发动机系统故障显示完毕后，屏幕上自动循环显示以“F”为首的故障码，即表示BCM记忆的故障。

5）与发动机系统相同，第一次显示记忆故障码，第二次显示当前故障码，若只有当前故障码，则显示“F.F”字样。

（3）卡迪拉克（CADILLAC）ELDIOR（黄金国）和SEVILLE（赛维利亚）车系故障码的读取程序　卡迪拉克（CADILLAC）ELDIOR（黄金国）和SEVILLE（赛维利亚）车系将发动机电脑（ECM）、车身电脑（BCM）、安全气囊电脑（SIR）都连接到空调控制板（Electronic Climate Control Panel，ECCP）、旅行电脑（Diver Information Center，DIC）以及仪表板电路（Instrument Panel Cluster，IPC）上，构成自诊断系统网路，由DIC屏幕显示发动机系统、车身和安全气囊的故障码，以及执行输出和输入方式的测试。

1）将点火开关置ON位置。

2）同时按住“OFF”和“WARMER”两键。

3）此时A/C控制板ECC、DIC和IPC均会亮起来。

4）在DIC屏幕上显示出“ECM?”、“BCM?”和“SIR?”等字样，这是在询问是否要读取该系统故障码。

5）当“ECM?”出现后按“Hi”键，表示要读取发动机系统故障码，以后便显示以“E”为首的故障码。若无故障存在，则会显示“NO ECM CODES”字样（ECM没有故障码）。

6）若要读取BCM故障码，则在“ECM?”出现后按“Lo”键，屏幕显示“BCM?”，接着再按“Hi”键，则可读取以“B”为首的“BCM”故障码。

7）如要读取SIR故障码，与步骤6）方法相同，在“ECM?”出现后按“Lo”键（否定），选在“SIR”字幕位置，再按“Hi”键（肯定），即显示以“R”为首的“SIR”系统故障码（Lo=不是，Hi=是）。

8）故障码后面带“C”，表示目前产生的故障；带“H”表示以前已存在的故障。

9）要执行其他项目测试，可直接按DIC的“RESET/RECALL”（重新设定）键，则会跳出诊断模式，选择其他项目测试或诊断。

（4）BUICK（别克）与OIDSMOBILE（奥兹莫比尔）的自诊断系统故障码的读取程序

别克的REATTA、RIVIERA车系和奥兹莫比尔的TORONATO、TROFEO车系与卡迪拉

克 ELDORADO、SEVILLE 车系使用同一种自诊断系统，只是 DIC 和 A/C 控制板外形稍有差别，编码方向稍有出入而已，其诊断内容与操作方式仍然一样。

1）将点火开关置 ON 位置。

2）同时按住“OFF”和“WARWER”（暖风）两键约3s，屏幕灯亮起，表示进入自诊断系统。

3）接着屏幕显示诊断项目，询问是否要执行，按风扇上的“▲”（上）键和“▼”（下）键，选择诊断项目：

① ECM？ECM 故障码。

② BCM？BCM 故障码。

③ IPC？IPC 故障码。

④ SIR？SIR 故障码。

⑤ CLEAR CODES？是否清除故障码。

按“▲”键（是）显示故障码，按“▼”键（不是）进入下一个诊断功能。

3. 故障码的清除

（1）由诊断座读取故障码的清除

方法一：拆下蓄电池负极电缆15s 以上，即可清除。

方法二：

1）将点火开关置 ON 位置。

2）将诊断座“诊断触发”端子搭铁。

3）将点火开关置 OFF 位置。

4）从熔丝盒上拆下 ECM 熔丝（电脑保险）。

5）等待10s 以上，便可清除故障码。

（2）由空调（A/C）控制板读取故障码的清除

1）同时按住“OFF”和“Hi”（高速）两键，直到显示“E. 0. 0”后放开，按着显示“. 7. 0”字样。

2）将点火开关置 OFF 位置10s 以上，故障码自动清除。

3）BCM 故障码清除方法与上述相同，只是需按住“OFF”和“Lo”（低速）两键，显示“F. 0. 0”后放开。

（3）卡迪拉克（CADILLAC）ELDIOR（黄金国）和 SEVILLE（赛维利亚）车系故障码的清除

1）将点火开关置 ON 位置。

2）连续按“Lo”键，选出“CLEAR CODES?”字样，3s 后自动清除故障码。

（4）BUICK（别克）与 OIDSMOBILE（奥兹莫比尔）自诊断系统故障码的清除　选择“CLEAR CODES?”，便自动清除故障码。

6.2.2　福特车系故障诊断座的位置与故障码的读取操作技术

1. 诊断座位置

福特（FORD）轿车有美规、欧规和日规3 种，其诊断座的形式和调取方法有所差异。诊断座位置位于以下几个部位，如图6-17 所示。

1）发动机室左边或右边的叶子板侧。

2）发动机室左或右后角。

3）发动机室前壁左边或右边角。

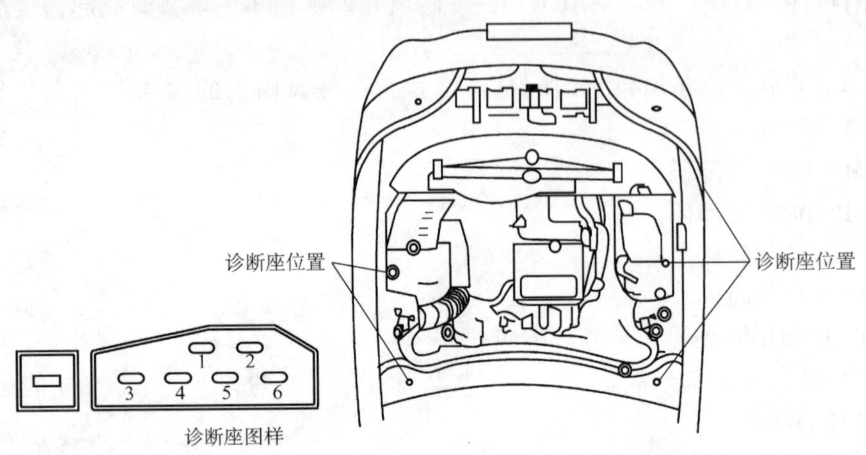

图6-17 福特（FORD）轿车诊断座位置

2. 故障码的读取

福特轿车共有3种读取故障码的方法：第一种方法是用福特公司生产的SUPER STAR Ⅱ（超级星Ⅱ）型检测仪；第二种方法是用驾驶室内仪表板上的"CHECK ENGINE"（发动机检查）灯；第三种方法是用模拟电压表读取。

（1）诊断模式 诊断模式分3种：O模式、R模式和C模式。

1）O模式（静态测试）：静态模式缩写成KOEO，KOEO模式是在发动机预热至工作温度熄火后，等待10s后接通点火开关，在不起动发动机的情况下读取的故障码，此时千万不要踩加速踏板，以免清除原先记忆的故障码。

2）R模式（动态测试）：动态模式缩写成KOER，为检测输入和输出系统目前工作状况是否正常，将发动机起动，并模拟发动机转速，以测试发动机目前存在的故障码。

3）C模式（摇晃测试码）针对特定连续期间记忆性故障，分静态与动态摇晃测试。

① 静态摇晃测试：参阅静态读取故障码方法，将指针式电压表连接于诊断接头STO与蓄电池间，将点火开关接通，但发动机不运转。利用STI接脚搭铁、拆开，再搭铁后摇晃可疑元件的线束，或振动、轻敲可疑元件，如果此时指针表摆动，则表示怀疑部分有故障。

② 动态摇晃测试：动态摇晃测试与静态摇晃测试相同，只是测试是在发动机运转时进行摇晃，即在发动机运转中将STI脚搭铁，拆下再搭铁后即进入摇晃测试。

（2）诊断波形图 它分静态模式波形图和动态模式波形图。

1）静态模式波形图。静态模式即O模式，又可写成KOEO，为key on Engine off的简称，将点火开关置ON位置，发动机不起动。读取KOEO静态码时，起动发动机，使之运转至工作温度后停机10s以上，按图示接好电压表，接通点火开关，其闪码程序为：快闪→短闪→KOEO起动码→6～9s停→间隔码→故障码。KOEO只能测得在自诊断期间的故障，不能读出过去曾经发生过的故障，但当所有KOEO码全部读出后，在正常码出现后闪出间隔

码的6~9s后开始闪动曾经发生过的C码。

2）动态模式波形图。动态模式又称R模式或KOER模式，即key on enginerunning的缩写，将点火开关置ON，发动机运转。读取KOER动态码时，必须将发动机起动，在发动机运转状态下使之转速升至2000r/min后，关闭点火开关，停机10s；再次起动发动机，测试动态码。故障码闪动情况是：识别码→停6~15s→动态起动码→快闪一下→动态故障码。

不论是2位数的故障码，还是3位数的故障码，数与数之间相隔0.5s，码与码之间相隔4s。

（3）美规车故障码的读取

1）接好测试电压表和跨接线。

2）接通点火开关，由电压表指针摆动读取故障码。

（4）日规车故障码的读取　福特1.6L和2.2L车系，采用马自达发动机控制系统MECS（MAZDA Engine control system）。也就是说，1.6L Tracer（全垒打）等车系采用MAZDA323发动机控制系统，2.2L probe（天王星）等车系采用马自达626发动机控制系统，1991年以后，福特1.8L和2.0L车系也采用马自达发动机控制系统。日规福特车自诊断工作，可使用仪表板上的“CHECK ENGINE”或电压表或专用仪器进行。使用电压表读取故障码：

1）接电压表和跨接线。

2）接通点火开关（置ON），电压表指针摆动，读取故障码。

由仪表板“CHECK ENGINE”灯读取故障码，按马自达汽车发动机故障码的读取与清除方法进行。

（5）欧规车故障码的读取

1）连接电压表和跨接线。

2）将点火开关置ON位置，由电压表指针摆动读取故障码。

3. 故障码的清除

（1）美规车故障码的清除　将点火开关置ON位置后，在要显示故障码前立刻拆除跨接线即可。

（2）日规车故障码的清除

1）将点火开关置OFF位置。

2）拆下蓄电池负极电缆，并踩制动踏板20s以上即可完成清除故障码。

（3）欧规车故障码的清除

1）将点火开关置ON位置。

2）电压表指在12V位置，在指针尚未摆动前，立刻拆除跨接线即可。

6.2.3　克莱斯勒车系故障诊断座的位置与故障码的读取操作技术

1. 诊断座位置

诊断座位置位于发动机室左侧中部减振器支柱旁或左上角，如图6-18所示。诊断座的形式如图6-19所示。

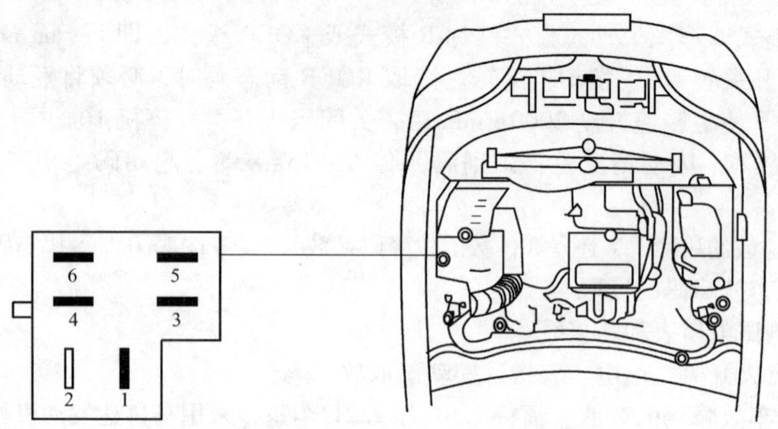

图 6-18　克莱斯勒车系故障诊断座的位置

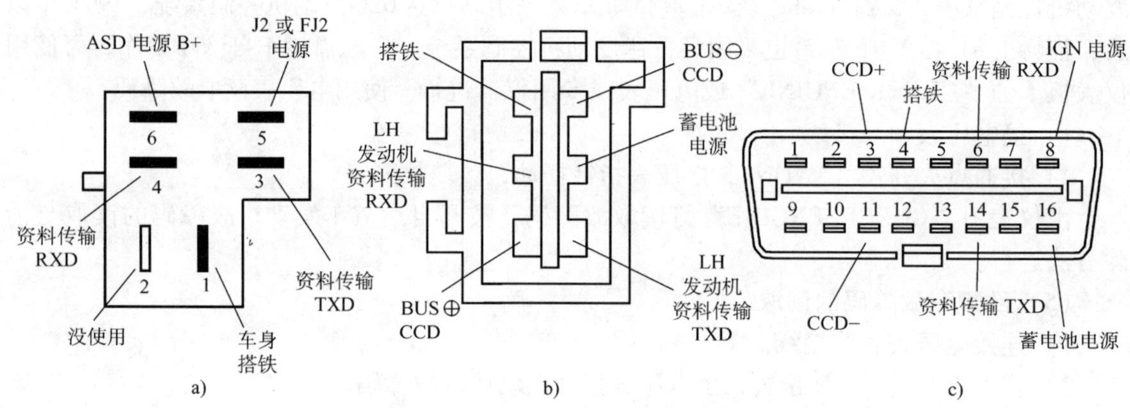

图 6-19　克莱斯勒车系故障诊断座的形式

a）SMEC 与 SBEC 诊断座　b）CCD 与 LH 诊断座　c）OBD-Ⅱ-DLC 诊断座

2. 故障码的读取

利用组合仪表上的“CHECK ENGINE”灯闪烁读取故障码。

1）起动发动机，将变速杆逐渐推入各档一或二次，最后置 P 位。

2）将 A/C 开关置 ON 位置后，再置 OFF 位置。

3）将点火开关置 OFF 位置，停车。

4）将点火开关置 ON→OFF→ON→OFF→ON 接通 3 次。

5）组合仪表上的“CHECK ENGINE”灯闪烁读取故障码，故障码为两位数。

6）有些后轮驱动的车，利用电脑上的 LED 灯读取故障码。

3. 故障码的清除

拆下蓄电池负极电缆 15s 以上，即可清除故障码。再装上负极电缆，会出现故障码 12—表示曾经拆过蓄电池，当发动机起动 50 次后，会自动清除。

4. 诊断座各端子功能

诊断座各端子功用见表 6-7。

表 6-7　诊断座各端子功用

SMEC 诊断座		CCD 与 LH 诊断座	
端子代号	功　用	端子代号	功　用
1	车身搭铁	1	LH 发动机 TXD 资料传输
2	—	2	蓄电池电源
3	TXD 资料传输	3	CCD 电源负极
4	RXD 资料传输	4	CCD 电源正极
5	J2 或 FJ2 电源	5	LH 发动机 RXD 资料传输
6	ASD 电源 B +	6	搭铁

6.3　亚洲车系汽车故障诊断座的位置与故障码的读取操作技术

6.3.1　丰田车系故障诊断座的位置与故障码的读取操作技术

1. 诊断座位置

丰田车系诊断座位置有两个地方：一个在发动机室内，为方形，共两种式样，如图6-20所示；一个在驾驶室驾驶人座仪表板左下侧，为圆形，如图 6-21 所示。丰田普瑞维亚车的诊断座位于驾驶人座椅底下。

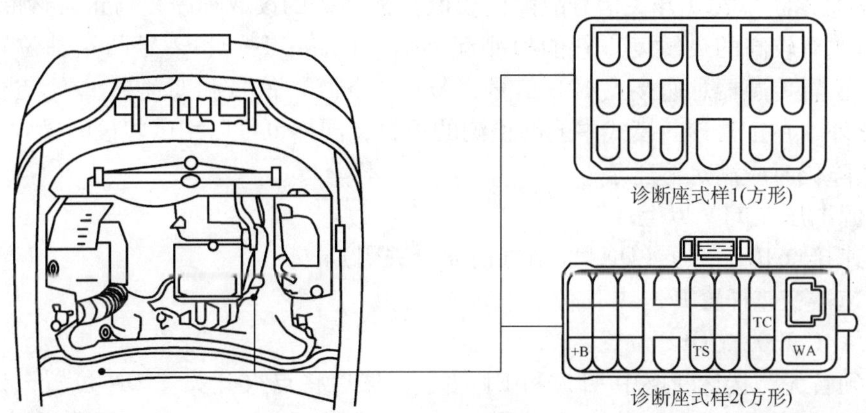

图 6-20　丰田车系方形诊断座的式样和位置

2. 故障码的读取

丰田车系发动机故障诊断模式有 4 种：正常诊断模式（发动机故障码读取）、试验诊断模式（开关信号故障码读取）、空燃比（A/F）修正模式（混合比浓稀）和氧传感器输出信号检测模式。

(1) 正常诊断模式（发动机故障码读取）故障码读取程序　当下述条件都具备时，故障码按顺序从最小码到最大码，由组合仪表上的“CHECK ENGINE”（检查发动机）灯闪烁次数读出。

故障码读取条件：

1）电源电压在11V以上。

2）节气门处于全关闭状态，怠速接点IDL接通（ON）。

3）变速器变速杆置空档位置（P或N位）。

4）切断全部用电设备。

5）跨接诊断座中端子TE1（T）与E1。

6）将点火开关置ON位置（接通），但发动机不起动。

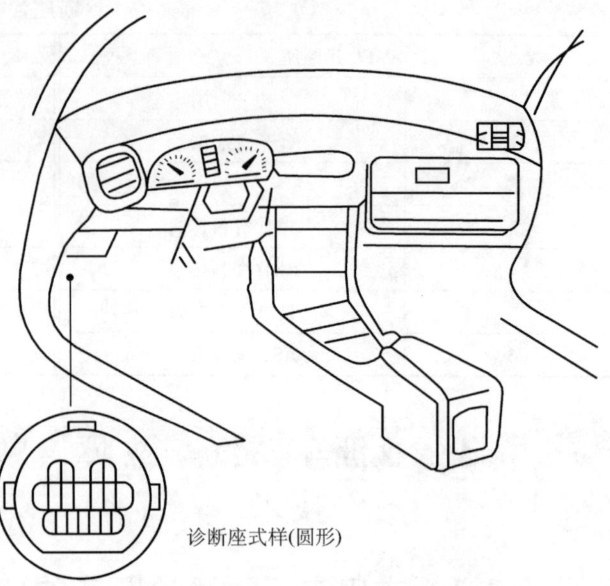

图6-21　丰田车系圆形诊断座的式样和位置

当上述条件都满足时，组合仪表上的“CHECK ENGINE”指示灯闪烁。如果没有故障，“CHECK ENGINE”指示灯将以每秒闪烁两次的频率连续闪烁。当有故障时，“CHECK ENGINE”指示灯闪烁频率发生变化，以0.5s的频率闪烁。闪烁的第一个数字是两位故障码的第一位数，间歇1.5s后，闪烁的第二个数为第二位数。如果有两个以上故障码，则每个故障码之间间歇2.5s。全部故障码显示完毕后间歇4.5s，再重复显示全部故障码。

（2）试验诊断模式（开关信号故障码读取）故障码的读取程序　与正常诊断模式相比，试验诊断模式有较高的灵敏度。它能检测起动信号电路、1号和2号凸轮轴位置传感器信号、节气门位置传感器怠速接点IDL信号、A/C（空调）信号和变速器P/N空档开关等开关信号。此外，在正常诊断模式中能够检测的项目，同样也可以用试验诊断模式检测出来。

读取故障码时应满足下述条件：

1）电源电压在11V以上。

2）怠速接点IDL接通（ON）（节气门完全关闭）。

3）变速器变速杆置P位或N位。

4）将A/C开关置OFF位置。

5）必须首先跨接诊断座中TE2和E1端子，然后将点火开关置ON位置，试验诊断模式开始诊断。如果组合仪表上的“CHECK ENGINE”指示灯以0.13s的间隔闪烁，证明试验诊断模式工作正常，试验诊断模式是在汽车运行状态下进行的，满足上述初始条件后可以路试。

试验步骤如下：

1）起动发动机，在正常温度下运转，“CHECK ENGINE”指示灯正常闪烁，如果不闪烁，检查端子TE2电路。

2）驾驶车辆在路上以10km/h车速行驶，此时端子TE2与E1仍然跨接，模拟驾驶人讲述的故障状态。

3）路试结束后，停车，跨接诊断座中端子TE1和E1，而TE2与E1仍然接通。此时，如果系统正常，组合仪表上的“CEHCK ENGINE”指示灯闪烁两次。如果有故障，则由

“CHECK ENGINE”指示灯读取故障码。

4）试验结束后，拆除 TE2、TE1 与 E1 的跨接线。

注意：如果将点火开关置 ON 位置后再连接端子 TE2 和 E1 或将点火开关置 ON 位置前先连接端子 TE1 和 E1，试验诊断模式将不能投入工作。拆除端子 TE2、TE1 与 E1 之间跨接线，然后再将端子 TE1 与 E1 跨接，此时“CHECK ENGINE”指示灯闪烁读取下列故障码：

① 17 和 18—凸轮轴位置传感器 G1 和 G2 信号没有送给 ECU，显示码 17 和 18 是正常的。

② 42—车速低于 5km/h 或 0km/h，正常。

③ 43—起动信号“STA”未送给 ECU（发动机未起动），显示码 43 是正常的。

④ 51—A/C 开关未置 OFF（即 ON）位置，AT 档位开关不在 P 或 N 位，节气门开关未全关（加速踏板被踩下），显示码 51 是正常的。

（3）空燃比（A/F）修正模式　空燃比（A/F）修正模式是检测混合比浓稀，也就是 CO 和 HC 浓度的检测。

检测步骤如下：

1）首先清除 ECU 中存储的故障码。

2）点火开关在 OFF 位置时，跨接诊断座中的端子 TE1 和 E1。

3）将电压表的正、负表笔或发光二极管试灯跨接在诊断座端子 VF（VF1）和 E1 之间。

4）起动发动机，在 2500r/min 转速下运转 2min，预热氧传感器。进行下面的观察：

① 观察 LED（发光二极管）试灯在 10s 内闪亮 8 次或电压表在 0 ~ 5V 摆动 8 次以上。此时表示空燃比（A/F）修正模式正常。

② LED 试灯一直亮或电压表指在 5V 处不动，则表示 A/F 修正模式过小，混合气过浓。

③ LED 灯不亮或电压表指示 0V，则表示 A/F 修正模式过大，混合气过稀。

（4）氧传感器输出信号检测模式　通过检测氧传感器输出信号来判断混合气浓稀，检测步骤如下：

1）将电压表的正、负表笔跨接在诊断座端子 OX（OX1）或 OX2 与 E1 之间。

2）起动发动机，预热达到正常温度。

3）在 3500r/min 下运转 2min 以上，观察电压表指示。

① 氧传感器输出电压应在 0.1 ~ 0.9V 变化。

② 若电压在 0.45V 以下，表示混合气过稀；若输出电压在 0.45 ~ 0.90V，则表示混合气过浓。0.45V 是标准值，此时混合比最佳。

3. 故障码的清除

故障排除之后，要清除 ECU 存储器中的故障码，清除步骤如下：

1）故障排除之后，先将点火开关置 OFF 位置后，再将熔断器盒内 EFI 熔断器拆下 30s 以上。

2）也可采用拆除蓄电池负极桩电缆的方法来清除 ECU 内储存的故障码，但这样做，会使时钟、收音机等的记忆系统也被清除。对于具有防盗音响系统，绝对不允许采用拆除蓄电池电缆的方法，否则会激活防盗系统。

3）试验诊断模式读取结束后，仍然需要清除 ECU 存储器中的故障码。清除方法与正常诊断模式故障码消除方法相同。

6.3.2　日产车系故障诊断座的位置与故障码的读取操作技术

1. 诊断座位置

NISSAN汽车公司电喷车诊断座位于熔断器盒下面和驾驶室内仪表板下，有的位于发动机室起动电动机旁。诊断座形式有3种：12针诊断座、14针诊断座和OBDⅡ诊断座。如图6-22所示。

2. 故障码的读取

（1）由ECU侧面LED灯读取故障码　NISSAN电喷车发动机故障码的读取比较复杂，由组合仪表上的“CHECK ENGINE”指示灯和ECU侧面上的LED灯读取。由ECU侧面上的LED灯读取故障码，必须先找到ECU位置。ECU侧面只有一个红色LED灯和一个可变电阻调节旋钮，配置一个12针诊断座。

故障码读取有以下4种方法：

方法一：ECU侧面只有一个红色LED灯和一个可变电阻调节旋钮，配置一个12针诊断座。

1）将点火开关置ON位置。

2）将可变电阻顺时针拧到底，2s后再逆时针拧到底。红色LED灯闪烁一个故障码。

3）重复步骤2)，又可读出另一个故障码。NISSAN电喷车发动机故障码用两位数表示。第一个数（十位）闪光时间持续0.6s，第二个数（个位）闪光时间持续0.3s，中间停顿2s。

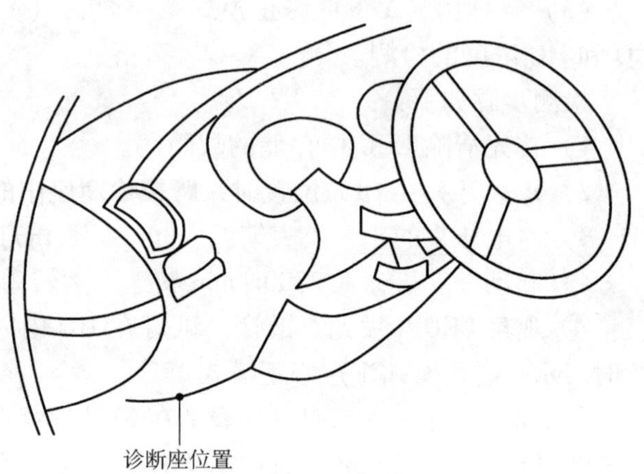

图6-22　日产车系诊断座的位置

方法二：ECU侧面只有一个红色LED灯和一个可变电阻调节旋钮，配置一个12针诊断座。

1）将点火开关置ON位置。

2）跨接12针诊断座端子4和5，2~3s后再移开跨接线，便可由ECU侧面的红色LED灯闪烁读取故障码，闪亮持续时间长的（0.6s）表示十位数，闪亮持续时间短的（0.3s）表示个位数，中间停顿2s。

3）重复步骤2)，便可读取另一个故障码。故障码先从数字小的闪烁读出，按顺序从小至大。

方法三：ECU侧面只有一个红色LED灯和一个可变电阻调节旋钮，配置14针诊断座。故障码读取的方法如下：

1）将点火开关置ON位置。

2）跨接14针诊断座端子6和7，2~3s后再移开跨接线，便可由ECU侧面的红色LED灯闪烁读取故障码，闪亮持续时间长的（0.6s）表示十位数，闪亮持续时间短的（0.3s）表示个位数，中间停顿2s。

3）重复步骤2)，便可读取另一个故障码。故障码先从数字小的闪烁读出，按顺序从小

至大。

方法四：ECU侧面有两个LED灯和一个“TEST”OFF-ON选择开关。故障码读取方法如下：

1）将点火开关置ON位置。

2）TEST选择开关打到ON位置。

由ECU侧面两个LED灯读取故障码，红色LED灯闪烁为十位数，绿色LED灯闪烁为个位数。

（2）由组合仪表上“CHECK ENGINE”指示灯读取故障码

1）将点火开关置ON位置。

2）将TEST开关打到ON位置。

由ECU侧面的LED灯闪烁读取故障码，红色LED灯闪烁为十位数，绿色LED灯闪烁为个位数。

3. 故障码的清除

1）ECU侧面只有一个红色LED灯和一个可变电阻调节旋钮，配置一个12针诊断座。故障码的清除：

①将点火开关置ON位置。

②将可变电阻顺时针拧到底（将12针诊断座端子4和5短接），15s后再逆时针拧到底（拆除诊断座端子4和5跨接线）。

③2s后再将点火开关置OFF位置，便可清除故障码。

2）ECU侧面只有一个红色LED灯和一个可变电阻调节旋钮，配置14针诊断座。故障码的清除：

①将点火开关置ON位置。

②将TEST旋转开关打到OFF位置。

③将点火开关置OFF位置，便可清除故障码。

3）由组合仪表上“CHECK ENGINE”指示灯读取故障码时的故障码清除：

①将TEST旋转开关打到OFF位置。

②将点火开关置OFF位置，故障码便被清除。

6.3.3　本田车系故障诊断座的位置与故障码的读取操作技术

1. 诊断座位置

本田（HONDA）汽车公司诊断座有两种形式：2针人工检测诊断座和3针自动检测诊断座，诊断座位于乘客座杂物箱下面、乘客座杂物箱右侧及门柱上或仪表板下方，如图6-23所示。

2. 故障码的读取

本田（HONDA）车系故障码的读取有两种方式：一种是由电脑上的LED（发光二极管）灯读取；另一种是由组合仪表上的“CHECK ENGINE”指示灯读取。

（1）由电脑上的LED灯读取故障码

1）由电脑上一个红色LED灯读取故障码。有一个红色LED灯的电脑位于杂物箱下面脚踏板上方，当系统故障已存储在电脑中，将点火开关置ON位置后，通过这个红色LED灯以闪烁方法读取故障码。每次只能读取一个故障码。

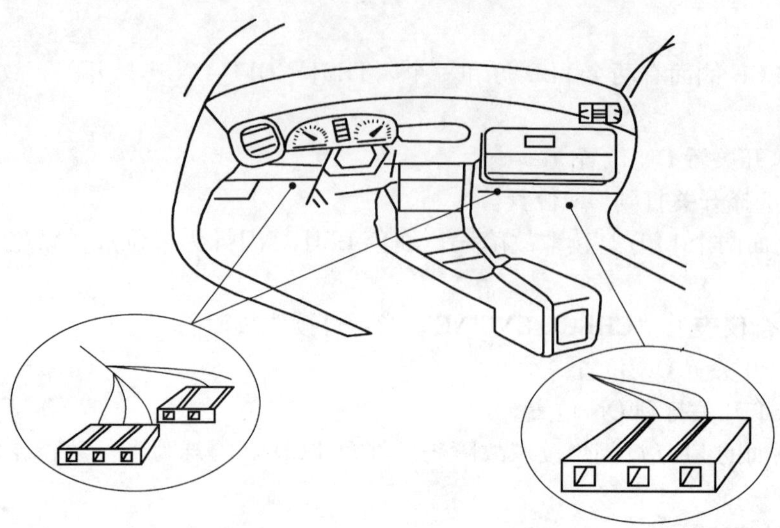
图6-23　本田车系诊断座的位置

2）由电脑上4个LED灯读取故障码，电脑上有4个LED灯，电脑位于驾驶人座椅下面。将点火开关置ON位置后，观察4个LED灯哪个亮，将亮的灯代表的数字相加之和，即为故障码。每次只能读取一个故障码。

（2）组合仪表上的“CHECK ENGINE”指示灯读取故障码

1）电脑及诊断座位置由组合仪表上的“CHECK ENGINE”指示灯读取故障码，电脑位于杂物箱右下方内侧，电脑上没有LED灯，但设有诊断座，位于杂物箱内右侧，必须拆下杂物箱才能找到诊断座，两针诊断座导线颜色：棕色带绿条/白色线，或者橘红带绿条/白色线。PRELUDE（序曲）车诊断座在发动机室侧防火墙真空控制盒旁，导线颜色：棕色带绿条/白色线。

2）故障码读取方法如下：

① 找出诊断座。

② 跨接诊断座两个端子。

③ 点火开关置ON位置，但不起动发动机。

④ 由组合仪表上的“CHECK ENGINE”指示灯闪烁读取故障码。

故障码1~9闪烁较快，故障码10闪烁时间较长，故障码12闪烁一长二短。

3. 故障码的清除

排除故障之后，必须清除电脑中存储的故障码。其方法是将点火开关置OFF位置，拆除BACK UP或CLOCK/RADIO或ACG熔丝，或者拆掉蓄电池负极电缆10s以上即可。但有防盗的音响系统不能采用这些方法，须使用专用仪器消除故障码。

☞ 6.3.4　现代车系故障诊断座的位置与故障码的读取操作技术

1. 诊断座位置

HYUNDAI电喷发动机诊断座位于仪表板下面熔断器盒旁，如图6-24所示。

2. 故障码的读取

1）将点火开关置OFF位置。

图 6-24　现代车系诊断座的位置及形式

2）将 LED 灯或电压表跨接在诊断座端子 1 和端子 12 上。

3）将点火开关置 ON 位置，但不起动发动机。

4）由 LED 灯闪烁、电压表摆动或组合仪表（模式Ⅱ诊断座端子 10 搭铁 2.5～4s 后移开）上“CHECK ENGINE”指示灯闪烁读取故障码。

3. 故障码的清除

拆下蓄电池负极电缆 15s 以上，再装上负极电缆即可清除故障码。

6.3.5　三菱车系故障诊断座的位置与故障码的读取操作技术

1. 诊断座位置

诊断座位置：MITSUBISHI 诊断座在仪表板下面、熔丝盒下面、工具箱上方及发动机室内前照灯旁，如图 6-25 所示。

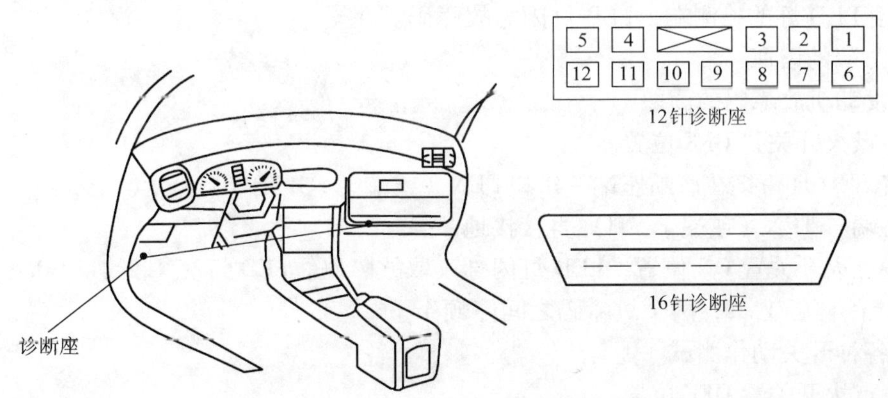

图 6-25　三菱车系诊断座的位置及形式

2. 故障码的读取

MITSUBISHI 电喷车当电控系统出现故障时，组合仪表上的“CHECK ENGINE”指示灯点亮，警告驾驶人电控系统出现故障。故障码的读取有两种模式：一种是使用 0～15V 直流电压表或LED灯读取；另一种是利用点火开关和“CHECK ENGINE”指示灯读取。

(1) 使用直流电压表或LED灯读取故障码

1）将点火开关置OFF位置。

2）将直流电压表正表笔接在诊断座右上角（12针）或左上角（9针），负表笔接在左下角（12针）或右下角（9针）。

3）将点火开关置ON位置，由电压表指针摆动或LED灯闪烁读取故障码。故障码为两位数，十位数闪亮1.5s，间隔0.5s，个位数闪亮和间隔0.5s，十位数与个位数之间停顿2s，两个故障码之间停顿3s。正常码闪烁时间为0.5s。

(2) 利用点火开关和“CHECK ENGINE”指示灯读取故障码　可利用点火开关ON-OFF-ON-OFF-ON后，由组合仪表上“CHECK ENGINE”指示灯读取故障码。

3. 故障码的清除

1）将点火开关置OFF位置。

2）拆下蓄电池负极电缆15s以上，即可清除故障码。

3）装回蓄电池负极电缆，再次读取故障码，确认故障已被清除。如故障排除，以正常码形式输出。

6.3.6　马自达车系故障诊断座的位置与故障码的读取操作技术

1. 诊断座位置

马自达车系诊断座位置及形式如图6-26所示。诊断座有3种形式：美规、日规和1992年以后全部改为（17+8）针式。将LED灯跨接在诊断座相应端子上，可进行发动机系统故障诊断、氧传感器工作测试、开关动作状态测试、自动变速器故障诊断以及防抱死制动系统、恒速控制系统、安全气囊系统故障诊断及继电器测试等。测试用LED（发光二极管）灯与330Ω电阻串联。

在（17+8）针诊断座中，以“T”字母开头的端子搭铁触发系统故障码。以“F”开头的端子接LED灯的检测端，LED灯闪烁故障码。

2. 故障码的读取

(1) 发动机故障码的读取

1）将点火开关置OFF位置。

2）将LED灯跨接在诊断座端+B和FEN（或端子+B或STO）上。

3）将端子TEN（或端子STI）直接接地。

4）将点火开关置ON位置，LED灯闪烁读取故障码。LED灯亮1.2s，灭0.4s，十位数与个位数之间停顿1.6s，两个故障码之间停顿4s。

(2) 各种开关动作测试

1）将点火开关置OFF位置。

2）将LED灯跨接在诊断座端子+B和MEN之间（或端子+B和SW之间），将端子TEN（或STI）搭铁。

3）将点火开关置ON位置，检测开关动作是否正常。

注意：当开关动作时，LED灯有亮、灭变化，说明控制电路和ECU接收到开关信号。

如果LED灯无亮、灭变化，说明控制电路或ECU有故障，应修复。

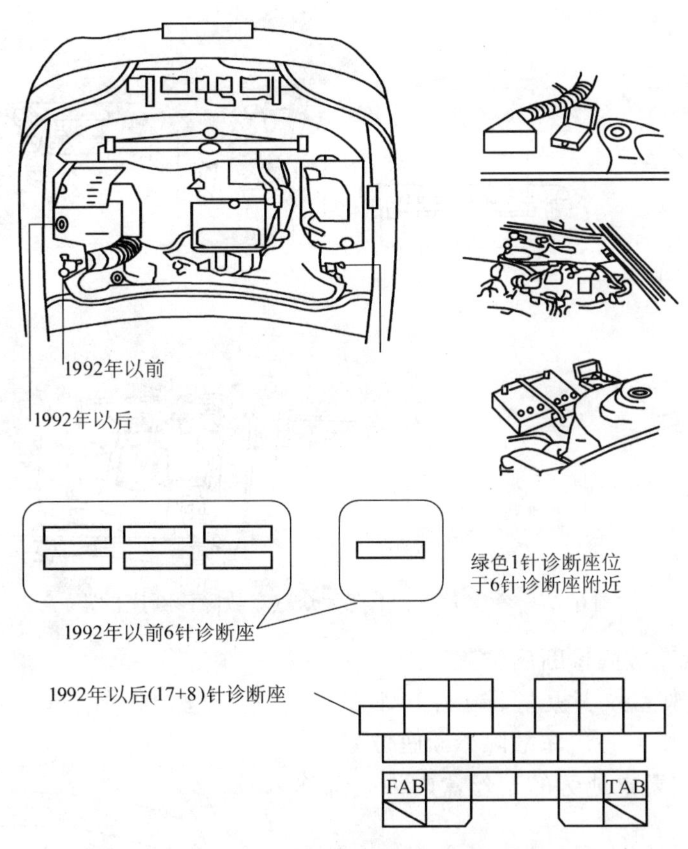

图6-26　马自达车系诊断座的形式及位置

（3）氧传感器修正信号测试

1）将LED灯跨接在诊断座+B和MEN端子（或+B和SW/O_2端子）上。

2）起动发动机，暖机达正常工作温度。

3）使发动机加速到1500r/min，观察LED灯，在10s内闪烁8次以上，表示氧传感器工作正常，供油修正信号正常，否则氧传感器供油修正信号不正常，应排除故障。

3. 故障码的清除

1）将点火开关置OFF位置。

2）拆下蓄电池负极电缆。

3）踩下制动踏板20s以上，再装回蓄电池负极电缆，即可清除故障码。

6.3.7　国产车系故障诊断座位置

1. 一汽大众、上海大众汽车故障诊断座位置

1）在转向盘下方为16针诊断座。

2）在变速杆防尘罩的下方，取下防尘罩可见16针诊断座。

3）在乘客座杂物箱下方为16针诊断座。

4）在发动机室左上角的熔丝盒内，打开熔丝盒可看到黑白色插座的2针诊断座，如图6-27所示。

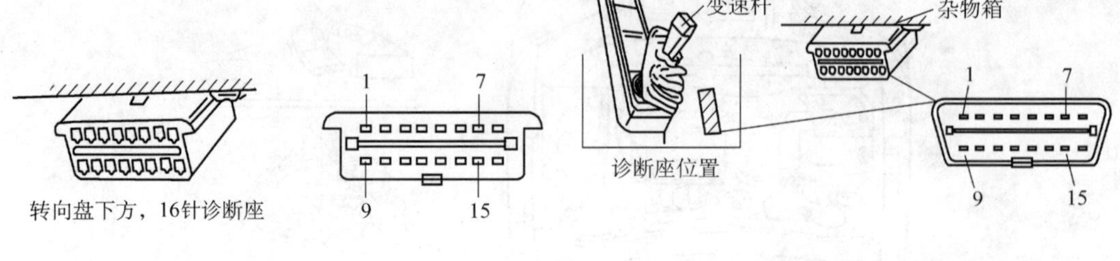

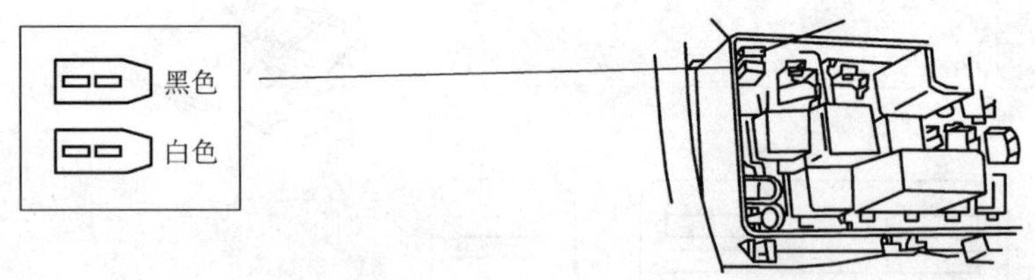

图6-27　一汽大众、上海大众汽车故障诊断座位置

2. 一汽红旗汽车故障诊断座位置

诊断座位于驾驶室仪表板左下方为14针或16针诊断座，如图6-28所示。

3. 神龙富康、爱丽舍汽车故障诊断座位置

1）发动机室内蓄电池旁的熔丝盒内为2针诊断座。

2）驾驶室仪表板左下方或乘客座杂物箱下方为OBDⅡ16针诊断座，如图6-29所示。

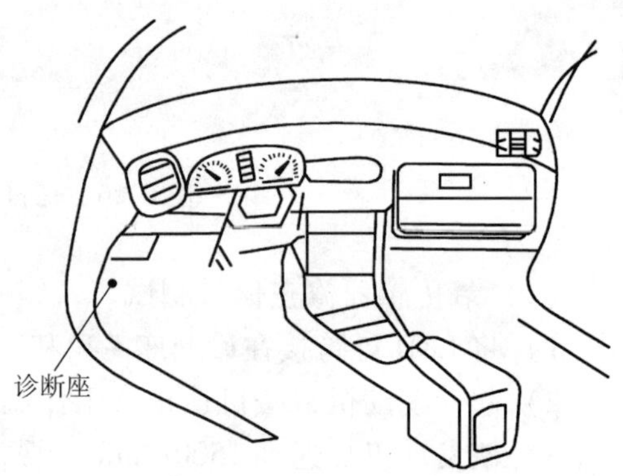

图6-28　一汽红旗汽车故障诊断座位置

4. 海南马自达汽车故障诊断座位置

1）海南马自达PREMACY车型诊断座（17+8）位于发动机室左后角蓄电池附近。

2）海南马自达6470L车型诊断座位于发动机室右前侧，为3芯诊断座。

3）海南马自达CA7130车型诊断座位于发动机室左后侧。

如图6-30所示。

5. 天津夏利汽车故障诊断座位置

天津夏利轿车采用的电喷发动机为多点燃油喷射，D型（速度-密度型）通过进气歧管真空度（歧管绝对压力）传感器和发动机转速传感器来检测进气量。夏利轿车电控系统比较简单，功能较少，自诊断系统设有一个诊断座，再通过驾驶室组合仪表上故障指示灯（LED灯）来读取故障码。安装于发动机罩盖下前围板的左侧为24针诊断座，另一个在驾驶室仪表板左下方为OBDⅡ16针诊断座。如图6-31所示。

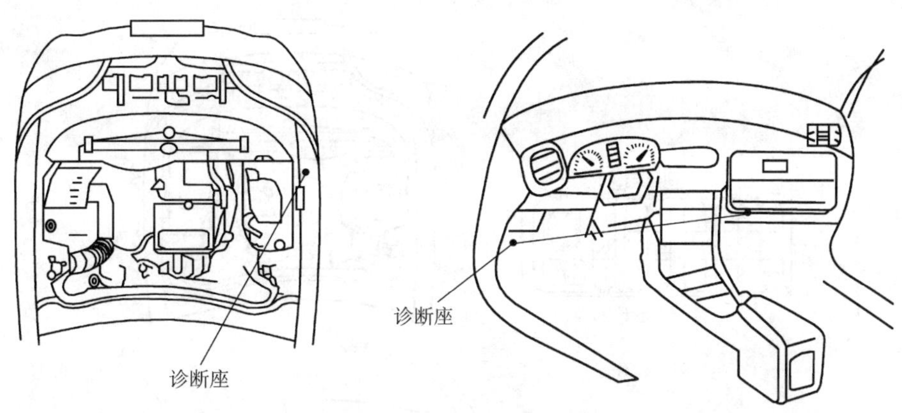

图 6-29　神龙富康、爱丽舍汽车故障诊断座位置

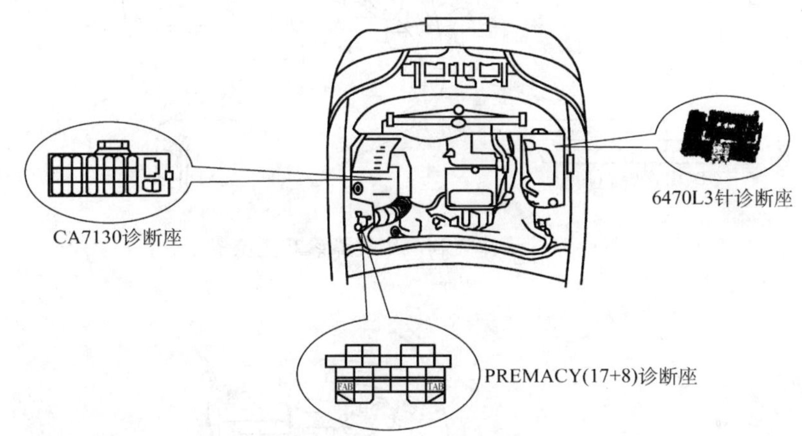

图 6-30　海南马自达汽车故障诊断座位置

(1) 故障码的读取

1) 将点火开关置 ON 位置。

2) 用诊断线跨接诊断座端子 T 与接地点。

3) 由组合仪表上 "LED" 灯读取故障码：LED 灯先亮 5s，然后便输出故障码。码与码之间间歇 2.5s。

4) 全部故障码显示完后，间歇 4s 后会重复显示。

(2) 故障码的清除　在发动机罩盖下左前减振弹簧附近有一个继电器盒，盒内有两个熔断丝插片：一个为 15A 的发动机熔断丝片；另一个为后备电源（Backup）熔断丝片。故障码的清除步骤如下：

1) 将点火开关置 OFF 位置。

2) 拔下后备电源（Backup）熔断丝片，约 15min 后 ECU 内存的故障码便会自动清除。

6. 长安铃木汽车故障诊断座位置

1) 位于驾驶室仪表板左下方为 OBD Ⅱ 16 针诊断座。

2) 位于驾驶室仪表板左下方为白色 3 针诊断座，如图 6-32 所示。

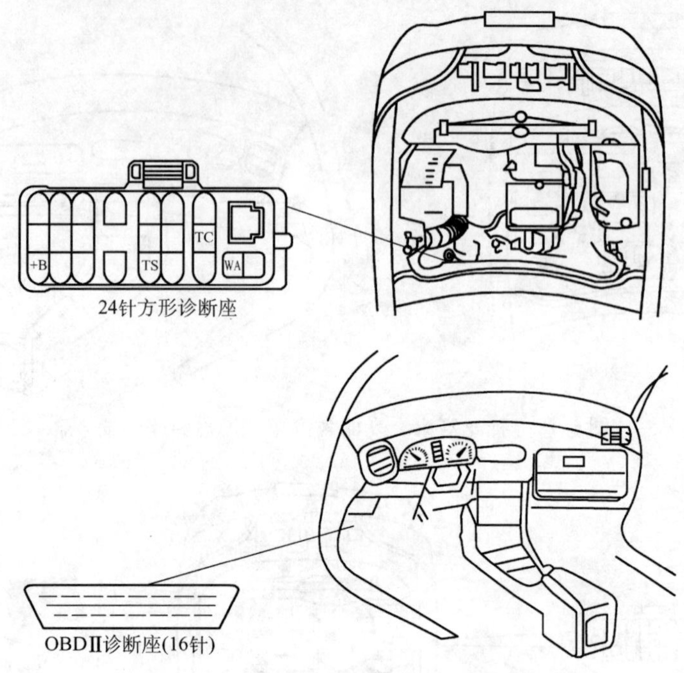

图6-31　天津夏利汽车故障诊断座位置

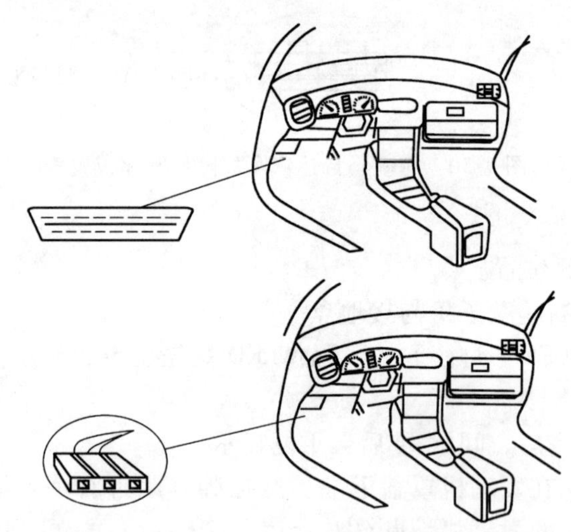

图6-32　长安铃木汽车故障诊断座位置

7. 奇瑞汽车故障诊断座位置

1）位于发动机罩盖下前围板的左侧线束旁的保护套内为3针诊断座。

2）位于驾驶室仪表板左下方为OBDⅡ16针诊断座，如图6-33所示。

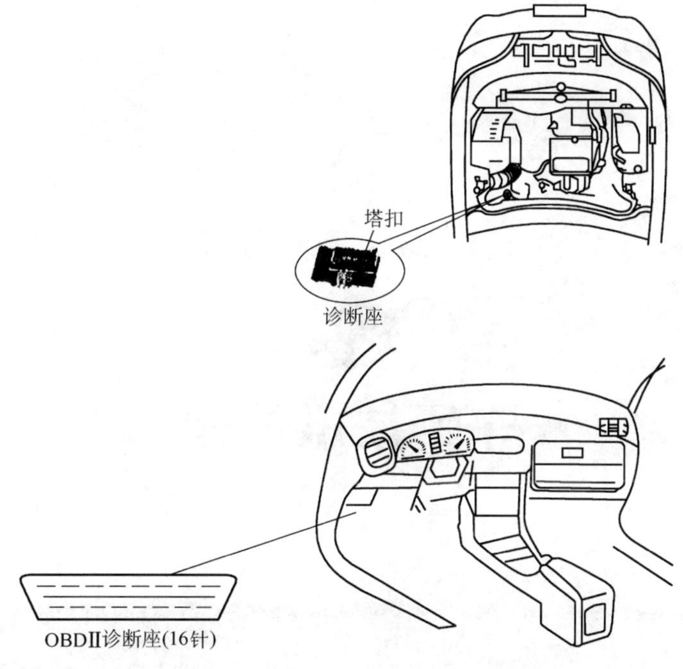

图 6-33　奇瑞汽车故障诊断座位置

练习与思考题

1. 奔驰汽车的故障诊断座一般位于汽车的什么位置?
2. 宝马汽车的故障诊断座一般位于汽车的什么位置?
3. 富豪汽车的故障诊断座一般位于汽车的什么位置?
4. 简述通用汽车故障码的读取方法。
5. 简述丰田汽车故障码的读取方法。
6. 简述福特汽车故障码的读取方法。
7. 简述富豪汽车故障码的读取方法。
8. 简述克莱斯勒汽车故障码的读取方法。

第7章 车辆技术管理

基本思路：

车辆技术管理的重点就是“理”，即理清、理顺和整理。只有在理清、理顺的基础上整理一套行之有效的管理制度和措施，才能真正做到管理出效益。所以对本章的学习和研究重点在于对车辆技术管理项目的概念及内容掌握。只有全面了解各管理项目的概念及内容，才能做到管理有条不紊，忙而不乱，事半功倍。

7.1 汽车使用寿命

汽车从开始使用到不能使用时的整个时期，称为汽车的使用寿命。汽车使用寿命可以用累计使用年数或累计行驶里程数表示。研究和掌握汽车使用寿命，可以提高车辆的经济效益。

7.1.1 汽车使用寿命概述

工业发达国家汽车的平均使用寿命一般为7～12年。在汽车生产率不高的情况下，我国交通系统曾经实行汽车折旧制度。在汽车达到折旧期后，需要经过技术鉴定，才允许车辆报废。由于折旧率过低，老旧车辆的燃油费用、维修时间和周期都上升，使企业的经济效益下降。从1991年来，我国汽车的报废标准不断地随着社会进步而改变，而且越来越科学。汽车报废条件见表7-1。

汽车运输企业适时更新车辆可以获得明显的经济效益，但是更新车辆时一般要考虑如下问题：

1）更新周期确定。汽车更新的原则是提高经济效益，汽车运输企业一般参考车辆运输道路情况、运输货物特点等因素，通过经济分析和比较，对汽车的自然寿命和经济寿命进行

分析计算，以确定汽车的最佳更新周期。

表 7-1　汽车报废条件

规定年限	报 废 条 件
1991 年	1. 累积行驶 70×10^4km 2. 使用年限 14 年 3. 虽未超过年限，但是经过两次大修后，技术状况下降，失去使用价值达到以上任一条件，即报废
1992 年	汽车累积年限应在 12 ~ 14 年报废
1997 年	1. 汽车报废里程为 $30\times10^4\sim50\times10^4$km 2. 汽车报废年限改为 8 ~ 10 年 3. 经修理和调整后仍达不到国家标准 GB 7258—2004/XG 3—2008《机动车运行安全技术条件》要求，应予以报废 达到以上任一条件，即报废。但是已到报废行驶里程和使用年限，而技术条件尚好的一些车辆，经严格检验，性能符合国家有关规定的可以延缓报废，但是不得超过报废的年限一半（4 ~ 5 年）
2000 年	非营运载客汽车和旅游载客汽车的使用年限及办理延缓的报废标准调整为：9 座（含 9 座）以下非营运载客汽车（包括轿车、含越野车）使用 15 年；旅游载客汽车和 9 座以上非营运载客汽车使用 10 年，旅游载客汽车和 9 座以上非营运载客汽车可延长使用年限最长不超过 10 年
2005 年	小、微型非营运载客汽车和专项作业车无使用年限限制，但必须经检测达到国家安全和环保标准

2）更新资金。应通过适当提高折旧率，并将积累的折旧费作为更新资金。

3）更新车辆车型选择。在更新车辆时，应根据最佳经济原则，选择使用车型。选择车型千万不能盲目，否则可能给企业带来弊端。例如，A 市的一家小汽车出租公司，将一批到达更新周期的捷达轿车更新为奔驰轿车。由于未考虑到奔驰轿车在市区行驶时油耗非常大，结果导致承包出租车的驾驶人无盈利空间。

7.1.2　汽车经济使用寿命

1. 汽车使用寿命的类型

考虑汽车能否使用，不单要看汽车的技术状况，还要看汽车使用的经济性。当汽车使用的经济性下降到一定时，即使汽车的技术状况还没有到更新周期，那么车辆也是需要更新的。汽车使用寿命分为：物理寿命、技术使用寿命、经济使用寿命、折旧寿命等。

（1）汽车物理寿命　汽车物理寿命是指汽车从全新状态投入生产开始，直到技术上不能按原有用途继续使用为止的期限。汽车到达物理寿命后零件磨损变小，配合间隙变大，发动机动力下降，燃油及润滑油消耗变大。

汽车物理寿命有时可以通过恢复性修理延长。相同汽车的物理寿命可能不同，因为汽车物理寿命不单由汽车制造质量决定，还受到驾驶操作技术、使用条件等因素影响。因此为了提高汽车物理寿命，驾驶人应该提高驾驶水平，做好车辆的维护及维修工作。

（2）汽车技术使用寿命　现在的汽车技术发展非常快，这就使得原有汽车丧失其使用价值。这种使用价值的丧失是无法用修理的手段来恢复的。汽车技术使用寿命就是指汽车从全新状态投入生产后，由于新技术的出现，汽车丧失使用价值所经历的时间。例如：汽车电控发动机技术的出现和推广，使其环保性能大大优于化油器式发动机，使得化油器式发动机汽车的汽车技术使用寿命大大缩短。

（3）**汽车经济使用寿命**　据资料表明，在一辆汽车的整个使用期内，制造费用约占其使用期内总费用的15%，使用、维修费用约占总费用的85%。所以使用汽车时一定要考虑到使用及维修时的费用。车辆年平均总费用是车辆在使用年限内，年平均折旧费用与该汽车发生的经营费用之和。汽车使用时间越长，每年分摊的折旧费越少；但随着使用年限的增加，汽车有形磨损增加，汽车技术性能逐渐下降，使汽车的燃油消耗及润滑油消耗上升，轮胎寿命缩短，维修费用与维修时间增加。延长使用年限使折旧费用下降，但有时被经营费用的增加逐渐抵消。例如，一台价值8万元左右的出租车，日行驶里程约500km，当每百公里燃油消耗率上升1L，1年的经营费用将上升1万余元。这里还没有计算车辆的维修费用及维修时造成的间接损失。

汽车经济使用寿命是指汽车从全新状态投入生产开始，到年平均总费用最低的使用年限。如图7-1所示，决定年平均总费用最低的横坐标上标示的年限，就是汽车的经济使用寿命。超过这个年限，汽车在技术上仍可继续使用，但年平均总费用上升，在经济上不宜继续使用。汽车经济使用寿命是汽车经济效益最佳时机。汽车驾驶人在更新车辆时应以经济使用寿命为依据。

汽车经济使用寿命可以用以下公式来计算：

$$T_o = \sqrt{\frac{2K_o}{\lambda}}$$

式中，T_o为汽车经济使用寿命；K_o为汽车购置费用；λ为汽车经营费用的逐年增长值。

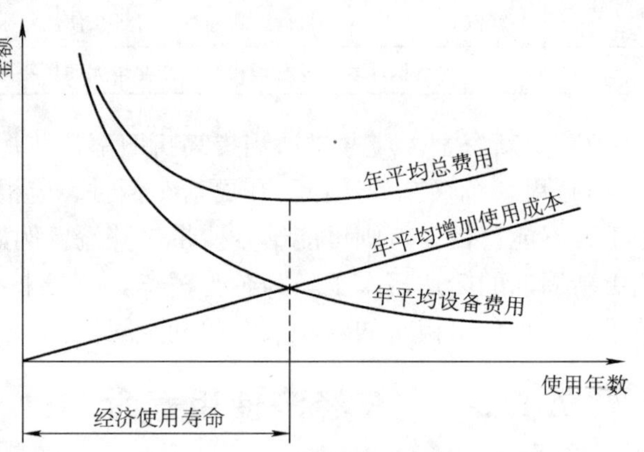

图7-1　汽车年平均总费用曲线

（4）**汽车折旧寿命**　汽车折旧寿命一般介于技术使用寿命或经济使用寿命与物理寿命之间。它是指按国家规定或企业规定的折旧率，把汽车总值扣除残值后的余额，折旧到接近于零所经历的时间或里程。

2. 汽车经济使用寿命的指标

人们研究汽车的使用寿命主要是研究汽车的经济使用寿命。影响现代汽车的经济使用寿命的长短很重要的一点就是车辆投入使用出现故障以后，为了恢复车辆性能的维修费用。汽车经济使用寿命的指标有：年限、行驶里程、使用年限和大修次数。其特点见表7-2。

表7-2　各种汽车经济使用寿命指标含义及优缺点

指标类型	含　义	优　缺　点
年限	汽车从开始投入运行到报废的年数	优点是不仅考虑到车辆的运行时间，还考虑到车辆停驶期间的自然损耗问题 缺点是不能真实地反映汽车的使用强度和使用条件，造成同年限的车辆之间差异很大
行驶里程	汽车开始投入运行到报废期间总的累计行驶里程数	优点是能真实地反映汽车的实际使用强度 缺点是不能反映运行条件和停驶期间的自然损耗

（续）

指标类型	含 义	优 缺 点
使用年限	汽车总的行驶里程与年平均行驶里程[①]之比所得的年限	优点是既能反映车辆的使用情况、使用强度，又包括了运行条件和某些停驶时间较长的车辆的自然损耗 缺点是对社会零散车辆，由于管理水平、使用水平、维修水平一般比较低，要对专业运输企业车辆的使用寿命做适当调整
大修次数	从新车到汽车报废之前的次数	优点是考虑到了动力性和经济性 缺点是需权衡买新车的费用加旧车未折完的损失和大修费用加经营费用的损失

① 年平均行驶里程是用统计方法确定的，我国城市和市郊运输车辆年平均行驶里程一般为 4 万 km 左右，长途载货车为 5 万 km 左右。

7.1.3 汽车的更新和选配

汽车报废源于汽车的磨损。汽车的磨损是一种综合性磨损，它包括有形磨损和无形磨损。

汽车的有形磨损有两种类型：一种主要是机件配合副的机械磨损、零件的疲劳损坏等，这类磨损主要发生在汽车的使用过程中；另一种磨损发生在汽车闲置过程中，例如：长期不用而生锈，日晒、雨淋使车身漆面及轮胎等橡胶件的老化。有形磨损严重时会使车辆不能正常运行。汽车的无形磨损也有两种类型：一种是相同结构车辆再生产成本的降低，使现有车辆价值的贬值，例如：本田雅阁轿车早期设计时花费较大，本田公司为了检验该车质量，专门修了一条公路，所以本田雅阁在广州开始时的售价达到 42 万元，而现在生产的雅阁车的售价在 22 万元左右；另一种无形磨损是新车型的出现使原有车型显得技术性能落后，如果继续使用原有车辆，相对而言就会降低运输生产的经济效果。无形磨损不会影响车辆的正常运行。

汽车磨损后就需要更新，更新时需要考虑到汽车选配相关的问题。个人选配车辆时，多以感性为主。企业选用车辆要考虑车辆的各种性能，多以理性为主，否则可能会发生车与客（货）不相适应，或者“大车小用”等情况，使车辆出现运行消耗增加，或机件损坏增加的情况。

汽车选配时一般采用“择优选购，合理配置”的原则。择优选购是根据运输生产需要和运行条件，按照对车辆的适应性、可靠性、动力性、经济性、维修和供应配件的方便性以及产品质量的优劣等因素，进行择优购置车辆；合理配置是指运输单位根据其所承担运输任务的性质、运量、运距、道路等条件，合理选配不同结构、大小的车辆。使用“择优选购，合理配置”的原则选配车辆可以充分发挥车辆的利用率，满足运输市场的需要，使企业尽可能少投入多产出，达到综合经济效益好的目的。

选配汽车时要注意的事项：

1. 汽车的用途

选配汽车时要对汽车的用途非常了解。汽车的用途，主要分为人员运输和货物运输，另外还有一些“皮卡车”，既能满足少量的人员运输，又可以满足少量的货物运输。人员运输的汽车主要有客车、轿车、越野车等。其中客车根据运输人员的数量不同，又可以分为微型客车、小型客车、中型客车及大型客车等。不同汽车生产厂家对于不同轿车的定位也是不同，如定位为家庭乘用车、政府机关公务车、国营及集体企业和事业单位及各种业务用车等。载货车根据其基本用途分为普通货运汽车、自卸车、牵引车等。对于特殊的货物，生产厂家也可以根据客户要求设计生产出不同功能和结构的各种专用汽车。

2. 汽车的价值

从汽车使用周期角度来看，汽车价值分析是汽车技术管理的一个重要内容。对于使用汽车来说，研究汽车的价值主要是研究汽车的购置费用和使用费用。

汽车的价值与车辆的功能成正比，与寿命周期费用成反比。所以，提高汽车的价值途径为降低寿命周期费用和提高汽车的功能。注意：提高汽车的功能是指要努力找到对客户来讲是必要的功能，如前照灯延时功能，但是一切多余的功能都是应消除或适当减少，以免增加客户的负担。

购买新车时，应根据运输任务的性质和要求。现在汽车的类型多种多样，可能仅根据运输任务的选择就有多个品牌，这时要考虑汽车购置费的高低、汽车的使用年限、使用费用和货币的时间价值等因素。

3. 基本性能

（1）**动力性**　汽车的动力性用最高车速、最大上坡度和加速能力来衡定。我国高速公路上的最高车速规定为120km/h，所以在选择车辆时不能过分地追求最高车速，但是也并不是说高于120km/h的车速就是没有用的，因为一般最高车速大，在一定的环境下经济车速也越大。

汽车的加速能力就是克服汽车惯性阻力的能力，一般表现在汽车原地起步加速时间的长短和超车加速时间的长短。汽车原地起步加速时间一般是指汽车从0km/h加速至100km/h所用的时间。选车考虑汽车的加速能力时，要兼顾道路情况。当道路交通事业还不发达时，过高的车速和过大的加速能力基本不能正常发挥，而且增加发动机的使用费用。

最大上坡度指汽车满载行驶在良好路面上一档的最大爬坡度。载货车在山区行驶时，尤其要考虑汽车最大爬坡度的大小。

（2）**燃油经济性**　燃油经济性是指单位燃油消耗量完成运输工作量的能力。燃油经济性可用在一定条件下行驶单位里程的燃料消耗量来表示，一般用行驶100km的油耗来表示。提高燃油经济性，可降低运输成本。

考虑燃油经济性能时不要忽视了汽车添加燃油是否便利，例如：有些汽车虽然使用天然气比较经济，但是当地的加气站并不多，每次添加天然气都需要行驶较远的距离和花费较多的时间，显然这是不经济的。

（3）**可靠性**　车辆的可靠性一般用其发生故障的平均里程和频率来评价，它是指汽车在规定的条件下和在规定的时间内完成固定功能的能力。具体衡量汽车可靠性能的指标有：汽车每行驶1000km由于技术故障而进行修理的次数；汽车每行驶1000km由于技术故障而造成停歇待修的时间；汽车的总成、部件（组合件）和零件在规定使用期限内的损坏和损伤情况。

（4）**安全性**　安全性主要体现为：汽车的制动性、汽车操纵的平稳及可靠性、汽车各部位的防撞性及内部安全防护设施的配置。例如，在GB 7258—2012《机动车运行安全技术条件》中，对机动车安全防护方面以下作了规定：汽车安全带、车外后视镜和前下视镜、前风窗玻璃刮水器、安全出口、安全门、安全窗、标志、燃料系统的安全保护、气体燃料专

用装置的安全防护等。

选配车辆时，除考虑以上情况外，还要考虑车辆能否适应当地道路的运输情况；车辆维护和维修要方便性好，零配件供应便利以及管理汽车的水平。例如，有些进口汽车，由于批量少，其零配件的供应也不充分，质量、价格的差异也很大。还有些车辆寿命周期短，有些不能互换的零件也是很难买到。

7.2　汽车使用与管理

加强车辆的管理工作，采取科学的管理制度和管理手段，是汽车运输取得良好投资效益和提高社会效益的基础工作，必须给予高度重视，认真做好。

7.2.1　车辆技术管理概述

车辆技术管理的目的是保持车辆技术状况良好，确保运行安全，保护环境，充分发挥车辆的效能，降低运行消耗，获得最佳效益。车辆技术管理应坚持预防为主和技术经济相结合的原则，对运输车辆实行择优选配、正确使用、定期检测、强制维护、视情况修理、合理改造、适时更新和报废的全过程综合性管理。汽车正确使用是指车辆使用过程中一定要根据车辆性能、结构和运行条件等，掌握车辆的运用规程，正确使用。正确使用的好坏直接影响车辆技术状况，影响车辆的使用寿命和综合性能。例如：对于冷天起动前的预热时间，不同车辆规定不同，有些车辆规定只需平缓起步不需要预热，预热时间太短容易引起汽车不正常磨损，预热时间太长容易使发动机燃烧室积炭，所以要根据不同车辆的情况，酌情正确使用。

车辆技术管理主要包括车辆基础管理和车辆过程管理。车辆基础管理包括车辆的装备、车辆技术档案管理、技术经济定额管理、车辆的租赁、停驶和封存以及车辆折旧；车辆过程管理包括车辆选购、车辆使用、检测诊断、维修、改装与改造、更新以及报废。车辆的规划、选配、新车接收以及车辆使用前的准备方面的管理是车辆前期管理，车辆使用、检测、维护、修理方面的管理是车辆中期管理，车辆改装、改造、更新、报废方面的管理是车辆后期管理。

7.2.2　汽车技术档案

汽车技术档案是指车辆从购置到报废的整个运用过程中，对车辆基本情况、主要性能、运行使用、检测维修和机件事故等全过程技术管理情况的系统记录。汽车技术档案可以反映车辆的性能、技术状况及原因，为车辆维修、改造和配件储备提供技术数据和科学依据。

车辆技术档案的内容有：车辆的装备、主要性能、总成改装等基本情况和主要性能；车辆的行驶里程，燃料和润滑油、脂类消耗，轮胎使用等车辆运行使用情况；车辆检测时间、内容、结果及维护、维修等检测和维修情况；车辆技术等级评定日期和评定等级等车辆技术状况；车辆机械事故发生的状况、原因和处理情况等事故处理情况。

各级道路运政管理机构应按统一的车辆技术管理档案格式和内容建立车辆技术档案，并认真填写，妥善保管。车辆技术档案在管理时做到：新车未建档或档案不完善，不允许运行，车辆技术档案应逐车建立；车辆技术档案要分级管理，专人负责；车辆技术档案记录时要完整、及时和规范；当车辆办过户手续时，车辆技术档案应完整移交；为了更好地发挥车辆技术档案的作用，各级技术管理部门应建立定期分析报告制度。

7.2.3　车辆的技术经济定额管理

技术经济定额是运输单位和个人在一定的条件下，进行生产和经济活动所应遵守或达到的限额，是实行经济核算、分析经济效益和考核经营管理水平的依据。技术经济定额指标是车辆管理的主要内容之一，运输车辆主管部门、运输和维修业户都必须加强技术经济定额指标的管理。

汽车运输企业的主要技术经济定额包括：行车燃料消耗定额、轮胎行驶里程定额、车辆维护与小修费用定额、车辆大修间隔里程定额、发动机大修间隔里程定额、车辆大修费用定额。行车燃料消耗定额是指汽车每行驶百吨千米或完成百吨千米所消耗燃料的限额；轮胎行驶里程定额是指从开始装用，经翻新到报废总行驶里程的限额。根据车型、使用条件和轮胎性能分别制订；车辆维护与小修费用定额不包括交通事故肇事造成的车辆总成需修或更换费用，它是指车辆每行驶一定里程，维护和小修耗用的工时和物料费用的限额，按车型、车辆类别和维护级别等分别签订；车辆大修间隔里程定额是指新车到大修、或大修到大修之间所行驶的里程限额，按车型、车辆类别和使用条件等分别制订；发动机大修间隔里程定额是指发动机到大修或大修之间所使用的里程限额，按型号和使用燃料分别制订；车辆大修费用定额是指车辆大修所耗工时和物料总费用的限额，按车辆类别和形式等分别制订。

汽车运输企业的主要技术经济指标有：完好率、车辆平均技术等级、车辆二级维护计划执行率、维护返工率、车辆新度系数、小修频率、轮胎翻新率。完好率是指完好车日在总车日中所占的百分比；车辆平均技术等级是指所有运输车辆技术状况的平均等级；车辆二级维护计划执行率是期内实际完成车辆二级维护车次与期内需要完成车辆二级维护总车次之比；维护返工率是车辆维护出厂后，返工车辆次占维护竣工总辆次的百分比；车辆新度系数是综合评价运输单位车辆新旧程度，保持运输生产力和后劲的一项重要指标；小修频率是指每千公里发生小修次数，但是不包括各级维护作业中的小修；轮胎翻新率是在统计期内经过翻新的报废轮胎数占全部报废轮胎数的百分比。

7.2.4　汽车停驶、封存与租赁

汽车停驶是指车辆部分总成和部件损坏，在较长时间内无法解决，但不符合报废条件的车辆又无改造价值，运输单位可作停驶处理。车辆停驶的管理工作包括：车辆停驶需由使用单位做出技术鉴定并上报主管部门；专人保管，积极修复以恢复运力；与完好车隔开停放，原车机件不得拆借及丢失；车辆恢复行驶前，应进行一次维护作业，经检验合格后才能参加运营。

车辆封存是指车辆技术状况良好，因其他原因需要较长时间停驶的车辆，运输单位可作封存处理。车辆封存的原因主要是由运力过剩引起的，而非技术性原因造成。封存的管理工作包括：上报上级主管部门备案；做好保管，定期维护；启封使用时，应进行一次维护作业，经检验合格后，方可参加运营。

汽车租赁是指在约定时间内租赁经营人将租赁汽车交付承租人使用，收取租赁费用，不提供驾驶劳务的经营方式。在实际经营中，租赁分为短期租赁（15天以下）、中期租赁（15~90天）和长期租赁（90天以上）。

加强租赁管理，对于保持良好的技术状况、避免运力浪费具有重要作用。在车辆租赁期

间，应按规定填写车辆技术档案，认真执行强制维护，视情况修理的制度，确保车辆技术状况良好。

7.2.5　汽车安全使用与管理

近年来，随着汽车的迅速发展，我国汽车的保有量迅速增加，交通事故也是越来越多，造成巨额的损失，因此如何安全地使用车辆是我们必须研究和重视的问题。

1. 交通事故及预防措施

交通事故是车辆在道路通行中人为原因造成一定后果的事态。构成交通事故的要素有 6 个，即车辆、道路上、通行中、事态、人为原因和后果。

交通事故根据事故所造成的后果分为 4 类，见表 7-3。

表 7-3　交通事故的分类

事故类型	认定依据
轻微事故	轻伤 1 ~2 人；或机动车事故直接经济损失在 1000 元以下
一般事故	重伤 1 ~2 人；或轻伤 3 人及 3 人以上；财产损失折款在 1000 ~30000 元（不含 30000）
重大事故	死亡 1 ~2 人；或重伤 3 ~10 人；或财产损失折款在 30000 ~60000 元（不含 60000）
特大事故	死亡 3 人或 3 人以上；或重伤 11 人以上；或死亡 1 人，同时重伤 8 人以上；或死亡 2 人，同时重伤 5 人以上；或者财产损失 60000 元以上的事故

造成交通事故的原因有：人的原因、车辆的原因、道路与环境的原因。

人的原因主要有：驾驶人的生理和心理不符合交通安全的要求，驾驶人违章，驾驶人对道路变化、他人的交通动态等观察疏忽或采用的措施不当等。为预防交通事故，要完善交通法规，加强驾驶人的训练及管理，让驾驶人养成遵照交通法规行车习惯。

车辆技术状况不良引起的交通事故比例并不大，但这类事故一旦发生，其后果一般是比较严重的。这类事故通常由制动系统失灵、转向失控、超载等原因造成的。为预防交通事故或减轻事故的后果，车辆应具有减轻驾驶人及乘客伤害程度的结构措施，在设计及制造车辆时，要防止车辆出现缺陷；在使用车辆时，要发现异常及时维修，不开带病车。驾驶人平时要做好出车前、行驶中及收车后的“三检”工作。

道路与环境的原因主要有：道路线形的几何要素不合理、路面状况不良、交通流量大小的影响等。为预防交通事故，应兴建完善安全设施的新型公路，改建或扩建现有道路，增设各种安全防护设施。

2. 机动车运行安全条件

机动车安全技术条件在 2012 年有了全面修改，GB 7258—2012《机动车安全运行技术条件》对安全影响最大的转向系、行驶系及制动系与安全行驶的技术要求介绍如下：

（1）转向系安全运行技术条件

1）汽车（三轮汽车除外）的方向盘应设置于左侧，其他机动车的方向盘不得设置于右侧；专项作业车、教练车按需要可设置左右两个方向盘。有驾驶室的正三轮摩托车如使用方向盘转向，则方向盘中心立柱距车辆纵向中心平面的水平距离应小于等于 200mm；其他摩托车不得使用方向盘转向。

2）机动车的方向盘（或方向把）应转动灵活，操纵方便，无卡滞现象。机动车应设置转向限位装置。转向系统在任何操作位置上，不得与其他部件有干涉现象。

3）机动车（摩托车、三轮汽车、手扶拖拉机运输机组除外）正常行驶时，转向轮转向后应有一定的回正能力（允许有残余角），以使机动车具有稳定的直线行驶能力。

4）机动车方向盘的最大自由转动量应小于等于：

a）最大设计车速大于等于100km/h的机动车：15°；

b）三轮汽车：35°；

c）其他机动车：25°。

5）汽车（三轮汽车除外）应具有适度的不足转向特性。

6）三轮汽车、摩托车的转向轮向左或向右转角应小于等于：

a）三轮汽车、三轮摩托车、正三轮轻便摩托车：45°；

b）两轮普通摩托车、两轮轻便摩托车：48°。

7）机动车在平坦、硬实、干燥和清洁的道路上行驶不应跑偏，其方向盘（或方向把）不应有摆振、路感不灵或其他异常现象。

8）机动车在平坦、硬实、干燥和清洁的水泥或沥青道路上行驶，以10km/h的速度在5s之内沿螺旋线从直线行驶过渡到外圆直径为25m的车辆通道圆行驶，施加于方向盘外缘的最大切向力应小于等于245N。

9）专用校车应采用转向助力装置；其他机动车转向轴最大设计轴荷大于4000kg时，也应采用转向助力装置。装有转向助力装置的机动车，转向时其转向助力功能不得出现时有时无的现象，且转向助力装置失效时仍应具有用方向盘控制机动车的能力。装有电动转向助力装置的汽车，在产品使用说明书规定的正常使用状态下，应保证转向助力装置的电能供应。

10）汽车和汽车列车（不计具有作业功能的专用装置的突出部分）、轮式拖拉机运输机组应能在同一个车辆通道圆内通过，车辆通道圆的外圆直径*D*1为25.00m，车辆通道圆的内圆直径*D*2为10.60m。汽车和汽车列车、轮式拖拉机运输机组由直线行驶过渡到上述圆周运动时，任何部分超出直线行驶时的车辆外侧面垂直面的值（外摆值）应小于等于0.80m（对铰接客车和铰接式无轨电车外摆值应小于等于1.20m），其试验方法见GB 1589—2004。

11）汽车（三轮汽车除外）的车轮定位应与该车型的技术要求一致。对前轴采用非独立悬架的汽车（前轴采用双转向轴时除外），其转向轮的横向侧滑量，用侧滑台检验时侧滑量值应在±5m/km之间。

12）转向节及臂，转向横、直拉杆及球销不得有裂纹和损伤，并且转向球销不应松旷。对机动车进行改装或修理时横、直拉杆不得拼焊。

13）三轮汽车、摩托车的前减振器、上下联板和方向把不应有变形和裂损。

（2）行车制动系安全运行技术条件

1）机动车（总质量小于等于750kg的挂车除外）应具有完好的行车制动系，其中汽车（三轮汽车除外）的行车制动应采用双回路或多回路。

2）行车制动应保证驾驶人在行车过程中能控制机动车安全、有效地减速和停车。行车制动应是可控制的，且除残疾人专用汽车外，应保证驾驶人在其座位上双手无须离开方向盘（或方向把）就能实现制动。

3）行车制动应作用在机动车（三轮汽车、拖拉机运输机组及总质量不大于750kg的挂车除外）的所有车轮上。

4）行车制动的制动力应在各轴之间合理分配。

5）机动车（边三轮摩托车除外）行车制动的制动力应在同一车轴左右轮之间相对机动车纵向中心平面合理分配。

6）汽车（三轮汽车除外）、摩托车（边三轮摩托车除外）、挂车（总质量不大于750kg的挂车除外）的所有车轮应装备制动器。其中，所有专用校车和危险货物运输车的前轮及车长大于9m的其他客车的前轮应装备盘式制动器。

7）制动器应有磨损补偿装置。制动器磨损后，制动间隙应易于通过手动或自动调节装置来补偿。制动控制装置及其部件以及制动器总成应具备一定的储备行程，当制动器发热或制动衬片的磨损达到一定程度时，在不必立即作调整的情况下，仍应保持有效的制动。

8）制动踏板的自由行程应与该车型的技术要求一致。

9）行车制动在产生最大制动效能时的踏板力或手握力应小于等于：

a）乘用车和正三轮摩托车：500N；

b）摩托车（正三轮摩托车除外）：350N（踏板力）或250N（手握力）；

c）其他机动车：700N。

10）汽车列车行车制动系的设计和制造应保证挂车最后轴制动动作滞后于牵引车前轴制动动作的时间小于等于0.2s。

11）车长大于9m的公路客车、旅游客车和未设置乘客站立区的公共汽车，所有专用校车、危险货物运输车和半挂牵引车，总质量大于等于12000kg的货车和专项作业车及总质量大于10000kg的挂车应安装符合GB/T 13594—2003《机动车和挂车防抱制动性能和试验方法》规定的防抱死制动装置。

本条中半挂车的总质量是指半挂车在满载并且和牵引车相连的情况下，通过半挂车的所有车轴垂直作用于地面的静载荷，不包括转移到牵引车牵引座的静载荷。

12）教练车（三轮汽车除外）的行车制动应装备有副制动踏板。副制动踏板应安装牢固、动作可靠，保证教练员在行车过程中能有效地控制机动车减速和停车。

（3）行驶系安全运行技术条件

1）轮胎

a）机动车所装用轮胎的速度级别不应低于该车最大设计车速的要求，但装用雪地轮胎时除外。

b）公路客车、旅游客车和校车的所有车轮及其他机动车的转向轮不得装用翻新的轮胎其他车轮如使用翻新的轮胎，应符合相关标准的规定。

c）同一轴上的轮胎规格和花纹应相同，轮胎规格应符合整车制造厂的出厂规定。

d）乘用车用轮胎应有胎面磨耗标志。乘用车备胎规格与该车其他轮胎不同时，应在备胎附近明显位置（或其他适当位置）装置能永久保持的标识，以提醒驾驶人正确使用备胎。

e）专用校车和卧铺客车应装用无内胎子午线轮胎，危险货物运输车及车长大于9m的其他客车应装用子午线轮胎。

f）乘用车、摩托车和挂车轮胎胎冠上花纹深度应大于等于1.6mm，其他机动车转向轮的胎冠花纹深度应大于等于3.2mm；其余轮胎胎冠花纹深度应大于等于1.6mm。

g）轮胎胎面不得因局部磨损而暴露出轮胎帘布层。轮胎不得有影响使用的缺损、异常磨损和变形。

h）轮胎的胎面和胎壁上不得有长度超过25mm或深度足以暴露出轮胎帘布层的破裂和割伤。

i）轮胎负荷不应大于该轮胎的额定负荷，轮胎气压应符合该轮胎承受负荷时规定的压力。具有轮胎气压自动充气装置的汽车，其自动充气装置应能确保轮胎气压符合出厂规定。

j）双式车轮的轮胎的安装应便于轮胎充气，双式车轮的轮胎之间应无夹杂的异物。

车轮总成

k）轮胎螺母和半轴螺母应完整齐全，并应按规定力矩紧固。

n）车轮总成的横向摆动量和径向跳动量，总质量小于等于3500kg的汽车应小于等于5mm，摩托车应小于等于3mm，其他机动车应小于等于8mm。

m）最大设计车速大于100km/h的机动车，车轮的动平衡要求应与该车型的技术要求一致。

2）悬架系统

a）悬架系统各球关节的密封件不得有切口或裂纹，稳定杆应连接可靠，结构件不得有变形或残损。

b）钢板弹簧不得有裂纹和断片现象，同一轴上的弹簧形式和规格应相同，其弹簧形式和规格应符合产品使用说明书中的规定。中心螺栓和U形螺栓应紧固、无裂纹且不得拼焊。钢板弹簧卡箍不得拼焊或残损。

c）空气弹簧应无裂损、变形及漏气，控制系统应齐全有效。

d）减振器应齐全有效，减振器不得有明显渗漏油现象。

e）最大设计车速大于等于100km/h且轴荷小于等于1500kg的乘用车，悬架特性应符合GB 18565—2001《营运车辆综合性能要求和检验方法》相关规定。

3）其他要求

a）车架不应有变形、锈蚀和裂纹，螺栓和铆钉不应缺少或松动。

b）前、后桥不应有变形和裂纹。

c）车桥与悬架之间的各种拉杆和导杆不应变形，各接头和衬套不应松旷或移位。

d）三轴公路客车的随动轴应具有随动转向或主动转向的功能。

3. 车辆合理装载与安全行驶

要做到安全行车不单是车辆要符合机动车运行安全技术条件，还需要驾驶人做好日常维护，而且车辆装载合理、驾驶人操作符合安全规则才可以。

（1）车辆的正常装载　汽车载货或载人一定要符合《汽车货物运输规则》和《道路交通管理条例》有关规定，如果违规载货或载人，不但使车辆的技术状态下降、货物受损坏或人员受到伤害，而且可能引起交通事故。

《中华人民共和国道路交通安全法实施条例》规定机动车载货不得超过机动车行驶证核定的载质量，装载长度、宽度不得超过车厢，并应当遵守下列规定：重型、中型载货车、半挂车载物，高度从地面起不得超过4m，载运集装箱的车辆不得超过4.2m；其他载货的机动车载物，高度从地面不得超过2.5m；摩托车载物，高度从地面起不得超过1.5m，长度不得超过车身0.2m，两轮摩托车载物宽度左右各不得超出车把0.15m；三轮摩托车载物宽度不得超过车身。载客汽车除车身外部的行李架和内置的行李箱外，不得载货。载客汽车行李架载货，从车顶起高度不得超过0.5m，从地面起高度不得超过4m。

《中华人民共和国道路交通安全法实施条例》规定机动车载人应当遵守下列规定：公路载客汽车不得超过核定的载客人数，但按照规定免票的儿童除外，在载客人数已满的情况下，按照规定免票的儿童不得超过核定载客人数的10%；载货车车厢不得载客。在城市道路上，货运机动车在留有安全位置的情况下，车厢内可以附载临时作业人员1～5人；载物高度超过车厢栏板时，货物上不得载人；摩托车后座不得乘坐未满12周岁的未成年人；轻便摩托车不得载人。

（2）**汽车的安全行驶**　运输危险品时，要事先了解所运危险品的性质及注意事项，做好安全防护措施。运输中注意防火，车上不能乘坐无关人员，严禁停在行人稠密的地方。对于油罐车，应保证其接地线能触地。一般要求在运输中匀速行驶，避免急加速、急减速和紧急制动，防止车辆有较大颠簸和振动。

运输超大笨重货物时，一般要求在指挥车引导下低速缓行，保持车速稳定，少用制动，不可急转弯。

运输乘客时，一般需要起步、停车时力求平稳，转弯或前方有情况时应提前减速，车速保持均匀，超车、会车时应留出足够的安全间距。

要安全驾驶车辆需要注意以下方面：起步注意观察；合理选择行车速度；保持安全行车间距；正确估计，避免超车或会车出现事故；车辆掉头、倒车时不要盲目；滑行只能在发动机不熄火、制动有效、视线开阔及路面良好的情况下进行。

7.3　汽车维护与维修管理

7.3.1　汽车维护与维修管理概述

当今社会，大多数行业的竞争都非常激烈，汽车行业也不例外。交通管理部门相继制订了一系列规章、规则、标准，由于较多企业还是保持原来的经营模式及管理模式，因而出现了较多的维修纠纷问题。传统的维修模式、经营方式、管理手段已远远不能适应现代激烈的市场竞争的需要。

现在的汽车维修企业面临着维修制度的变化：维修对象、维修技术的改变，维修质量观点的改变，维修企业模式的改变，用户自我保护意识由弱到强的改变，人才观念的改变，竞争日益激烈等。汽车维修企业日趋增多，汽车维修市场也日趋激烈，维修企业要在激烈的市场竞争中站稳脚跟并求得发展，除了在经营策略上扩展新路以外，还要牢固树立“质量第一”的思想，加强汽车维修企业管理是必行之路。

7.3.2　汽车维护与维修技术管理

汽车维修企业技术管理的基本任务，是根据汽车维修企业本身的生产技术特点、规律和国家、行业的技术经济政策，合理地组织一系列的技术活动，其目的是提高企业的技术素质及增强企业的经济效益。

对维修及维护技术管理重在加强质量检验，让维修工作严格遵守修理工艺过程，维修检验分为进厂检验、过程检验和竣工检验。

1）进厂检验的目的是办理交接手续，通过路试和简要检查确认车辆技术状况，制订维修计划等。检验内容为外部检视和路试。外部检视包括汽车装备是否齐全，外部有无明显的损伤；气缸体、车架、车桥等基础件有无明显裂纹和变形；转向、制动等安全机构有无变形、松旷等现象；汽车轮胎有无不正常磨损。路试检验包括发动机运行是否平稳，有无异响，冷却液温度和机油压力是否正常；汽车起步时离合器是否打滑，变速器是否挂档正常等；汽车行驶中检查制动性能是否良好，转向是否灵活，发动机加速性能是否良好等情况。

2）过程检验的目的在于防止不合格的零件装配到总成或部件中，防止不合格的总成或部件装到整车上。维修过程中的质量问题得不到及时的控制，将可能导致竣工车辆新的故障现象，造成车辆返修。例如，发动机大修后，发动机缸盖经过磨平后的质量就需要检验。如果不检验就安装到发动机总成上，将影响发动机大修装配质量和工作性能。因此，汽车维修过程检验要建立互相衔接的工艺过程检验方法，形成“自检、互检、专职检验”机制。

3）竣工检验是指送修车辆经过维修后，对整车进行静态或动态的检验。汽车维修竣工检验必须由专职汽车维修质量检验员承担。汽车维修竣工检验包括检查外观要整齐，符合标准要求；检查车辆装备要完整。例如：灯光要符合标准；路试检查汽车操纵性能、制动性能、加速性能、经济性能、排放性能等，发现不符合标准规定的缺陷要及时消除；路试后检验有无漏水、漏油、漏电等现象，检查机件温度是否过高及总成连接是否松动等。

7.3.3　汽车维护与维修质量管理

汽车质量不仅取决于生产质量，还取决于维修质量。汽车维修属于一项服务性的技术工作，它包括技术质量和服务质量两个方面。从技术角度讲，汽车维修质量是指汽车维修对汽车产品质量的恢复和维持的程度，它包括：性能、寿命、可靠性、安全性和经济性 5 个方面。从服务角度讲，汽车维修质量是指用户对维修服务的态度、水平、及时性、周到性以及收费等方面的满意程度。不断提高汽车的维修质量，不仅可以保障人民生命财产安全，还关系到国家及用户的利益，更是汽车维修企业生存的保障，因此具有极其重要的意义。

做好维修质量管理，要有明确的质量方针和质量目标；有完整的维修质量计划；建立严格的维修质量责任制；建立专职质量管理机构，实行管理业务标准化和管理流程程序化；对维修车辆从进厂到出厂的维修全过程，及维修过程中的每一道工序，实施严格的质量监督和质量控制；建立高效灵敏的质量信息反馈系统；做好配件的质量管理工作；加强质量管理教育，提高全体员工的质量意识等。

汽车维修质量的好坏，取决于设计、制造、使用等因素和维修过程的组织与管理水平，也取决于维修车的使用条件。汽车维修质量的评定包括：单车的维修作业质量的评定和对维修企业的维修质量的综合评定。单车的维修作业质量可以通过修理后汽车性能的量化指标，及质量指标来评价，决定汽车维修质量的评价指标有整车指标、总成指标、零件指标。整车指标有：车身外形的恢复程度、色调的均匀及漆层的强度，螺纹连接的拧紧程度等。总成指标有：空转功率损耗及各总成和系统的有效系数、振动和噪声水平、装配尺寸精度等。零件指标有：几何参数和运动参数的精度、原材料力学性能水平及其稳定性、旋转体的静动平衡等。

汽车维修企业的维修质量的评定就是对一个汽车维修企业在一定时期内汽车维修质量的综合评定，包括返修率、一次检验合格率及故障诊断差错率等。返修率是指经维修的车辆出厂后，在保修期后，由于维修质量或配件质量造成的故障，需要返修的次数占同期维修车数

的比率；一次检验合格率是指经维修的汽车，最后交付检验时，一次合格所占的百分比；故障诊断差错率是指在单位时间内，对汽车出现的故障出现误诊，占总诊断次数的比率。

7.3.4　汽车维护与维修生产的工具、设备管理

随着现代汽车技术的不断发展，很多高新技术在汽车上得到了应用，汽车维修技术和相应的汽车维修设备也在发生着革命性的变化。汽车维修设备已经成了汽车维修生产中必不可少的物质条件。加强维修设备的综合管理，可以促进汽车维修技术与质量的不断提高。汽车维修设备管理是以汽车维修企业生产经营目标为依据，通过一系列措施，对设备的购置、安装、使用、维护、修理、更新改造直至报废的全过程进行管理的活动。

要做好设备管理工作，就要树立现代化的科学管理思想，明确设备管理在企业生产经营中的重要地位；完善科学的设备管理组织和管理制度，做到设备管理的制度保证；配备一定数量的专职或兼职设备管理人员，负责设备的规划、选购、日常管理和维护修理以及操作人员技术培训工作；采用先进的设备、工具管理方法；认真做好汽车维修设备管理的基础工作；加强汽车维修设备日常使用管理，保证合理使用设备；认真执行汽车维修设备的维修制度，加强设备维修管理；认真进行汽车维修设备的规划、配置与选购。

通过对工具的管理可以管理好工具，减少工具的损耗，压缩工具的库存，最大限度地发挥工具的使用效益。做好工具管理首先要将工具分类，一般按工具的使用性质可分为 3 类：专用工具、通用工具和辅助工具。根据工具的使用频率及贵重程度可以安排个人保管及工具库保管。个人保管的工具一般是指占用资金不多，但数量很大的常用工具。个人保管时要定期检查工具的缺损情况，建立工具赔偿制度，规定出年度内的工具消耗定额。工具室的管理应定期进行盘点，做到账、物一致，对于出现的情况应及时处理。

设备管理是指设备的前期管理，包括设备规划方案的调研、制度及论证等。在选择设备时要详细了解产品的各种技术参数、性能、精度、效率等，比较和分析生产该类设备不同厂家的产品，最后定下购买方案；购买设备后，要安装和调试设备；设备管理先要对设备进行分类，针对不同的设备进行编号、记录统计等基础资料管理；设备投入使用前，要先培训再操作；设备使用中，实行定人定机制度；要有专人对设备进行升级、维护及维修等。

7.3.5　汽车维护与维修的安全管理制度

安全生产是任何一个维修企业最基本的要求，它包括生产过程中保障人身安全和设备安全，安全生产是消除对人身安全健康所有的不良因素，保障职工的安全和健康。设备安全是消除损坏设备及其他财产的一切危险因素，保证生产正常可持续进行。

维修企业要对维修生产中的不安全因素采取安全措施。维修生产中不安全因素包括：与维修场地不安全的因素、与维修人员有关的不安全因素、与维修设备有关的不安全因素、与操作过程有关的不安全因素、与维修车辆试车或移动车辆的不安全因素、与危险品有关的不安全因素等。针对不同的情况，应采取有效的安全措施。例如，针对与危险品有关的不安全因素，要将危险品（汽油、柴油、油漆、乙炔气等）存放于专用的带有消防器材的危险品库，要安排人负责管理，每次使用不完的危险品要及时回收，不得临时存放车间。危险品在运输、使用、存放时应注意密封良好，轻拿轻放，避免强光照射，避免高温，远离火源等。

要保证维修及维护安全作业，首先要维修人员遵守安全作业流程。安全作业流程可以分

为通用安全操作规程和各工种专用安全操作规程。通用安全操作规程一般指严禁无证驾车，不得喝酒后上班，工作时应佩带、使用安全防护用品，不得穿凉鞋等规程。各工种专用安全操作规程具体包括汽车机电维修工安全操作规程、汽车钣金工安全操作规程、汽车油漆工安全操作规程和汽车轮胎工安全操作规程等。例如，汽车轮胎工操作规程包括：工作前，应检查所用设备及工具是否完好和安全可靠；拆胎前要做好车辆的保险工作，不得用液压千斤顶代替搁凳进行作业；拆解轮胎时，要防止轮胎卡圈或撬棒弹出伤人；给轮胎充气时应加保险，不得一次充足，确认装配无误后，再按规定充足气压；使用空压机等专业设备，要严格遵守设备操作规程，用完后切断电源。

练习与思考题

1. 什么是汽车的使用寿命？汽车的使用寿命与哪些因素有关？
2. 什么是汽车的技术使用寿命？汽车的技术使用寿命与哪些因素有关？
3. 什么是汽车的经济使用寿命？汽车的经济使用寿命与哪些因素有关？
4. 选配汽车时要考虑哪些方面的问题？
5. 汽车维修企业的技术管理包含哪些内容？
6. 汽车维修质量管理包含哪些内容？
7. 汽车维修与维护生产的工具、设备管理包含哪些内容？
8. 汽车维修与维护的安全管理制度包含哪些内容？

参考文献

[1] 栾琪文．现代汽车汽车维修企业管理实务［M］．北京：机械工业出版社，2009.

[2] 曹晓华，崔淑华．汽车运用基础［M］．北京：高等教育出版社，2004.

[3] 马立峰．汽车维修标准与规范［M］．北京：高等教育出版社，2005.

[4] 刘锐．汽车使用与技术管理［M］．北京：人民交通出版社，2004.

[5] 高延龄．汽车运用工程［M］．北京：人民交通出版社，2007.

[6] 张金柱．汽车维修工程［M］．北京：机械工业出版社，2005.

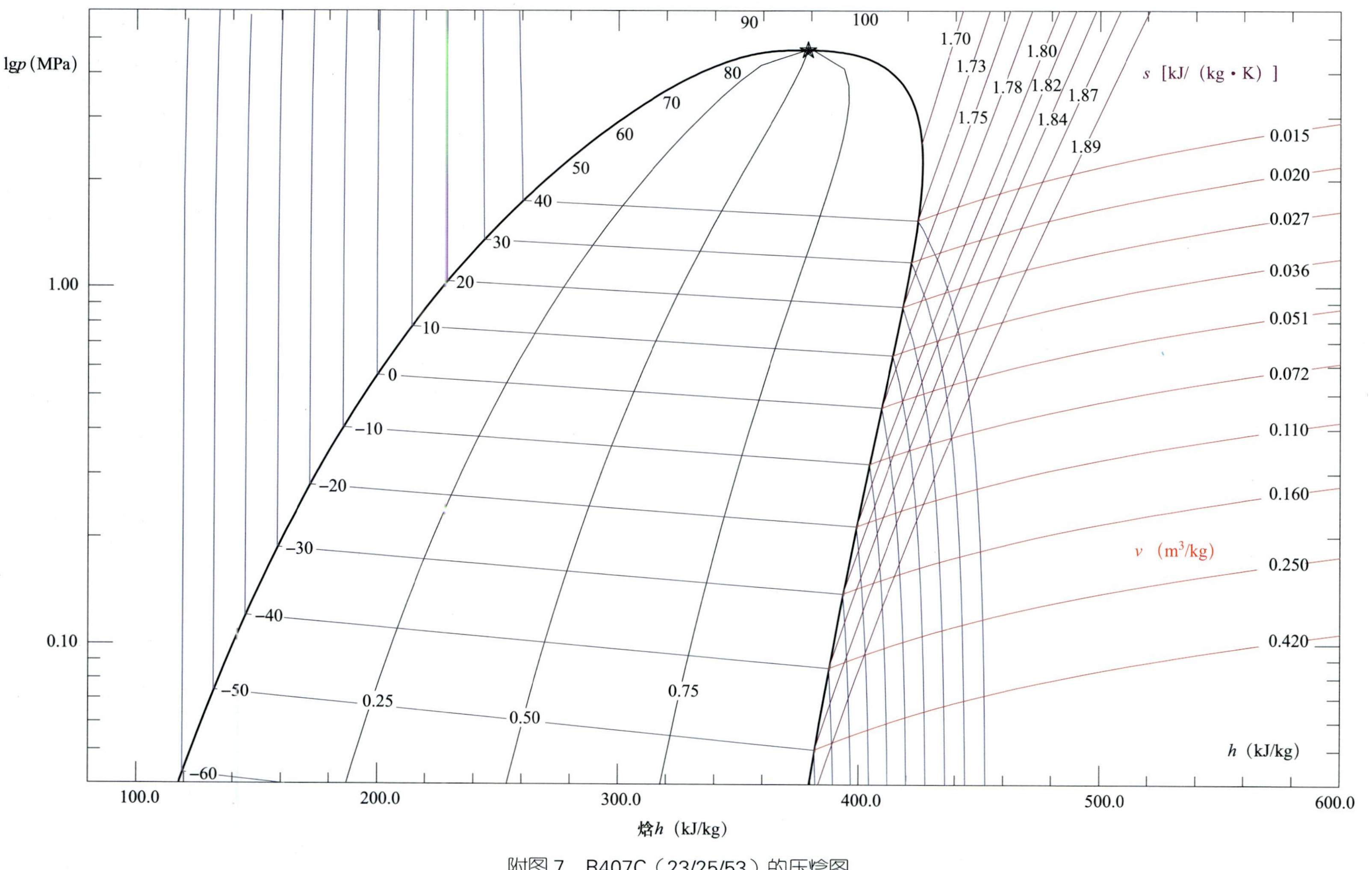

附图 7 R407C（23/25/53）的压焓图

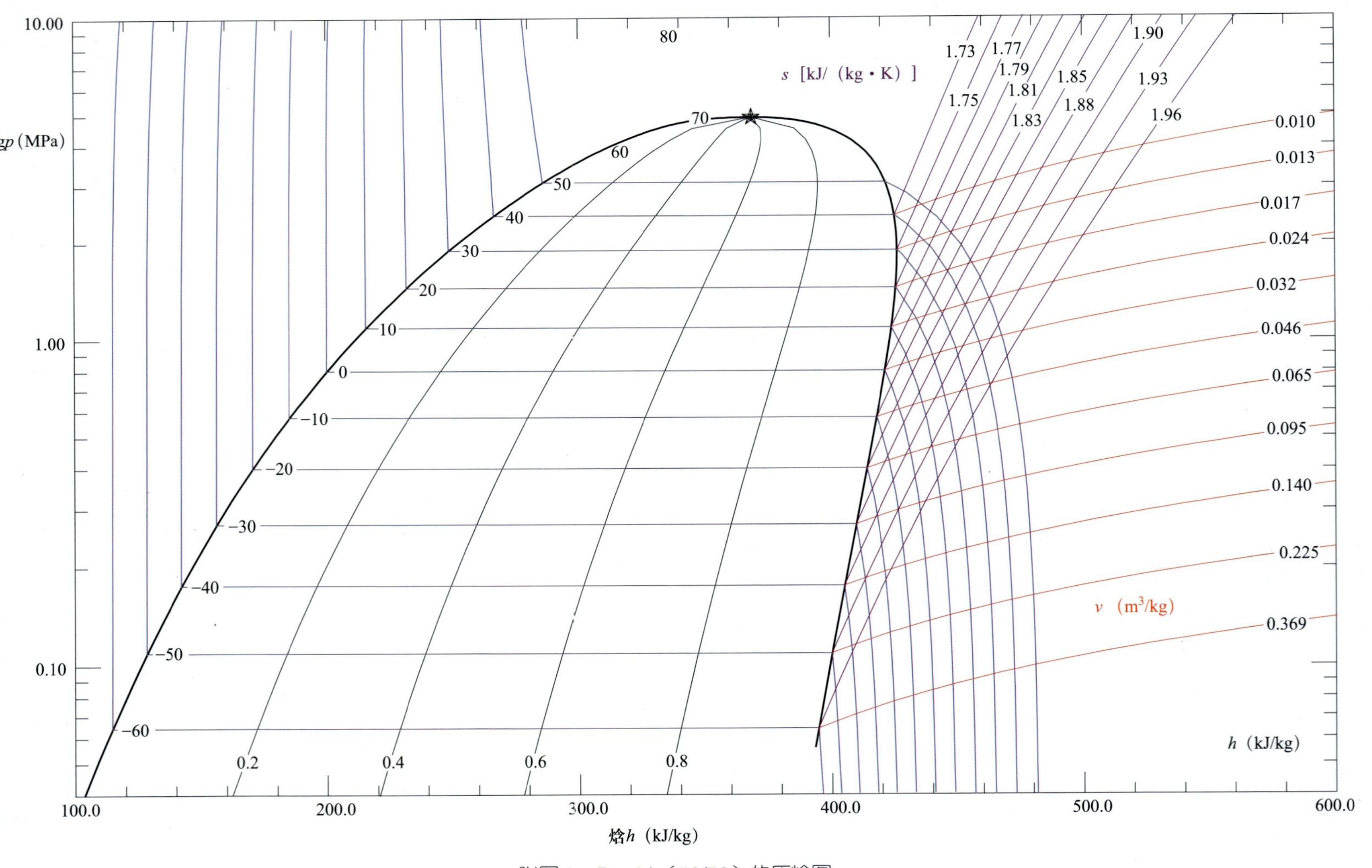

附图8 R410A（50/50）的压焓图